普通高等教育"十三五"规划教材

Access 2010 数据库实用教程

主　编　张　明　宣继涛

副主编　王益斌　赵　欣

U0312777

中国水利水电出版社
www.waterpub.com.cn

·北京·

内 容 提 要

全书共分两大部分,第一部分共 7 章,其中第 1 章讲述了数据库的基本知识及基本概念,第 2~6 章介绍了 Access 中的数据库的创建及修改、表的创建编辑以及窗体、报表、查询等对象的建立和使用,第 7 章介绍了数据库编程技术 VBA,每一章都包括教学目标和具体内容讲解,并带有大量的案例,且配有供学生实做的上机操作和课后练习;第二部分是五套全国计算机等级考试二级模拟考题,并附答案。

图书在版编目(C I P)数据

Access 2010数据库实用教程 / 张明,宣继涛主编
. -- 北京 : 中国水利水电出版社,2017.8(2018.7 重印)
普通高等教育"十三五"规划教材
ISBN 978-7-5170-5574-7

Ⅰ. ①A… Ⅱ. ①张… ②宣… Ⅲ. ①关系数据库系统
－高等学校－教材 Ⅳ. ①TP311.138

中国版本图书馆CIP数据核字(2017)第162292号

策划编辑:寇文杰　　责任编辑:李 炎 高 辉　　封面设计:李 佳

书　名	普通高等教育"十三五"规划教材 Access 2010 数据库实用教程 Access 2010 SHUJUKU SHIYONG JIAOCHENG
作　者	主　编 张　明 宣继涛 副主编 王益斌 赵 欣
出版发行	中国水利水电出版社 (北京市海淀区玉渊潭南路 1 号 D 座　100038) 网址:www.waterpub.com.cn E-mail:mchannel@263.net(万水) 　　　　sales@waterpub.com.cn 电话:(010)68367658(营销中心)、82562819(万水)
经　售	全国各地新华书店和相关出版物销售网点
排　版	北京万水电子信息有限公司
印　刷	三河市铭浩彩色印装有限公司
规　格	184mm×260mm　16 开本　22.5 印张　571 千字
版　次	2017 年 8 月第 1 版　2018 年 7 月第 2 次印刷
印　数	3001—6000 册
定　价	39.00 元

前　　言

　　数据库技术是计算机信息处理的核心技术。自 20 世纪 60 年代出现数据库以来，数据库技术得到了很大的发展，并且渗透到计算机应用的各个领域。1970 年产生的关系数据理论在数据库技术发展史上具有特别重大的意义，目前绝大多数数据库系统都基于关系数据理论。

　　Access 虽是一个小型数据库，但是它本身具有开发者使用的界面和适合于"最终用户"的界面，也就是我们通常说的前后台结合，因此它得到广大小型软件开发者的青睐。

　　Access 2010 是 Microsoft 公司 2010 年推出的至今较成熟的一个版本，与其他版本相比，它除继承和发扬了以前版本的功能强大、界面友好、易学易用的优点之外，在界面的易用性方面和支持网络数据库方面也做了很大改进。如何使理论与实践相结合，使学生掌握数据库技术的基础理论，掌握数据库的设计与管理、数据库的应用与程序设计方法，使学生通过学习能设计一个简单的数据库应用系统，是数据库技术教学的基本目的。

　　全书由浅入深地对 Access 2010 进行了详细的讲解，在基本知识介绍后，用例题对 Access 的各项功能进行了实做介绍，每个例题都配有大量操作截图，学生可以按图逐步操作学习直到完全掌握所学内容。本书注重实践，只要按照示例一步一步去做就可以掌握 Access 的基本内容和常用功能，完成一个基本的数据库开发工作。

　　本书既吸取了高校教材注重理论讲解的优点，也吸取了高职高专教材注重操作的长处，并将两者完美地结合在了一起，因此，它既可作为高等院校、高职高专院校的教学用书，也可作为学生自学用书。通过本书的学习，可以轻松掌握 Access 的应用技巧和计算机等级考试的要求。

　　本书由张明、宣继涛担任主编，王益斌、赵欣担任副主编，由李众立担任主审，其中第一部分的第 1、2、3 章由张明编写，第 4 章由王益斌编写，第 5 章由赵欣编写，第 6、7 章由宣继涛编写，第二部分由赵欣整理。

　　尽管本书编者尽了很大的努力，但由于水平和时间有限，书中难免存在许多不足之处，敬请读者不吝赐教，以便今后能够进一步完善。

编　者

2017 年 5 月

目　　录

第1章 认识数据库

教学目标

1. 掌握数据库及相关概念
2. 了解数据库技术发展阶段及特点
3. 掌握数据库系统的组成
4. 掌握数据模型
5. 掌握实体间的联系
6. 掌握各种常用的关系运算

1.1 数据库基本概念

1.1.1 数据和信息

1. 数据和信息

例 1.1 "95" 是一个数据

语义 1：学生某门课的成绩，分数

语义 2：某人的体重，斤数

语义 3：数学系 2016 级的学生数，人数

这里，"95" 是一种数字信息，而 "95 分" "95 斤" "95 人" 则是课程成绩、某人体重、数学系 2016 级学生人数的表现载体或具体存在形式。

所以，数据（数据库中存储的基本单位）是描述现实世界中事物的符号记录，是指用物理符号记录下来的可以鉴别的信息。数据是有语义的，并且与语义是不可分的。物理符号包括：数学、文字、图形、图像、声音及其他特殊符号。数据的多种表现形式，都可以经过数字化后存入计算机对象。

例 1.2 某校 2017 年计划招生 4500 人

这条信息中的数据 "2017" 和 "4500" 被赋予了特定的语义，它们就具有了传递信息的功能。

信息是一种被加工成特定形式的数据。对人们而言信息应该是现实存在的、准确无误的、可理解的和及时的，可用于指导决策。数据是信息的载体或具体表现形式，信息不随着数据形式的变化而变化。

2. 数据处理和数据管理

数据处理是指将数据转换成信息的过程。

数据管理是数据处理的中心问题，是其他数据处理的核心和基础。

计算机对数据的管理是指计算机对数据进行组织、分类、编码、存储、检索和维护。

可用下式简单地表示信息、数据与数据处理的关系：

$$信息 = 数据 + 数据处理$$

1.1.2 数据库系统

1. 数据库的相关概念

（1）数据库（DataBase，缩写为 DB）

数据库是存储在计算机存储设备上的结构化的相关数据的集合。它不仅包括描述事物的数据本身，而且还包括相关事物之间的联系。存储在计算机数据库内的数据是有组织的、大量的、可以为多个用户所共享的。

> 课外了解知识
> 1. 数据库的产生和发展；
> 2. 数据库各阶段的特点。

数据库中的数据具有两大特点："集成"和"共享"。

（2）数据库管理系统（DataBase Management System，缩写为 DBMS）

为数据库的建立、使用和维护而配置的软件称为数据库管理系统，它是数据库系统的核心。数据库管理系统是提供数据库管理功能的计算机系统软件，专门用于数据库管理，是用户和数据库的接口。它不仅为数据库提供数据定义、数据操纵、数据库运行管理、数据库组织存储和管理、数据库建立和维护等操作，而且具有对数据完整性、安全性进行控制的功能。DBMS 的功能如图 1-1 所示。

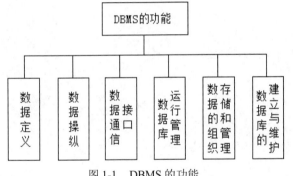

> 课外了解知识
> 1. DBMS 的功能具体包括哪些？
> 2. DBMS 还有哪些特点？

图 1-1 DBMS 的功能

数据库系统的目标是让用户能够更方便、有效、可靠地建立数据库和使用数据库中的信息资源。

常用的数据库管理系统有：Oracle、SQL Server、Access、Visual FoxPro 等。

（3）数据库应用系统（DataBase Application System，缩写为 DBAS）

数据库应用系统是利用数据库管理资源开发出来的、面向某一类实际应用的应用软件系统。如：财务管理系统、图书管理系统、教务管理系统等。

> 课外了解知识
> 目前流行的数据库还有哪些？它们各自有什么特点？

（4）数据库系统（DataBase System，缩写为 DBS）

数据库系统是指引进数据库技术后的计算机系统，是实现有组织地、动态地存储大量相关数据，提供数据处理和信息资源共享的便利手段。

2. 数据库系统的组成

数据库系统由五部分组成，如图 1-2 所示。

数据库管理系统是数据库系统的组成部分，数据库又是数据库管理系统的管理对象。数据库系统包括数据库管理系统和数据库。

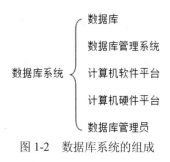

图 1-2　数据库系统的组成

1.1.3　数据模型

数据模型是对现实世界数据特征的抽象。由于计算机不能直接处理现实世界中的具体事物，所以人们必须把具体事物转化为计算机可以处理的数据。数据库需要根据应用系统中数据的性质及内在联系，按要求来设计和组织。人们把客观存在的事物以数据的形式存储到计算机中，经历了对现实生活中事物特性的认识、概念化到计算机数据库里的具体表示的逐级抽象过程，客观事物的抽象过程，也就是数据库的三级模式结构，如图 1-3 所示。

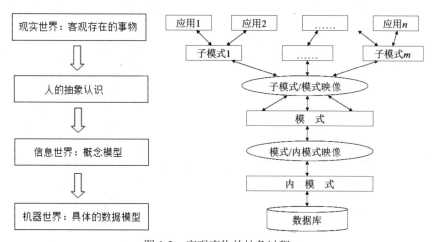

图 1-3　客观事物的抽象过程

从事物的客观特性到计算机中的具体表示，经历了现实世界、信息世界、机器世界三个数据领域。

（1）现实世界：即客观世界，产生最原始的数据。

（2）信息世界：通过抽象对现实世界进行数据库级的描述所构成的逻辑模型。

（3）机器世界：计算机中的描述，是现实世界的需求在计算机中的物理实现，而这种实现是通过信息世界得到的逻辑模型转化而来的。

1．实体描述

（1）实体

实体是现实世界中存在的可以相互区分的事物或概念。

实体可以是实际的事物，也可以是抽象的事物。如学生、图书属于实际的事物；比赛、购买、旅游等活动则属于抽象的事物。

（2）属性

属性是事物本身所固有的性质，是描述实体特性的。如学生实体用学号、姓名、性别和出生年月等若干属性来描述。

（3）实体集和实体型

属性值的集合表示一个具体的实体。

例如，我们可以通过 2012010101、张三、男等属性值来表示一个实体，这里的"2012010101""张三""男"都是属性值。

属性的集合表示一种实体的类型，称为实体型。例如，一个二维表中有图书编号、图书名称、作者、价格等属性，通过这些属性我们可以知道这个二维表中的内容是表示图书这种实体型。

同类型的实体的集合称为实体集。如果把所有计算机类的书、文学类的书及小说类的书等等各类书放到一起，就组成了一个图书的实体集。

在 Access 中，用"表"存放同一类实体，即实体集。表中包含的"字段"就是实体的属性，表中的每一条记录表示一个实体。

2．E-R 模型

E-R 模型（Entity-Relationship Model）即实体－联系模型。E-R 模型用图形来表示，称为 E-R 图。E-R 图可以直观地表示出 E-R 模型，在 E-R 图中我们分别用表 1-1 中的几何图形来表示 E-R 模型中的三个概念。图 1-4 为 E-R 图。

表 1-1　几何图形表示 E-R 图中的对应关系

概念	表示方式	例子
实体集表示法	矩形，并在矩形中写上实体的名称	如：学生实体　　→　　学生
属性表示法	椭圆，并在椭圆中写上属性的名称	如：姓名属性　　→　　姓名
联系表示法	菱形，并在菱形内写上联系的类型名	如：联系类型为组成　　→　　组成

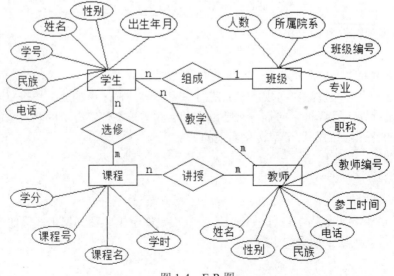

图 1-4　E-R 图

3. 实体间的联系及联系的种类

世界万物是相互关联的，所以实体之间也是存在着联系的。我们把实体间的对应关系称为联系。

实体间联系的种类是指一个实体集中可能出现的每一个实体和另一个实体集中多少个实体存在着对应关系。实体间的联系有以下三种类型：

（1）一对一联系（1:1）

设有两个实体集 A 和 B，对于实体集 A 中的每一个实体，在实体集 B 中只有一个实体与之对应；反之，对于实体集 B 中的每一个实体，在实体集 A 中只有一个实体与之对应，这种联系称为一对一联系。

Access 中，一对一的联系表现为主表中的每一条记录只与相关表中的一条记录相关联。

例 1.3　一个班级只有一个班长，一个班长只能管理一个班级，班级和班长是一对一的联系，如图 1-5 所示。（说明：此处的班长指正班长）

（2）一对多联系（1:n）

设有两个实体集 A 和 B，对于实体集 A 中的每一个实体，在实体集 B 中有多个实体与之对应；而对于实体集 B 中的每一个实体，在实体集 A 中只有一个实体与之对应，这种联系称为一对多联系。

Access 中，一对多的联系表现为主表中的每一条记录与相关表中的多条记录相关联。

例 1.4　一个班级由多名学生组成，一个学生在一个时期只能在一个班级，班级和学生之间是一对多联系，如图 1-6 所示。

（3）多对多联系（n:m）

设有两个实体集 A 和 B，对于实体集 A 中的每一个实体，在实体集 B 中有多个实体与之对应；而对于实体集 B 中的每一个实体，在实体集 A 中也有多个实体与之对应，这种联系称为多对多联系。

Access 中，多对多的联系表现为一个表中的多条记录在相关表中同样有多条记录与其匹配。

例 1.5　一名学生可以选修多门课程，一门课程可以被多名学生选修，学生和课程是多对多的联系，如图 1-7 所示。

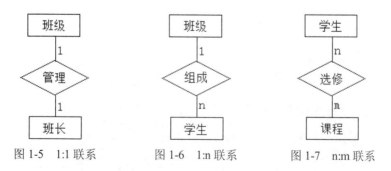

图 1-5　1:1 联系　　　图 1-6　1:n 联系　　　图 1-7　n:m 联系

4. 数据模型简介

为了反映事物本身及事物之间的各种联系，数据库的数据必须有一定的结构，这种结构用数据模型来表示。数据模型不仅反映事物本身，而且表示事物之间的联系。一个具体的数据模型应当能够正确反映出数据之间存在的整体逻辑关系。

数据库管理系统所支持的数据模型分为三种：层次模型、网状模型、关系模型。

（1）层次模型

用树形结构表示实体及其之间联系的模型称为层次模型（见图 1-8）。层次模型由根结点、子结点、叶子结点组成，每一个结点代表一个实体类型。上级结点与下级结点之间为一对多的联系。

层次模型的特点：

① 有且仅有一个结点无父结点，即根结点；

② 除根结点外，任意结点有且仅有一个父结点。

同一父结点的子结点间称为兄弟结点，没有子结点的结点称为叶子结点。如图 1-8 所示，A 是 B、C 的父结点，B 为 D 的父结点，C 为 E、F 的父结点；B、C 为兄弟结点，E、F 为兄弟结点，D、E、F 为叶子结点。

层次模型的不足之处是不能表示出多对多联系，结构缺乏灵活性，容易引起数据冗余。

（2）网状模型

用网状结构表示实体及其之间联系的模型称为网状模型。网中的每一个结点代表一个实体类型。网状模型允许结点有多于一个的父结点；可以有一个以上的结点没有父结点。因此，网状模型能方便地表示各种类型的联系，能灵活地表示多对多的联系。

图 1-9 就是一个网状模型，结点 E 有 B、C 和 D 三个父结点，结点 A 和 F 没有父结点。

层次模型和网状模型都是用结点表示实体，每一个结点都是一个存储记录。用链接指针来实现记录之间的联系。这种用指针将所有数据记录都"捆绑"在一起的特点使得两种模型难以实现系统的修改与扩充。

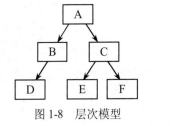
图 1-8　层次模型
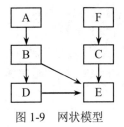
图 1-9　网状模型

网状模型的特点：

① 允许一个或多个结点无父结点；

② 一个结点可以有多个父结点。

（3）关系模型

用二维表结构表示实体以及实体之间联系的模型称为关系模型（如图 1-10 所示）。在关系型数据库中，一张二维表就是一个关系。每一个关系都是一个二维表。

学号	姓名	性别	籍贯	专业	出生日期	固定电话	QQ	QQ密码	一学年学...
2012010101	刘一	男	四川	汉语言文学	12月01日1996年	0818-276078	11111	*****	¥3,96(
2012010102	吴二	女	湖北	汉语言文学	05月12日1995年	0818-276078	22222	*****	¥3,96(
2012010201	张三	女	山东	文秘	04月17日1998年	0818-276065	33333	*******	¥3,96(
2012010202	李四	女	重庆	文秘	12月03日1995年	0818-276045	44444	*****	¥3,96(
2012020101	王五	男	重庆	英语教育	08月12日1995年	0818-276078	55555	********	¥4,00(
2012020102	赵六	女	北京	英语教育	12月12日1997年	0818-276036	66666	*********	¥4,00(
2012020201	田七	男	山东	俄语	08月04日1996年	0818-276055	77777	*****	¥4,00(
2012020202	石八	女	陕西	俄语	12月01日1996年	0818-276067	88888	*****	¥4,00(
2012030101	陈九	女	四川	软件工程	12月03日1996年	0818-276067	99999	*********	¥6,80(
2012030102	彭十	男	河南	软件工程	04月16日1995年	0818-276055	12341	****	¥6,80(
2012030201	杨十一	男	贵州	动漫游戏	12月05日1996年	0818-276067	12342	*****	¥6,80(
2012030202	张十二	女	四川	动漫游戏	12月12日1997年	0818-276067	12343	*******	¥6,80(

图 1-10　关系模型

关系模型与层次模型、网状模型的本质区别就是数据描述具有一致性，模型概念单一。在关系模型数据库中，每个关系都是一个二维表，无论实体本身还是实体间的联系均用二维表来表示，使得描述实体的数据本身能够自然地反应它们之间的联系，传统的层次模型数据库和网状模型数据库则是使用链接指针来存储和体现联系的。

1.2　关系数据库

1970 年，美国 IBM 公司的 E.F.Codd 在美国计算机学会会刊《Communication of the AMC》上发表了《A Relational Model of Data for Shared Data Base》一文，提出了关系数据库方法，开创了数据库系统的新纪元。目前，关系数据库系统的研究已经有了进一步的发展，如 DB2、Oracle、SQL Server 等。

1.2.1　关系模型

关系数据模型就是用二维表的形式来表示实体和实体之间联系的数据模型。关系模型的用户界面非常简单，一个关系的逻辑结构就是一张二维表。

1. 关系术语

（1）关系

一个关系就是一张二维表，每个关系有一个关系名，在 Access 中，一个关系存储为一个文件。

（2）元组

在一个二维表中，水平方向的行称为元组，在 Access 中元组被称为记录，如图 1-11 所示。

学号	姓名	性别	民族	出生日期
20100101	张三	男	汉	1990-6-19
20100102	李四	女	满	1990-8-5
20100103	王五	男	回	1989-12-12

行：记录、元组

图 1-11　关系中的行

（3）属性

二维表中垂直方向的列称为属性，在 Access 中属性被称作字段，字段由字段名和字段值组成，如图 1-12 所示。

学号	姓名	性别	民族	出生日期
20100101	张三	男	汉	1990-6-19
20100102	李四	女	满	1990-8-5
20100103	王五	男	回	1989-12-12

列：属性、字段

图 1-12　关系中的列

（4）域

属性的取值范围称为域，也叫值域。如性别字段的字段值只能为"男""女"；民族字段的字段值在我国只能为 56 个民族中的一个。

（5）关键字

关键字为属性或属性的组合，关键字的值必须能唯一地表示一个元组。即关键字字段中不能有重复的值或空值。例如，学生表中的学号字段就可以作为标识一条记录的关键字，而学生表中的姓名字段就不能作为关键字，因为可能会出现重名，达不到唯一标识的效果。

在判断关键字时可能在本表中某些字段值暂时没有重复，能够满足作为关键字的条件，但是应尽量考虑日常应用，否则在后续的使用中可能出现麻烦。例如，姓名字段在图 1-12 中看似能够满足关键字的要求，当将其设置为关键字后，如果在使用中向该表中增加一个姓名同为"张三"的记录将会失败，然而现实中重名是很常见的现象，因此在判断、设置关键字时一定要考虑实际的使用。

在 Access 中，主关键字和候选关键字都能起到唯一标识一个元组的作用。

（6）外部关键字

对于两个相互联系的表 R 和 S，如果一个字段 A 不是 S 的关键字，而是 R 中的关键字或候选关键字，则这个字段 A 就是 S 的外部关键字，或称外码、外键。外部关键字用来表现表与表之间的关联，如图 1-13 所示。

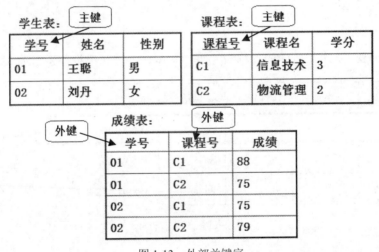

图 1-13　外部关键字

2. 关系的特点

若干个关系模式的组合就构成了一个关系模型。在关系模型中，信息被组织成若干张二维表，每张二维表称为一个二元关系。Access 数据库往往包含多个表，各个表通过相同字段名构建联系。

表也称为关系，由表名、列、行组成，表的结构称为关系模式。例如，课程表的模式为：课程（课程号，课程名）。

列也称为字段、域、属性。表中的每一列包含一类信息。

行也称为元组、记录。表中的每一行由若干字段组成，记录一个对象的有关信息。

在关系模型中对关系有一定的要求，关系必须具有以下特点：

①　关系必须规范化，表中不能再包含表。所谓规范化，是指关系模型中的每一个关系模型都要满足一定的要求。

②　在同一个关系中不能出现相同的属性名，即一个表中不允许有相同的字段名。

③　关系中不允许有完全相同的元组。

④　在一个关系中元组的次序无关紧要，可任意交换两行的位置。

⑤　在一个关系中属性的次序无关紧要，可任意交换两列的位置。

1.2.2　关系运算

对关系数据库进行查询时，要找到用户所需的数据，就需要对关系进行一定的运算。关系运算分为传统的集合运算（并、差、交、笛卡尔积）和专门的关系运算（选择、投影、连接）两种。

关系运算的操作对象是关系，关系运算的结果仍然是关系。

1. 传统的集合运算

进行并、差、交、笛卡尔积运算时要求两个关系必须有相同的关系模式，即相同的结构，且均为二元运算。下面从两个已知的关系 R 和 S 来讲解传统的集合运算，设关系 R 和关系 S 有相同的属性，R 和 S 分别如图 1-14 和图 1-15 所示。

R

A	B	C
a1	b1	c1
a1	b2	c2
a2	b2	c1

图 1-14　关系 R

S

A	B	C
a1	b2	c2
a1	b3	c2
a2	b2	c1

图 1-15　关系 S

（1）并运算

由属于这两个关系的所有元组组成的集合。关系 R 和关系 S 进行并运算的结果是关系 T，如图 1-16 所示。表示为：T=R∪S。

R∪S

A	B	C
a1	b1	c1
a1	b2	c2
a2	b2	c1
a1	b3	c2

图 1-16　T=R∪S

例 1.6　并运算示例。

学号	姓名	性别
01	张三	男
02	李四	男

∪

学号	姓名	性别
02	李四	男
03	王五	女

=

学号	姓名	性别
01	张三	男
02	李四	男
03	王五	女

（2）交运算

由两个关系的公共元组组成的集合。关系 R 和关系 S 有相同的属性，并且对应属性有相同的域，进行交运算的结果是关系 T，如图 1-17 所示。表示为：T=R∩S。

R∩S

A	B	C
a1	b2	c2
a2	b2	c1

图 1-17   T=R∩S

例 1.7   交运算示例。

学号	姓名	性别
01	张三	男
02	李四	男

∩

学号	姓名	性别
02	李四	男
03	王五	女

=

学号	姓名	性别
02	李四	男

（3）差运算

由属于其中一个关系的元组组成的集合。设关系 R 与关系 S 有相同的属性，并且对应属性有相同的域。用 R-S 表示关系 R 和关系 S 的差，R-S={关系 R 去掉关系 S 中相同的元组}=R-(R∩S)，即得到的结果一定是被减数的子集，换言之，R-S 将产生一个包含所有属于 R 但不属于 S 的元组的新关系。关系 R 和关系 S 进行差运算的结果是关系 T，如图 1-18 所示。表示为：T=R-S。

R-S

A	B	C
a1	b1	c1

图 1-18   T=R-S

差运算是有序的：R-S 不等于 S-R。

例 1.8   差运算示例。

学号	姓名	性别
01	张三	男
02	李四	男

-

学号	姓名	性别
02	李四	男
03	王五	女

=

学号	姓名	性别
01	张三	男

（4）笛卡尔积运算

设关系 R 为 n 个属性（n 列），k1 个元组（k1 行）；关系 S 为 m 个属性（m 列），k2 个元组（k2 行），则关系 R 和 S 的笛卡尔积是 R 中每个元组与 S 中每个元组连接组成的新关系。新关系的属性的个数等于 n+m，元组个数等于 k1*k2，如图 1-19 所示。表示为：T=R×S。

R×S

R.A	R.B	R.C	S.A	S.B	S.C
a1	b1	c1	a1	b2	c2
a1	b1	c1	a1	b3	c2
a1	b1	c1	a2	b2	c1
a1	b2	c2	a1	b2	c2
a1	b2	c2	a1	b3	c2
a1	b2	c2	a2	b2	c1
a2	b2	c1	a1	b2	c2
a2	b2	c1	a1	b3	c2
a2	b2	c1	a2	b2	c1

图 1-19   T=R×S

注意：R 和 S 的结构不必相同。

例 1.9　笛卡尔积运算示例。

学号	姓名	性别
01	张三	男
02	李四	男

×

课程
语文
数学

=

学号	姓名	性别	课程
01	张三	男	语文
02	李四	男	语文
01	张三	男	数学
02	李四	男	数学

2. 专门的关系运算

专门的关系运算包括 **δ**（选择）、**Π**（投影）、**⋈**（连接），其中选择、投影为一元运算，连接为二元运算。

（1）选择

选择是从关系中找出满足给定条件的元组的操作。是从行的角度进行的运算，选择的条件以逻辑式给出，满足逻辑式结果为真的记录将被选出，选择运算的结果往往比原关系的元组个数少。$δ_F(R)$ 表示选取关系 R 中满足 F 条件的记录，如图 1-20 所示。

R

A	B	C
a1	b1	c1
a1	b2	c2
a2	b2	c1

$δ_F$ →

$δ_F(R)$

A	B	C
a1	b1	c1

图 1-20　$δ_F(R)$

例 1.10　若要找出学生表中的女生信息，就可以用"选择"运算来实现。

学生

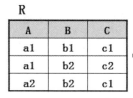

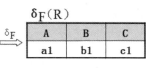

学号	姓名	性别	班级
20100101	刘一	女	1
20100102	吴二	男	1
20100301	张三	女	3
20100205	李四	男	2
20100307	王五	男	3
20100204	赵六	女	2

⇒

学号	姓名	性别	班级
20100101	刘一	女	1
20100301	张三	女	3
20100204	赵六	女	2

（2）投影

从关系模式中指定若干个属性组成新的关系称为投影。它是从列的角度进行的运算，相当于对关系进行垂直分解，得到一个新的关系。$Π_X(R)$ 表示选取关系 R 中的 X 字段，X 为字段名称或字段序号，如图 1-21 所示。

R

A	B	C
a1	b1	c1
a1	b2	c2
a2	b2	c1

$Π_X$ →

$Π_X(R)$

A
a1
a1
a2

图 1-21　$Π_X(R)$

例 1.11 若要显示学生表中的姓名字段，就可以用投影运算来实现，得到了一个无重复元组的新表。

学生

学号	姓名	性别	班级
20100101	刘一	女	1
20100102	吴二	男	1
20100301	张三	女	3
20100205	李四	男	2
20100307	王五	男	3
20100204	赵六	女	2

⇒

姓名
刘一
吴二
张三
李四
王五
赵六

（3）连接

连接也称为θ连接，是对两个关系进行的运算，其意义是从两个关系的笛卡尔积中选择满足某属性给定条件的那些元组，设有 m 元关系 R 和 n 元关系 S，则 R 和 S 两个关系的连接运算用公式表示为：

$$R \underset{A\theta D}{\bowtie} S$$

其中，A 和 D 分别为 R 和 S 中的字段，且值域相同，否则没有可比性。连接运算从关系 R 和关系 S 的笛卡尔积中找出关系 R 在属性 A 上的值与关系 S 在属性 D 上的值满足关系的所有元组。这里的属性 A 和属性 D 的属性名可以不同，但一定要求值域相同。

常见的连接运算有等值连接和自然连接两种。

① 等值连接

连接的条件 AθD，当θ为 "=" 时，即为等值连接。

等值连接的计算步骤可分为两步：

第一步：计算关系 R 和关系 S 的笛卡尔积；

第二步：从笛卡尔积中选择满足条件的记录（条件为 A=D）。

R

A	B	C
a1	b1	c1
a1	b2	c2
a2	b2	c1

⋈
A=D

S

D	E
a2	c2
a3	c1

⇒

R ⋈ S
A=D

A	B	C	D	E
a2	b2	c1	a2	c2

例 1.12 将成绩表和分数表进行等值连接，条件是 "成绩=分数"。

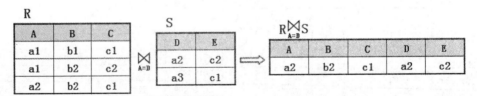

姓名	性别	课程	成绩
张三	男	数学	74
李四	男	数学	88

⋈
成绩=分数

分数	等级
74	中等
93	优秀

=

姓名	性别	课程	成绩	分数	等级
张三	男	数学	74	74	中等

② 自然连接

要求连接的 A、B 属性组必须相同，并需要在结果中去掉重复的属性列。

R

A	B	C
a1	b1	c1
a1	b2	c2
a2	b2	c1

⋈

S

A	D
a2	c2
a3	c1

⇒

R ⋈ S

A	B	C	D
a2	b2	c1	c2

例 1.13　将成绩表 1 和成绩表 2 进行自然连接。

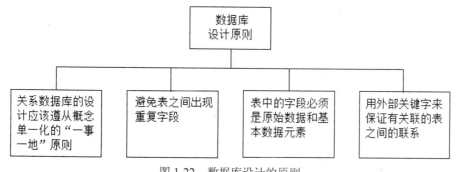

1.3　数据库设计基础

只有采用较好的数据库设计，才能比较迅速、高效地创建一个设计完善的数据库，为访问所需信息提供方便。

1.3.1　数据库设计原则

为了合理地组织数据，数据库的设计应该遵从以下原则，如图 1-22 所示。

图 1-22　数据库设计的原则

1. 遵从概念单一化"一事一地"的原则

一个表描述一个实体或实体间的一种联系，避免设计大而杂的表。

例如，学生基本信息应保存到"学生"表中，学生的成绩信息应保存到"成绩"表中，不应把学生所有的信息放到同一张表中。

2. 避免在表之间出现重复字段

除了保证表中有反映与其他表之间存在联系的外部关键字之外，应尽量避免在表之间出现重复的字段。这样可减少数据冗余，避免修改数据时造成不一致。

例如，在"学生"表中有学生"姓名"字段，在"成绩"表中就不应再有学生"姓名"字段。需要时可通过两个表中的"学号"字段连接找到。

3. 表中的字段必须是原始数据和基本元素

表中应尽可能不包括通过计算得到的"二次数据"或多项数据的组合。

例如，学生表中可以有"出生日期"字段，而不应包括"年龄"字段。因"年龄"是变化的，"出生日期"才是原始数据。

4. 用外部关键字保证相关联的表之间的联系

表之间的关联依靠外部关键字来维系，使得表结构合理，不仅存储了所需要的实体信息，并且反映出实体之间客观存在的联系，最终才能设计出满足应用需求的实际关系模型。

1.3.2 数据库设计步骤

生活中所用到的关系数据库，通常都是利用给定的数据库管理软件创建出的符合用户需要的数据库应用软件。例如，教务管理系统、财务管理系统等。关系数据库设计过程如图 1-23 所示。

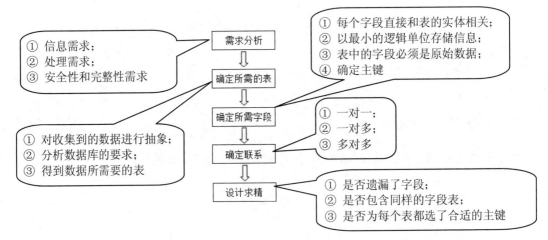

图 1-23　数据库设计过程

上机操作

操作内容　Access 2010 的启动和界面认识

【操作步骤】

启动：依次单击"开始"→"Microsoft Office"→"　Microsoft Access 2010"，如图 1-24 所示。Access 2010 的界面及其各功能区，如图 1-25 所示。

图 1-24　"开始"中的 Access 2010

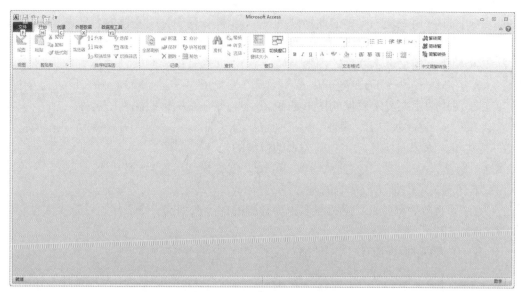

图 1-25　Access 2010 的界面

课后练习

一、选择题

1. 下列关于数据库的叙述中正确的是（　　）。
   - A. 数据库能够减少数据冗余
   - B. 数据库避免了数据冗余
   - C. 数据库中的数据一致性是指数据类型一致
   - D. 数据库系统比文件系统能够管理更多数据

2. 有两个关系 R 和 S 如下：

R

姓名	性别	课程	成绩
张三	男	数学	74
李四	男	数学	88

S

姓名	性别
张三	男
李四	男

由关系 R 通过运算得到关系 S，所使用的是（　　）运算。
   - A. 选择
   - B. 投影
   - C. 连接
   - D. 笛卡尔积

3. 将 E-R 图转换到关系模式时，实体与联系都可以表示成（　　）。
   - A. 属性
   - B. 关系
   - C. 记录
   - D. 码

4. 按数据的组织形式，数据库的数据模型可分为三种模型，即（　　）模型。
   - A. 大型、中型和小型
   - B. 网状、链状和环状
   - D. 层次、网状和关系
   - D. 独享、共享和实时

5. 某校规定学生的住宿条件为：本专科生为 7 人一间，研究生为 4 人一间，博士为 2 人一间；则学生和宿舍之间的关系为（　　）。
   - A. 一对一
   - B. 一对多
   - C. 多对一
   - D. 多对多

6. E-R 图中，用来表示实体的图形是（　　），并在其中标明实体的名称。

    A. 矩形   B. 菱形   C. 三角形   D. 椭圆形

7. E-R 图中，用来表示联系的图形是（　　），并在其中标明联系的类型名。

    A. 矩形   B. 菱形   C. 三角形   D. 椭圆形

8. E-R 图中，用来表示属性的图形是（　　），并在其中标明属性的名称。

    A. 矩形   B. 菱形   C. 三角形   D. 椭圆形

9. 用二维表来表示实体与实体间关系的模型的是（　　）。

    A. 网状模型   B. 关系模型   C. 层次模型   D. 统一模型

10. 下列对关系的描述，正确的是（　　）。

    A. 关系要规范化，尽量将更多更为详细的内容放到同一个表中，以减少数据存储的空间

    B. 关系中的元组的次序不能随意交换

    C. 关系中的属性的次序不能随意交换

    D. 元组中不能有相同的元组，也不能有相同的字段名

11. 数据库系统的核心是（　　）。

    A. 数据库   B. 数据库管理员

    C. 数据库管理系统   D. 文件

12. 在数据库中能够唯一标识一个元组的属性或属性的组合称为（　　）。

    A. 记录   B. 字段   C. 域   D. 关键字

13. Access 数据库文件的扩展名是（　　）。

    A. DOC   B. XLS   C. HTM   D. MDB

14. DB、DBMS 和 DBS 三者之间的关系是（　　）。

    A. DB 包括 DBMS 和 DBS   B. DBS 包括 DB 和 DBMS

    C. DBMS 包括 DBS 和 DB   D. DBS 与 DB 和 DBMS 无关

15. 数据库管理系统位于（　　）。

    A. 硬件与操作系统之间   B. 用户与操作系统之间

    C. 用户与硬件之间   D. 操作系统与应用程序之间

16. 使用二维表表示实体之间联系的数据模型是（　　）。

    A. 实体－联系模型   B. 层次模型

    C. 关系模型   D. 网状模型

17. 一个学生可以选修多门课程，一门课程可以由多个学生选修，则学生与课程之间的联系为（　　）。

    A. 一对一   B. 一对多   C. 多对一   D. 多对多

18. Access 是一种支持（　　）的数据库管理系统。

    A. 层次型   B. 关系型   C. 网状型   D. 树型

19. 关系数据库的基本关系运算有（　　）。

    A. 选择、投影和删除   B. 选择、投影和添加

    C. 选择、投影和连接   D. 选择、投影和插入

20. 在 E-R 图中，用来表示联系的图形是（　　）。

    A. 矩形   B. 三角形   C. 椭圆形   D. 菱形

二、填空题

1．Access 2010 文件的扩展名（后缀）是_____，可以利用其模板创建新数据库，其模板的后缀是_____。

2．用键盘操作功能卡的功能是配合_____键。

3．常用的数据模型有_____、_____和_____。

4．实体与实体之间的联系有 3 种，它们是_____、_____和_____。

5．二维表中的列称为关系的_____，二维表中的行称为关系的_____。

6．Access 数据库中的 7 种数据库对象分别是_____、_____、_____、_____、_____、_____和_____。

7．在关系数据库中，一个属性的取值范围为_____。

第 2 章　Access 2010 基本操作

教学目标

1. 了解 Access 2010 的特点及发展情况
2. 掌握 Access 数据库的系统结构及创建方法
3. 掌握表的组成、结构、各组成部分的设置及表间关系的建立和维护
4. 掌握表中主键的选择和设置的创建
5. 掌握数据类型的判断和设定，各种字段属性的应用场合、设置和字段属性内容
6. 掌握字段名称的命名规则及字段的冻结和解冻结、隐藏和取消隐藏
7. 掌握查找和替换、高级筛选的使用
8. 掌握不同类型外部数据的导入
9. 掌握数据表格式的设置

2.1　Access 介绍

数据的组织、存储和管理是通过 Access 数据库和表实现的。本章将介绍数据库和表的基本操作方法，包括如何设计和创建数据库，如何建立表、表的基本操作等内容。

2.1.1　Access 发展及优点

Microsoft 公司在 1990 年 5 月推出 Windows 3.0 以来，该程序立刻受到了用户的欢迎和喜爱，1992 年 11 月 Microsoft 公司发行了 Windows 数据库关系系统 Access 1.0 版本。从此，Access 不断改进和再设计、自 1995 年起，Access 成为办公软件 Office 95 的一部分。多年来，Microsoft 先后推出过的 Access 版本有 2.0、7.0/95、8.0/97、9.0/2000、10.0/2002，直到今天的 Access 2003、2007、2010 以及 2013 版。本教程以 Access 2010 为教学背景。

> 课外了解知识
> Access 的发展历程及各阶段的特点。

中文版 Access 2010 具有和 Office 2010 中的 Word 2010、Excel 2010、Powerpoint 2010 等相同的操作界面和使用环境，具有直接连接 Internet 和 Intranet 的功能。它的操作更加简单，使用更加方便。

Access 的最主要优点是不用携带向上兼容的软件和最大限度的减少代码量。无论是对于有经验的数据库设计人员还是那些刚刚接触数据库管理系统的新手，都会发现 Access 所提供的各种工具既非常实用又非常方便，同时还能够获得高效的数据处理能力。

Access 优点明显：具有方便实用的强大功能，用户不用考虑构成传统 PC 数据库的多个单独的文件；可以利用各种图例快速获得数据；可以利用报表设计工具，非常方便地生成漂亮的数据报表，而不需要采用编程；采用 OLE 技术能够方便地创建和编辑多媒体数据库，其中

包括文本、声音、图像和视频等对象；支持 ODBC 标准的 SQL 数据库的数据；设计过程自动化，提高了数据库的工作效率；具有较好的集成开发功能；可以采用 VBA（Visual Basic Application）编写数据库应用程序；提供了包括断点设置、单步执行等调试功能；能够像 Word 那样自动进行语法检查和错误诊断；进一步完善了将 Internet/Intranet 集成到整个办公室的桌面操作环境。

2.1.2　Access 数据库的系统结构

Access 2010 共有表、查询、窗体、报表、宏和模块 6 个对象，所有对象均分类存放在同一数据库中，每个对象实现不同的数据库功能。

表是数据库的核心和基础，用于存放数据库的全部数据，为后续所有对象提供数据来源；用户可以通过查询获取需要的数据，窗体为用户提供良好的人机交互界面，通过它可以直接或间接调用宏或模块，还可执行查询或打印等功能。

1. 表

表是数据库中实际存储数据的地方，是后续所有对象的数据来源。

Access 2010 的表和数据表是两个不同的概念。表是数据库中的一个对象；数据表是数据的一种显示方式（视图），它以行列方式显示来自表、查询、窗体等的数据。在数据表中可删除、添加、修改或查询数据。

Access 2010 数据库的表分为本地表和链接表，保存在当前数据库中的表称为本地表，在当前数据库中使用，而存储在其他数据中的表称为链接表。

2. 查询

查询就是预定义的 SQL 语句，如 SELECT、UPDATE 或 DELETE 语句。查询可以从表、查询中提取满足特定条件的数据。使用查询可以修改、添加或删除数据库记录，在报表、窗体等数据库对象中都可以使用查询。

3. 窗体

窗体是 Access 数据库对象中最具灵活性的一种对象，提供了一种方便浏览、输入及更改数据库的窗口。允许采用可视化的直观操作设计数据的输入与输出界面的结构和布局。窗体中的按钮可以控制数据库程序的执行过程。普通的数据、图片、图形、声音、视频等不同的数据类型都可以包含在窗体中。

4. 报表

报表用于提供数据的打印格式，报表中的数据可以来自表、查询或 SQL 语句。利用报表可以创建计算字段和分组记录，用户可以通过显示的字段、每个对象的大小和显示方式来控制报表的格式。

5. 宏

宏是指一个或多个操作的集合，其中每个操作实现特定的功能。例如，可以通过设置某个宏，在用户单击某个命令按钮时运行该宏，来打印某个窗体。

6. 模块

模块是 VBA 声明和过程的集合。使用 VBA，可以通过编程扩展 Access 应用程序的功能。模块可以是窗体模块、报表模块或标准模块，窗体和报表模块指特定窗体或报表的后台代码，标准模块则是与窗体和报表无关的独立模块。

2.2 创建 Access 数据库

创建 Access 数据库要根据用户的需求进行科学的规划和设计。而如何设计一个实用的数据库，掌握哪些方法来创建数据库，数据库的简单操作有什么内容，是我们接下来要学习的知识。

在实际应用中，我们经常通过 Access 创建一个空数据库，然后再根据实际情况设计相关的数据表及表中的字段。

例2.1 创建"教务管理"数据库并保存在计算机 D 盘根目录下。

【操作步骤】

（1）启动 Access 2010：依次单击"开始"→"所有程序"→"Microsoft Office"→"Microsoft Access 2010"，打开 Access 界面，如图 2-1 所示。

图 2-1 新建空数据库一

（2）选择新建数据库类型：选择"可用模板"的"空数据库"→在"文件名"文本框中输入"教务管理"→单击图 2-1 中③→弹出"文件新建数据库"对话框，如图 2-2 所示。

（3）选择新建数据库文件的保存位置：在图 2-2 中选择"D 盘"→单击"确定"按钮。

图 2-2 "文件新建数据库"对话框

（4）创建空数据库：回到 Access 新建界面，单击右下角⑥"创建"，如图 2-3 所示。

图 2-3　新建空数据库二

2.3　打开已存在的数据库

例 2.2　打开 G 盘根目录下的"教务管理"数据库。

【操作步骤】

方法一：启动 Access 2010，在图 2-3 左边"菜单"下的组件中单击"打开"按钮 📂 打开"→在弹出的"打开"对话框中单击"本地磁盘 G"→"教务管理"→"打开"，如图 2-4 所示。

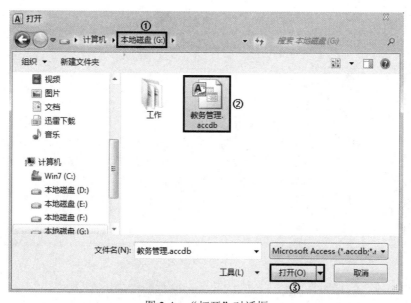

图 2-4　"打开"对话框

方法二：在 Windows 7 桌面单击"计算机"→"本地磁盘 G"→ 双击"教务管理"。

2.4   关闭数据库

关闭数据库的方法有很多，下面介绍常用的几种关闭方式：

- 单击 Access 2010 用户界面主窗口标题栏右边的"关闭"按钮 X 。
- 执行"文件"→"退出"菜单命令。
- 单击标题栏左端的控制菜单图标 A ，在弹出的下拉菜单中选择"关闭"命令，如图 2-5 所示。
- 双击标题栏左端的控制菜单图标 A 。
- 使用快捷键 Alt+F4。

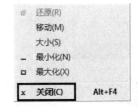

图 2-5   退出 Access 2010 菜单

2.5   Access 界面认识

与 Access 2007 之前的版本相比，Access 2010 的用户界面发生了重大变化。从 Access 2007 开始引入了两个主要的用户组件：功能区和导航窗格。而在 Access 2010 中，不仅对功能区进行了多处更改，而且引入了第三个用户界面组件 Microsoft Office Backstage 视图，即"文件"按钮下的视图。可以使用 Backstage 视图对整个文件进行操作，包括"保存""另存为""打开""关闭""信息"等功能，如图 2-6 所示。

图 2-6   Access 2010 新增组件

相较早期版本，数据库界面也有较大的变化。原有的"菜单"，现在由菜单、选项卡及该选项卡对应的"功能区"也叫"功能面板"共同构成，数据库界面如图 2-7 所示。

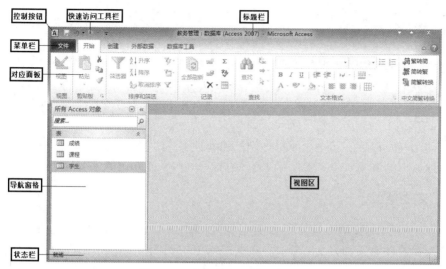

图 2-7　"教务管理"数据库界面

2.6　Access 表的组成

　　表是 Access 中最常用、最基本的对象，是后续所有对象的数据来源，查询、报表、窗体等对象都是在它的基础上建立的。

　　表由表内容和表结构两部分组成。表内容指表中存放的值，可以是任何规定类型的数据。表结构由字段名称、数据类型、字段属性和说明四部分组成（见图 2-8）。说明用于设置某字段的意义，可有可无，而字段名称、数据类型、字段属性是必不可少的。本节将介绍这几个组成部分。

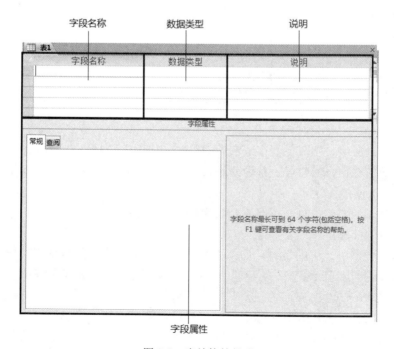

图 2-8　表结构的组成

2.6.1 字段名称

Windows 操作系统中不允许任何没有名称的文件或文件夹出现，Access 表中的每个字段也都需要有名称，以方便使用和操作，这个名称就叫字段名称。

字段名称的命名要具有代表性，要有意义。Access 中字段的命名需要注意以下几点：

（1）长度为 1～64 个字符。

（2）可以包含汉字、数字、字母、空格和其他字符，但空格不能为先导空格。

（3）不能包含句点（.）、感叹号（!）、方括号（[ ]）或回车等不可打印的字符。

2.6.2 数据类型

Access 表中的数据都应有其对应的数据类型，每个字段的数据类型必须相同。Access 2010 提供了 12 种数据类型，如表 2-1 所示，和 Access 2003 相比，增加了附件和计算两种类型。

表 2-1   数据类型

数据类型	默认大小	适用范围
文本	50 字符	存放 1～255 个字符
备注		存放长文本，65535 个字符以内
数字	1～16 字节	详见表 2-2
货币	8 字节	存放 1～4 位小数的货币数据，固定占 8 个字节
时间/日期	8 字节	存放 100～9999 年间的时间与日期的值，固定占 8 位
自动编号		由系统自动为每条记录指定一个值
是/否	1 字节	存放是/否、真/假、开/关值
OLE 对象		存放表格、图形、图像、声音等多媒体数据
超链接		存放本地或网络上的超级链接地址
附件		存放各种类型的文档和二进制文件
计算		存放同一表中由其他字段计算而来的值
查阅向导		用于创建特殊的查询字段

1. 文本（Text）

用于存放各种数字、字母、汉字或它们的组合。如：学号、姓名、name 等。这里数字指不需要参与运算的数据，如学号、身份证号码、电话号码等。可存放 1～255 个字符。

2. 备注（Memo）

用于保存较长的文本信息，可存放 65535 个字符。如：简历等。

3. 数字（Number）

用于存放需要参与运算的数据，如：人数、学分等。数字类型数据的字段属性中，字段大小可进一步设置为字节、整型、长整型、单精度、双精度、同步复制和小数 7 种，见表 2-2。

4. 货币（Currency）

用于存放货币值，如：学费、基本工资、岗位工资等。输入时自动产生货币符号和千分号，精确到小数点前 15 位和小数点后 4 位，小数部分默认取 2 位，且计算时禁止四舍五入。

表 2-2　数字类型的分类

数据类型	适用范围
字节（Byte）	存放 1～255 之间的整数
整型（Integer）	存放-32768～32767 之间的整数
长整型（Long）	存放-2147483648～2147483647 之间的整数
单精度（Single）	存放-3.402823E38～3.402823E38 之间的整数，保留 7 位小数
双精度（Double）	存放-1.79769313486231E308～1.79769313486231E308 之间的整数，保留 1 位小数
同步复制（Replication）	系统自动设置字段值
小数（Decimal）	28 位小数，占 14 个字节

5. 时间/日期（Date）

用于存放时间、日期类型的数据，如：入校时间、出生日期等。Access 2003 中年、月、日之间默认以 "-" 进行分隔，如 2013-7-18；而 Access 2010 中年、月、日之间默认以 "/" 进行分隔，如 2013/7/18。

6. 自动编号（Auto Number）

在添加记录时自动给每个记录插入唯一的编号，可递增（每次增 1）、递减（每次减 1）或随机。自动编号类型一旦生成，将和该字段永久绑定，如若删除某行，该行被分配的编号也一并被删除，且只要该字段不被删除后重新再创建，该编号将不会再出现。

7. 是/否（Yes/No）

用于存放只有两种取值的字段，即是/否（Yes/No）、真/假（True/False）、开/关（On/Off）等。如：团员、婚否等。

8. OLE 对象（OLE Object）

用于嵌入表格、图形、图像、声音等多媒体信息。如：照片等。

9. 超链接（Hyperlink）

用于存放链接到本地或网络上的地址。如：个人主页、邮箱等。

10. 附件（Accessary）

Access 2007 以上版本新增类型。用于存放所有种类的文档和二进制文件，且不会使数据库大小发生不必要的增长。如果可能，Access 会自动压缩附件，以将所占用的空间降到最小，甚至还可以将多个附件添加到一条记录中，类似于邮件中的附件。

11. 计算（Calculation）

Access 2010 新增类型，用于显示根据同一个表中的其他数据计算而来的值。如：税费、应发工资。例如，工资表中有员工编号、基本工资、岗位工资、效益工资、税费等字段，税费=((基本工资+岗位工资+效益工资)-3500)*10%，应发工资=基本工资+岗位工资+效益工资-税费。

12. 查阅向导（Lookup Wizard）

用于设置使用 "列表框" 或 "组合框" 选择另一个表或数据列表中的值。

2.6.3　字段属性

设置字段属性是为了更准确地描述数据表中存储的数据属性。数据类型不同，字段属性也有所不同。常规的字段属性如表 2-3 所示。

表 2-3　常规的字段属性

字段属性	说明
字段大小	规定文本型字段允许填充的最大字符数，或规定数字型字段的类型和大小
格式	用于设置数据显示或打印的格式
输入掩码	用特殊字符掩盖实际输入的字符，如加密字段；或用于控制输入格式
小数位数	设置货币和数字的小数位数，一般为"自动"
标题	设置在数据表视图及窗体视图中显示的字段标题
默认值	设置字段的默认值
有效性规则	设置数据输入时的遵循规则，即限制字段的取值范围
有效性文本	有效性规则不能得到满足时的一种错误提示
必需	设置字段中是否必须有值
索引	决定是否建立索引，有"无""有（无重复）""有（有重复）"3 种

1．字段大小

通过设置字段大小，可控制字段使用的空间大小。如设置学号字段的字段大小为 10，身份证号码字段的字段大小为 18，邮编字段的字段大小为 6 等，都具有实际的意义。但此属性只适用于"文本"和"数字"类型。

例 2.3　设置"教务管理"数据库中"学生"表的"学号""身份证号码"字段的"字段大小"分别为 10、18。

【操作步骤】

（1）打开"教务管理"数据库，右击"学生"表→在弹出的快捷菜单中单击"设计视图"（见图 2-9 中①）→"学生"表被打开→切换到设计视图，如图 2-10 所示。

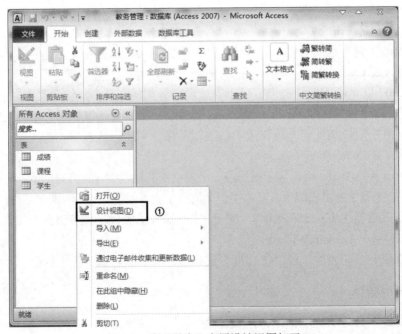

图 2-9　将"学生"表用设计视图打开

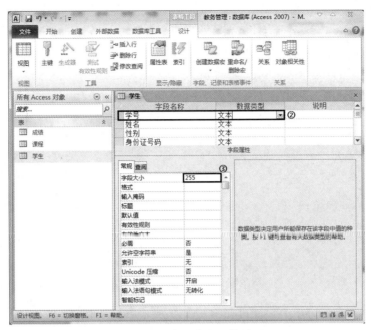

图 2-10　"字段大小"的设置

（2）选中"学号"字段（见图 2-10 中②）→单击"字段属性"中的"字段大小"（见图 2-10 中③）→将 255 修改为 10。

（3）用步骤（2）的方法将"身份证号码"的"字段大小"设置为 18。

注意： 如果字段中已经录入有字段值，那么重新设置的字段大小小于已有字段值的长度时，将会截断数据，造成数据的丢失。如图 2-11 所示，"姓名"字段中已经有值，如果对"姓名"字段设置"字段大小"为 2，则"姓名"字段中超过 2 个字符的都将被丢弃，即"杨十一"和"张十二"将变为"杨十"和"张十"。

学号	姓名	性别	籍贯	专业	出生日期	电话
2012010101	刘一	男	四川	汉语言文学	1996/12/1	0818-276078
2012010102	吴二	女	湖北	汉语言文学	1995/5/12	0818-276078
2012010201	张三	女	山东	文秘	1998/4/17	0818-276065
2012010202	李四	女	重庆	文秘	1995/12/3	0818-276045
2012020101	王五	男	重庆	英语教育	1995/8/12	0818-276055
2012020102	赵六	女	北京	英语教育	1997/12/12	0818-276036
2012020201	田七	男	山东	俄语	1996/8/4	0818-276055
2012020202	石八	女	陕西	俄语	1996/12/1	0818-276067
2012030101	陈九	女	四川	软件工程	1996/12/3	0818-276067
2012030102	彭十	男	河南	软件工程	1995/4/16	0818-276055
2012030201	杨十一	男	贵州	动漫游戏	1996/12/5	0818-276055
2012030202	张十二	女	四川	动漫游戏	1997/12/12	0818-276067

图 2-11　"学生"表的数据表视图

2. 格式

格式属性用来设置数据的打印方式和屏幕的显示方式。数据类型不同，格式也不同。

例 2.4　如图 2-11 所示，将"学生"表中"出生日期"字段值以"XX 月 XX 日 XXXX 年"的格式显示。

【操作步骤】

（1）将"学生"表切换到设计视图，选中"出生日期"→"格式"→属性框中输入"mm 月 dd 日 yyyy 年"→系统会自动转换成图 2-12 中①所示。

图 2-12   "格式"属性的设置

（2）保存并切换到数据表视图，图 2-13 中②即为要求的设置。

图 2-13   "格式"设置的显示效果

3．输入掩码

输入掩码是用户为输入的数据定义的格式，并限制不允许输入不符合规则的数据，由显示字符和掩码字符共同构成，掩码字符及含义如表 2-4 所示。

表 2-4   掩码字符及含义

字符	含义
0	表示任一 0～9 的数字，不允许使用 "+" "-"
9	任一数字或空格（可选），不允许使用 "+" "-"
#	任一数字或空格（可选），允许使用 "+" "-"
&	必须输入任一字符或数字
C	可选择输入任一字符或空格
L	必须输入字母 A～Z
?	可选择输入字母 A～Z
A	必须输入数字或字母

续表

字符	含义
a	可选择输入数字或字母
!	使输入掩码从右到左显示
-	十进制占位符
,	千位分隔符
/	日期分隔符
\	使其后的字符显示为原义字符
:	时间分隔符
<	其后全部字符转换为小写
>	其后全部字符转换为大写
密码或 password	输入的字符以"*"显示

　　例 2.5　设置"学生"表的"电话"字段，使得输入电话号码时，区号"0818-"部分自动出现，用户只需输入后面的 7 位电话号码。

　　【操作步骤】 将"学生"表切换到设计视图，选择"电话"→在"输入掩码"右框中输入""0818-"0000000"，该掩码由两部分组成，一部分是显示字符为：0818-，因此需要用英文状态下的双引号引起来，后面为 7 个 0，一个 0 代表一位 0～9 的数字，如图 2-14 中①处设置。

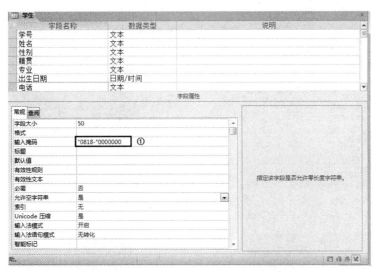

图 2-14　"电话"的"输入掩码"设置

　　例 2.6　设置"学生"表中"QQ 密码"字段，使得该字段值以"*"方式显示。

　　【操作步骤】 在"学生"表的设计视图中单击"QQ 密码"→在"输入掩码"右框中输入"密码"两个汉字，或者英文单词"password"（大小写不区分）即可。最终显示效果如图 2-15（b）所示。

　　4. 标题

　　字段名称是便于系统识别这个字段，一般在代码设计时引用，而标题是为了使字段更具可理解性，设置的一个更人性化的代号。

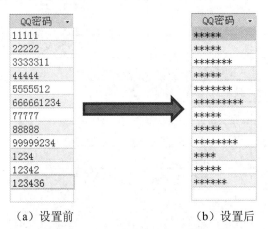

（a）设置前　　　　　　　　（b）设置后

图 2-15　QQ 密码设置前后的效果

例 2.7　将"学生"表的"学费"字段的标题设置为"一学年学费"。

【操作步骤】打开"学生"表→切换到设计视图→选择"学费"→在标题中输入"一学年学费"，如图 2-16 中①所示，最终显示效果如图 2-17（b）所示。

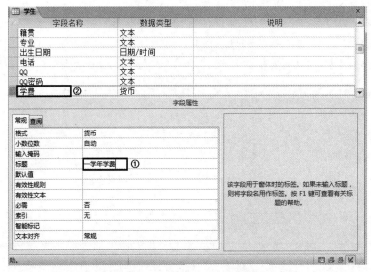

图 2-16　"学费"的标题设置

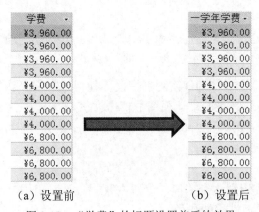

（a）设置前　　　　　　　　（b）设置后

图 2-17　"学费"的标题设置前后的效果

注意：图 2-16 中①和②的关系，虽然设置后在"学生"表的数据表视图中字段名称处显示的是"一学年学费"，但该字段的字段名称仍然是"学费"，即标题相当于字段名称的外衣，无论换成哪件衣服，该字段名称都不会变。

5. 默认值

在数据库中，通常有很多字段的值相同或相似，可将这些相同或相似的值设置为该字段的默认值，以简化输入量，提高输入的效率。

例 2.8　"学生"表中"团员"字段为是/否类型，将该字段的"默认值"设置为"Yes"。

【操作步骤】打开"学生"表→切换到设计视图→选择"团员"→在"默认值"右框中输入"Yes"或者"-1"。最终显示效果如图 2-18（b）所示。

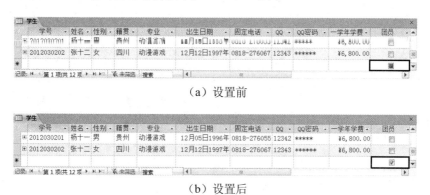

（a）设置前

（b）设置后

图 2-18　"团员"的标题设置前后的效果

6. 有效性规则和有效性文本

有效性规则是用于限制数据的输入时必须遵循的规则。利用有效性规则可限制数据的输入范围，防止非法数据的输入。如在未设置性别字段的有效性规则时，可在该字段输入任意值，录入的正确性完全由操作人员来把握；当在"性别"字段设置"有效性规则"为""男" or "女""后，再在该字段输入除"男"或"女"以外的文本，都将给出如图 2-19 所示的提示。这句话对于初学者来说不太容易理解。在"性别"字段的"有效性文本"中输入"只能输入"男"或者"女"！"这句话以后，再来执行刚才的操作，则将会得到如图 2-20 所示的提示，明显比 2-19 通俗易懂。

有效性文本是有效性规则不能得到满足时给出的通俗易懂的提示。如果有效性规则没有设置，有效性文本设置得再通俗易懂也不起任何作用；但如果有效性规则设置了，而有效性文本没有设置，则不会影响有效性规则的实施。

图 2-19　不遵循有效性规则时的错误提示

图 2-20　设置有效性文本后的错误提示

例 2.9　设置"学生"表中"性别"的字段属性，使得用户一旦输入的不是"男"或者"女"，便会给出错误提示"只能输入"男"或者"女"！"。

【操作步骤】打开"学生"表→切换到设计视图→"性别"→"有效性规则"和"有效性文本"中分别输入""男" Or "女""和"只能输入"男"或者"女"！"，如图 2-21 中①、②处所示。

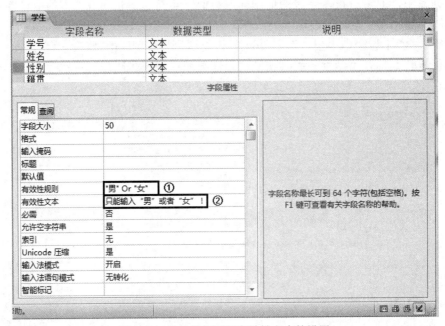

图 2-21　有效性规则和有效性文本的设置

7. 必需

即为必填，若将某字段设置为必需，则该字段必需输入数据，不能为空。

8. 索引

索引是对数据库表中一列或多列的值进行排序的一种结构，使用索引可快速访问数据库表中的特定信息。数据库索引好比是一本书前面的目录，能加快数据库的查询速度。

2.7　建立表

在 Access 中创建表有使用设计视图创建表、直接插入空表创建、根据 SharePoint 列表创建表和通过导入或链接创建表 4 种方式。

2.7.1　使用设计视图创建

表的设计视图如图 2-8 所示，这是创建和修改表结构时常用的一种方式，任何表需要修改结构，都要切换到设计视图，因此使用设计视图创建表是一种较常用的创建表的方式，虽然对于初学者来说较为复杂，但这种方式更易于理解和掌握表的组成。下面通过例 2.10 来讲解如何使用设计视图创建表。

例 2.10　在 D 盘根目录下创建"测试.accdb"数据库，并在该数据库中使用设计视图创建表"tCourse"，表结构如表 2-5 所示。

表 2-5　"tCourse" 表结构

字段名称	数据类型	字段大小	格式
课程编号	文本	8	
课程名称	文本	20	
学时	数字	整型	
学分	数字	单精度型	
开课日期	日期/时间		短日期
必修否	是/否		是/否
课程简介	备注		

【操作步骤】

（1）启动 Access 2010→创建"测试.accdb"并保存在 D 盘根目录下。

（2）选择"创建"（见图 2-22）→单击"表设计"（见图 2-23）→进入到表的设计视图中，如图 2-24 所示。

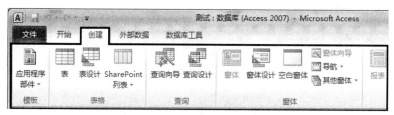

图 2-22　选择"创建"选项卡

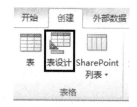

图 2-23　选择"表设计"

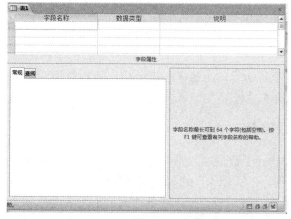

图 2-24　表的设计视图

（3）按照表 2-5 中的要求按序填入如图 2-24 所示的表的设计视图中，最终效果如图 2-25 所示。

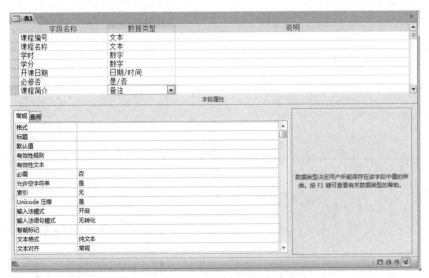

图 2-25　按要求设置后的设计视图

（4）单击快速访问工具栏的"保存"按钮 ▣（或单击"文件/保存"）→弹出"另存为"对话框，输入"tCourse"名→"确定"，如图 2-26 所示

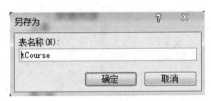

图 2-26　保存表

（5）本表没有设置主键，因此步骤（4）后会弹出如图 2-27 所示的提示，单击"否"即可。

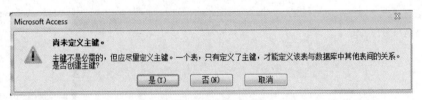

图 2-27　创建主键提示框

注意：使用设计视图创建表只能创建表的结构，而不能输入表的内容，如需输入内容，需切换到表的数据表视图下进行。

2.7.2　直接插入空表创建

Access 2010 一旦创建好了数据库，系统将会默认打开一个空表，如图 2-28 中①处所示。或者通过功能区中的"创建"选项卡，选择"表格"组中的"表"按钮，如图 2-29 所示，也能进入图 2-28 所示的界面。使用直接插入表的方式创建的表会默认生成一个自动编号类型的"ID"字段，且为该表的主键，如图 2-28 中②处所示。使用这种方式创建的表，不但能设置部

分表的结构（如字段名称和数据类型），而且还能直接输入表的内容。单击图 2-28 中③所示的
位置，会弹出如图 2-30 中④所示的菜单，用以设置该字段的数据类型，如设置一个文本类型
的"姓名"字段，则可选择图 2-30 中的文本，随即图 2-28 中③处变为图 2-31 中的⑤所示，此
时的"字段 1"已被选中，将其改名为"姓名"即可。但是，在直接插入空表创建表的方式下
不能设置字段属性，若需要设置字段属性还需切换到该表的设计视图下。

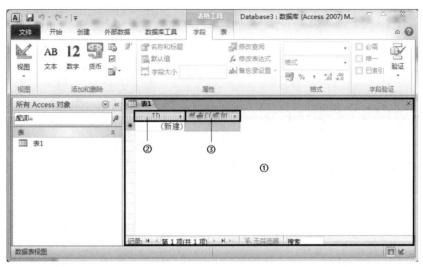

图 2-28　空表界面

图 2-29　选择"表"

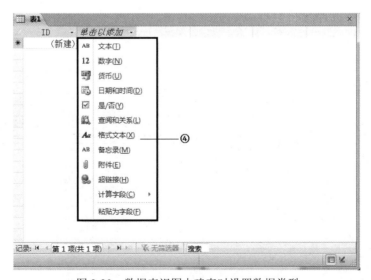

图 2-30　数据表视图中建表时设置数据类型

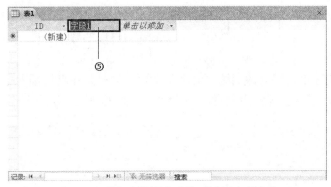

图 2-31　数据表视图中建表时设置字段名称

例 2.11　在例 2.10 的"测试"数据库中，使用直接插入空表创建表"tCourse_1"，表结构如表 2-5 的"tCourse"所示。

【操作步骤】

（1）打开 D 盘根目录下的"测试.accdb"→单击"创建"→选择图 2-29 中"表"→进入到直接输入数据创建表的界面，如图 2-28 所示。

（2）单击图 2-28 中③→选择"文本"→然后将出现的"字段 1"改名为"课程编号"。

（3）按步骤（2）依次设置后续字段，注意"课程简介"的数据类型"备注"即为图 2-30中④处所示的"备忘录"。

（4）单击功能区中的视图切换按钮（见图 2-32 中①）→将当前视图切换到该表的设计视图（见图 2-33），或单击状态栏右下角处的视图切换按钮 →在弹出的"另存为"对话框中输入"tCourse_1"→单击"确定"保存。

图 2-32　视图切换按钮

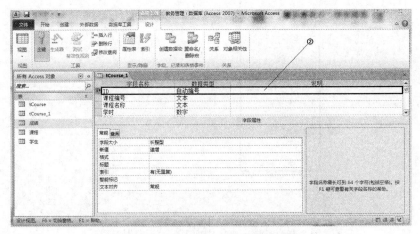

图 2-33　"tCourse_1"的设计视图

（5）选中"ID"→右击打开图 2-34③所示的快捷菜单→"删除行"→系统将会弹出如图 2-35 所示的提示框→单击"是"按钮删除"ID"字段。

图 2-34　删除字段

图 2-35　删除字段提示框

（6）按照例 2.8，设置各字段的字段属性。

2.7.3　根据 SharePoint 列表创建

这是 Access 2007 后新增的功能，可以在数据库中创建从 SharePoint 列表导入的表或链接到 SharePoint 列表的表。还可使用预定义模板创建新的 SharePoint 列表。

单击功能区"创建"选项卡的"SharePoint 列表"项，如图 2-36 中①所示，弹出②所示菜单，可通过菜单中的项目来创建，以"联系人"为例，单击图中的"联系人"项，如图 2-36 中③所示，弹出如图 2-37 所示对话框，在④处输入指定的 SharePoint 网站的网址，在⑤处输入新列表的名称，在⑥处输入对新列表的说明（可根据用户的需要设置，该项也可不输入），当设置完毕后需要打开设置的列表项查看内容，可勾选⑦处的复选框（默认为选中），否则可去掉勾选，按照上面步骤设置完毕后单击⑧处的"确定"按钮，整个设置完毕。

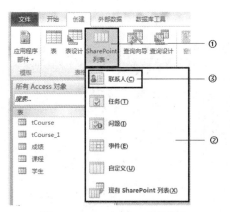

图 2-36　SharePoint 列表菜单

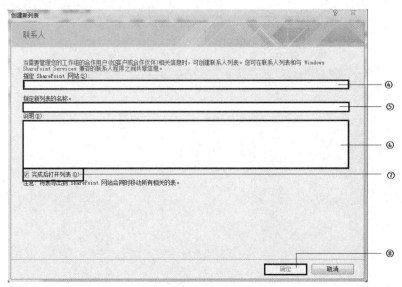

图 2-37　"创建新列表"对话框

2.7.4　利用外部数据创建

利用外部数据创建即从其他数据源导入或链接到表来创建表。Access 2010 可导入多种类型的文件，有 Excel 电子表格、其他 Access 数据库中的表、SharePoint 列表、文本文件、XML文档、ODBC 数据库等，其中导入 Excel 电子表格和其他 Access 数据库中的表较为常用。

导入和链接到表的步骤几乎完全相同。从外观上来看，Excel 电子表格导入后的符号和Access 中的表的符号 相同，而 Excel 电子表格链接到数据库中的符号是 ；Access 数据库中的表导入后的符号是 ，而 Access 数据库中的表链接到其他数据库中的符号是 。导入和链接还有一点区别是导入后的数据可随用户的需要随意修改，而对链接的数据修改则会修改数据源中的内容。在此只讲述导入的方法。

1. 导入 Excel 电子表格数据

例 2.12　将已经建立的 Excel 文件"学生成绩表.xls"导入到"教务管理"数据库，并命名为"学生成绩表"。

【操作步骤】

（1）打开"教务管理"数据库→选择"外部数据"→"导入并链接"组→"Excel"命令（见图 2-38②）→弹出"获取外部数据-Excel 电子表格"对话框一，如图 2-39 所示。

图 2-38　"导入并链接"组

（2）单击"浏览"→在弹出的"打开"对话框中选择需要导入的数据文件"学生成绩表.xls"→"确定"，如图 2-39 所示。

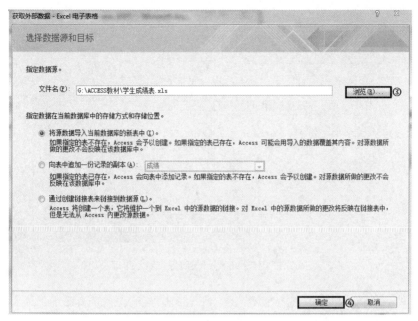

图 2-39　"获取外部数据-Excel 电子表格"对话框一

（3）在打开的"导入数据表向导"对话框一中选择"显示工作表"和 Sheet1→"下一步"，如图 2-40 所示。

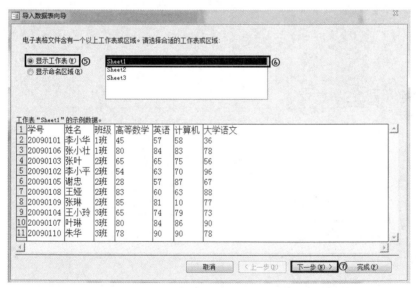

图 2-40　"导入数据表向导"对话框一

（4）在打开的"导入数据表向导"对话框二中，选中"第一行包含列标题"复选框→"下一步"，如图 2-41 所示。

（5）在打开的"导入数据表向导"对话框三中，按照图 2-42 的顺序依次设置，然后单击"下一步"。

（6）在打开的"导入数据表向导"对话框四中，选择"不要主键"→"下一步"，如图 2-43 所示。

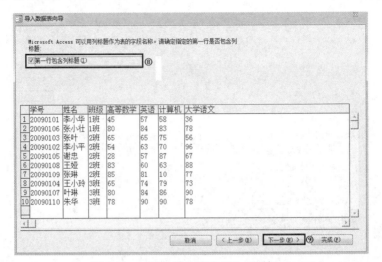

图 2-41　"导入数据表向导"对话框二

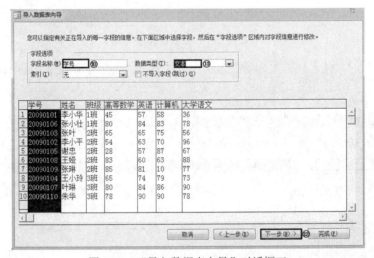

图 2-42　"导入数据表向导"对话框三

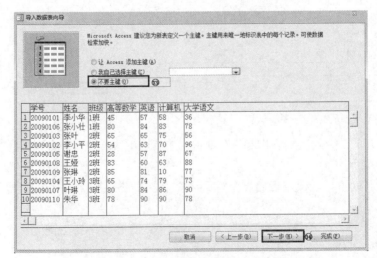

图 2-43　"导入数据表向导"对话框四

（7）在打开的"导入数据表向导"对话框五中，设置"导入到表"文本框内容为"学生成绩表"→"完成"，如图 2-44 所示。

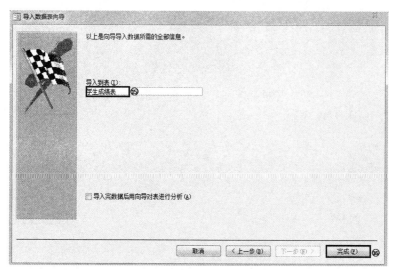

图 2-44　"导入数据表向导"对话框五

（8）在打开的"获取外部数据-Excel 电子表格"对话框二中单击"关闭"按钮，如图 2-45 所示。

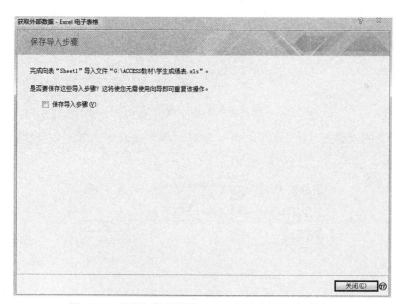

图 2-45　"获取外部数据-Excel 电子表格"对话框二

2. 导入其他 Access 数据库数据

例 2.13　将"教务管理"数据库中的"学生""成绩""课程"三个表导入到"测试"数据库中。

【操作步骤】

（1）打开"测试"数据库→选择"外部数据"→"导入并链接"组→"Access"命令（见图 2-46）→弹出"获取外部数据-Access 数据库"对话框一，如图 2-47 所示。

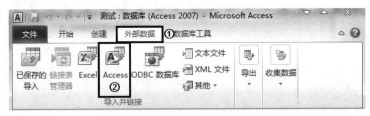

图 2-46 "导入并链接"组

（2）单击"浏览"→在弹出的"打开"对话框中选择需要导入的数据文件"教务管理"→单击"确定"，如图 2-47 所示。

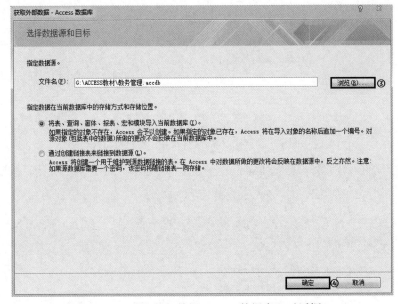

图 2-47 "获取外部数据-Access 数据库"对话框一

（3）在打开的"导入对象"对话框中，选择"表"→选择"学生""成绩""课程"三个表→单击"确定"，如图 2-48 所示。

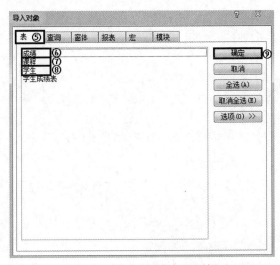

图 2-48 "导入对象"对话框

（4）在打开的"获取外部数据-Access 数据库"对话框二中，单击"关闭"按钮，如图 2-49 所示，导入步骤完成。

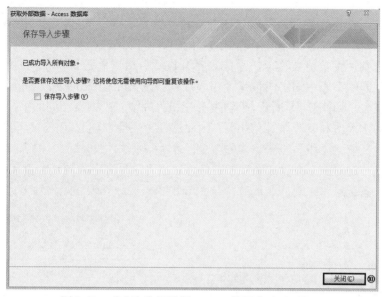

图 2-49　"获取外部数据-Access 数据库"对话框二

2.8　建立表间关系

2.8.1　表间关系的概念

数据库中的表既相互独立又相互联系，表与表之间存在着直接或者间接的联系，这种联系即为表间关系。

在第 1 章的关系模型中介绍过表与表之间的关系分为一对一、一对多和多对多三种类型，但在实际应用中只能反映出一对一和一对多两种关系，因为任何多对多关系都可以拆分成多个一对多的关系。数据库中的表建立好关系后如图 2-50 所示，从图中可以看到"学生"表和"成绩"表之间是一对多联系，"课程"表和"成绩"表之间也是一对多联系，通常将"一"的一端成为主表，将"多"的一端称为相关表。如图 2-50 中"学生"表和"成绩"表这对关系中，"学生"表为主表，"成绩"表为相关表；"课程"表和"成绩"表这对关系中，"课程"表是主表，"成绩"表是相关表。

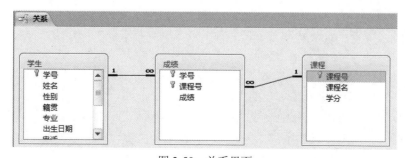

图 2-50　关系界面

2.8.2 表间关系的建立

为了更好地利用和管理表中的数据，就需要掌握如何建立和修改表间的关系。

建立关系前，首先需要判断两表之间能否建立关系，判断的标准是：两表中要有相同的字段名称，且这两个字段名相同的字段中的字段值和字段属性都要相同。

在建立关系前，需要将要建立关系的表打开进行分析，看是否有相同的字段名称，再看这两个字段名相同的字段中的字段值是否相同，最后分析这两个相同字段名下的字段值的对应关系属于哪种类型。如图 2-51 所示，"学生"表和"成绩"表中有相同的字段名称"学号"，且这两个字段的字段值和字段属性均相同，因此这两个表能够建立起关系，再分析"学生"表和"成绩"表，任取"学生"表中"学号"的一个字段值如"2012010101"，在"成绩"表中能找到 3 条记录与之对应；在"成绩"表中任意取出"学号"字段的一个值，在"学生"表中有且仅有唯一一条记录与之对应，因此"学生"表和"成绩"表满足一对多关系。

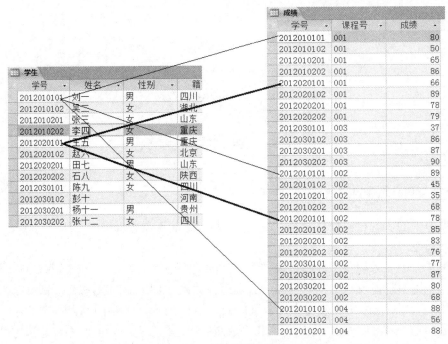

图 2-51   表间关系分析

例 2.14   在"教务管理"数据库中有"学生""成绩""课程"三个表，建立他们之间的关系，并实施参照完整性。

【操作步骤】

（1）打开"学生"表→分析"学生"表中哪个或哪些字段可以作为主键，在该表中"学号"可作为主键→然后切换到该表的设计视图→选中"学号"字段，如图 2-52 中①所示，在该字段上单击鼠标右键→在弹出的快捷菜单中选择"主键"命令，设置好后，"学号"的左边就会出现▼符号，表示该字段为本表的主键，如图 2-53 所示，保存设置并关闭。

（2）以步骤（1）的方式分别设置"课程号"为"课程"表的主键，"学号"和"课程号"两个字段共同作为"成绩"表的主键（一个表只有设置了主键，才能建立与其他表之间的关系，因此要设主键）。

图 2-52　设置"主键"

图 2-53　设置好"主键"后的表的设计视图

（3）如图 2-54 中③所示，单击功能区中"数据库工具"→"关系"组→弹出"显示表"对话框→选择需要建立关系的表，按住 Ctrl 键，单击"成绩""课程""学生"三个表，如图 2-55 中④、⑤、⑥所示→单击"添加"，如图 2-55 中⑦所示，将需要建立关系的表添加到关系界面下，如图 2-56 所示。

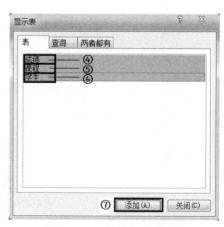

图 2-54　"数据库工具"选项卡

图 2-55　"显示表"对话框

图 2-56 关系界面

（4）在关系界面上单击"学生"表→"学号"（见图 2-57 中⑧）→按住鼠标左键拖拽到"成绩"表的"学号"字段上→然后放开，如图 2-57 中⑨所示→弹出"编辑关系"对话框，如图 2-58 所示→勾选⑩处的"实施参照完整性"→单击"创建"。"学生"和"成绩"表间的关系就创建好了，如图 2-59 所示。按此方式再创建"课程"表和"成绩"表之间的关系，建好后如图 2-50 所示。

图 2-57 创建关系

图 2-58 "编辑关系"对话框

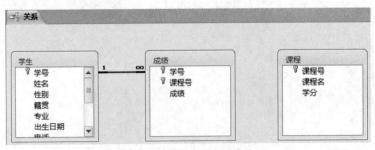

图 2-59 建好关系后的效果

（5）单击标题栏左端的 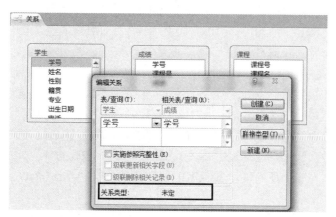 按钮。

注意： 若需要建立关系的表中都没有设置主键或不具有唯一索引，则在"编辑关系"对话框中就不能确定关系类型，如例 2.12 中的各表都不设置主键，即没有步骤（1），则"编辑关系"对话框就会变成如图 2-60 所示，"关系类型"处就为"未定"。

图 2-60　不设置主键时的"编辑关系"对话框

在"编辑关系"对话框中有三个复选框，分别是"实施参照完整性""级联更新相关字段""级联删除相关记录"，其中后两个都是在第一个被勾选后才可被选择，因此"实施参照完整性"是"级联更新相关字段"和"级联删除相关记录"的前提。

1. 实施参照完整性

参照完整性，是当更新、删除、插入一个表中的数据时，通过参照引用相互关联的另一个表中的数据，来检查对表的数据操作是否正确。

比如，"学生"表和"成绩"表这个一对多的关系中，"学生"表是主表，"成绩"表是相关表，那么相关表就应该以这个主表为参照。"学生"表中包含了所有同学的基本信息，"成绩"表中的"学号"字段的取值就不能随意，其取值范围必须在"学生"表的"学号"的取值范围内。如果"成绩"表中要创建一个"学生"表中没有的学号，则就不符合参照完整性，换句话说，"成绩"表中的"学号"字段值是以"学生"表中的"学号"字段值作为参照的。

需要满足何种条件才能设置参照完整性呢？有以下几点：

（1）两表同属于同一数据库。

（2）两表中相关联的字段具有相同的数据类型和字段属性。

（3）主表中的相关字段是主键或具有唯一索引。

一旦设置了"实施参照完整性"后，删除相关表中的记录时，没有任何影响，但是如果要删除记录或修改主表中主键的内容，系统都会给出提示，表示不能进行此类操作。如任意删除例 2.12 中"学生"表中的记录或修改"学生"表中"学号"的字段值时，系统将给出如图 2-61 所示的提示。

图 2-61　"实施参照完整性"后删除或修改记录时的提示

2. 级联更新相关字段

当在实际的操作过程中，的确需要修改主表以及相关表中相关联的值时，就需要在"编辑关系"对话框中勾选上"级联更新相关字段"。这样一旦主表与相关表相关联的某字段的字段值发生变化，则相关表中与之相关联的字段值也会随之发生改变。例如，建立好关系后的例2.12 已经勾选上"实施参照完整性"和"级联更新相关字段"，如果将"学生"表的"学号"字段的"2012010101"值改为"2013110102"，则"成绩"表中所有的包含有字段值"2012010101"的记录均会自动更新为"2013110102"。

3. 级联删除相关字段

和"级联更新相关字段"类似，如需在已经设置了"实施参照完整性"的关系中删除主表的字段时，需要在"编辑关系"对话框中勾选"级联删除相关字段"。这样一旦删除主表中的某字段后，相关表中与之对应的记录也将自动删除。例如，建立好关系后的例2.12 已经勾选上"实施参照完整性"和"级联删除相关字段"，如果将"学生"表的"学号"字段的"2012010101"记录删除，则"成绩"表中所有的"2012010101"字段均会自动删除。

4. 子数据表

在 Access 的数据表中，如果数据表间建立了关系，在查看数据表的同时，也可以查看与其相关联的数据表的记录，即在数据表视图的最左边，单击"+"，可显示出数据表内容，如图 2-62 所示。

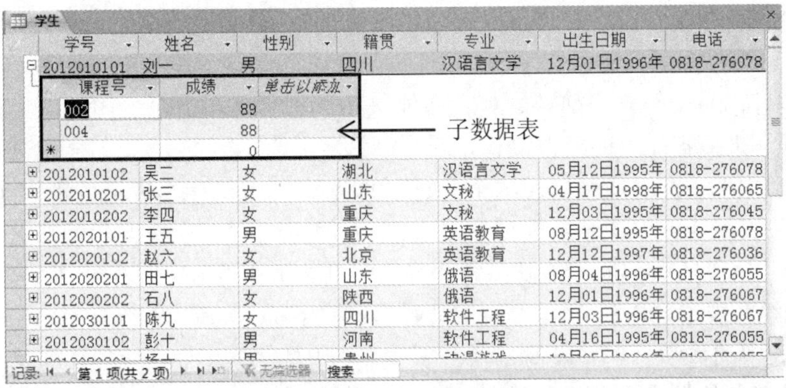

图 2-62　子数据表

注意：

①建立关系前，一定要确保所有需要创建关系的表都已经关闭，否则不能建立。

②由于设置参照完整性能确保相关表中各记录之间关系的有效性，并确保不会意外删除或更改相关的数据，所以在建立表间关系时，一般应同时设置"实施参照完整性"。在关系界面下，如果两表间有一根细线连接，如 　　　，则表示两表间仅仅设置了关系，没有设置"实施参照完整性"，如显示为 ¹──∞ 或 ¹───ⁱ，则表示已经设置了"实施参照完整性"。"级联更新相关字段"和"级联删除相关记录"则可根据用户的需要自行设置。

2.8.3　表间关系的修改、删除

1. 表间关系的修改

（1）在"关系工具－设计"选项卡的"工具"组中单击"编辑关系"按钮，如图 2-63 所示，弹出"编辑关系"对话框。

图 2-63　"关系工具－设计"选项卡

（2）在"编辑关系"对话框的列表中选择要建立关系的表和字段，单击"确定"按钮即可对原有关系进行修改。

（3）如果发现布局中的表并不是需要建立关系的表，需要将其在布局界面下去掉时，可在该表上单击鼠标右键，在弹出的快捷菜单上单击"隐藏表"命令，如图 2-64 所示。

（4）如果需要添加新表到关系界面下，则需要调出"显示表"对话框。在"关系工具－设计"选项卡的"关系"组中单击"显示表"按钮，如图 2-63 中所示，在弹出的"显示表"对话框中进行表的选择、添加。

2. 表间关系的删除

（1）如仅仅需要修改两表之间建立好的关系时，将鼠标在两表之间的关系线上单击鼠标右键，在弹出的快捷菜单中单击"删除"命令即可，如图 2-65 所示。

图 2-64　"隐藏表"菜单

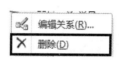

图 2-65　"删除"关系

（2）如是要将整个关系布局上的表和表间所建立的关系全部删除，需要使用"清除布局"命令。在"关系工具－设计"选项卡的"工具"组中单击"清除布局"按钮，如图 2-63 所示，这时会弹出"清除关系"提示框，如图 2-66 所示。

图 2-66　"清除关系"提示框

2.9　维护表

在创建数据库和表时，往往不能完全满足用户的需求，可能要对表中的数据进行增加、修改或删除，这就需要对表进行维护。本节将介绍维护表的基本方法。

2.9.1　修改表结构

数据库中的表在创建完成后，可以修改表结构，修改表结构一般包括添加字段、删除字段、修改字段和重设主键等，这些操作一般都在表的设计视图中完成。

1. 添加字段

例 2.15　在"教务管理"数据库中的"学生"表的"专业"和"出生日期"字段间添加"照片"字段，并设置为 OLE 对象类型。

【操作步骤】

（1）在"教务管理"数据库窗口中选择"学生"表→并将其切换到设计视图（见图 2-67）→鼠标指针移动到"出生日期"上→单击鼠标右键→在弹出的快捷菜单上选择"插入行"命令，如图 2-68 所示→在"专业"和"出生日期"中间出现一空白行，如图 2-69 所示。

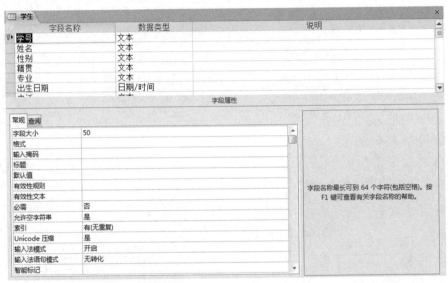

图 2-67　"学生"表的设计视图

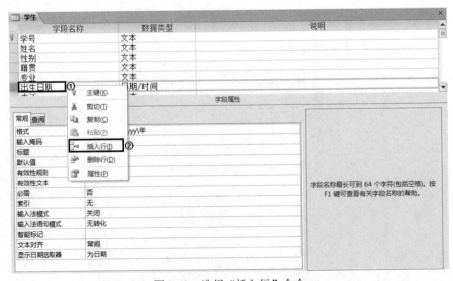

图 2-68　选择"插入行"命令

（2）在图 2-69 的"字段名称"中输入"照片"→在"数据类型"中选择"OLE 对象"类型，如图 2-70 所示。

（3）保存更改后的数据表。

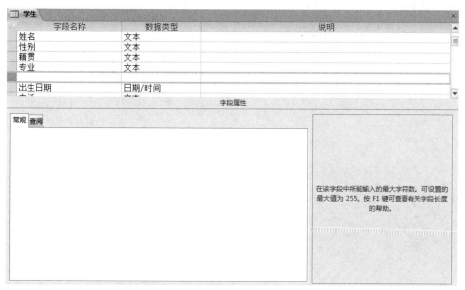

图 2-69　"插入行"后的设计视图

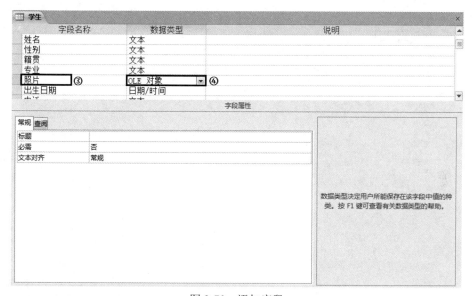

图 2-70　添加字段

2．修改字段

例 2.16　将"教务管理"数据库中"学生"表的"电话"字段改为"固定电话"。

【操作步骤】在"教务管理"数据库窗口中选择"学生"表→并将其切换到设计视图（见图 2-71）→选择"电话"→将其重命名为"固定电话"（见图 2-72）→保存更改后的数据表。

3．删除字段

删除字段既可以在数据表视图下完成，也可以在设计视图下完成。

例 2.17　将"教务管理"数据库中的"学生"表的"照片"字段删除。

【操作步骤】在"教务管理"数据库窗口中选择"学生"表→其切换到设计视图（见图 2-71）→选择"照片"字段→单击鼠标右键→在弹出的快捷菜单中选择"删除行"命令（见图 2-73）→保存更改后的数据表。

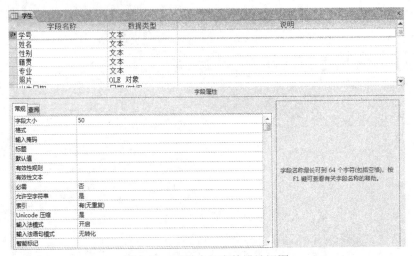

图 2-71　"学生"表的设计视图

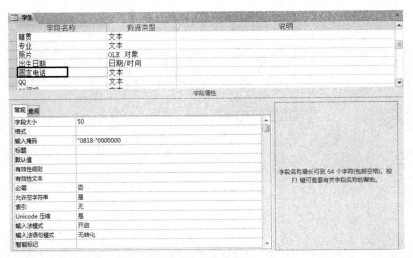

图 2-72　修改字段

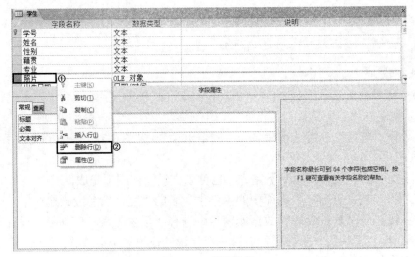

图 2-73　删除字段

4. 重设主键

如果已经定义的主键不合适，则需要重新定义主键。重新定义主键前，需要将原来已经设置好的主键取消，然后再重新定义。

注意： 更改主键前需要将该表与其他表之间的关系删除，否则将有可能无法更改。

例 2.18 假如"教务管理"数据库的"学生"表中已设好"姓名"为主键，现要求将主键改为"学号"。（假设该表与其他表之间的关系已经删除）

【操作步骤】 在"教务管理"数据库窗口中选择"学生"表→将其切换到设计视图（见图 2-71）→选择"姓名"字段→单击鼠标右键→在弹出的快捷菜单中选择"主键"→取消"姓名"字段的主键（见图 2-74）→选择"学号"字段单击鼠标右键→在弹出的快捷菜单中选择"主键"→设置"学号"字段为主键→保存更改后的数据表。

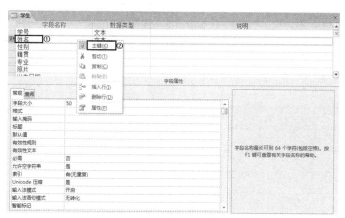

图 2-74　取消主键

2.9.2　编辑表内容

表结构建立好后，就可以向数据表中输入数据。对于表结构和表内容都已经设好的表，还可进行编辑。输入数据和编辑表内容都是在数据表视图下进行。

1. 定位记录

选择和定位记录是数据库中常用的操作。常用的定位操作有记录号定位和快捷键定位两种方式。

例 2.19 将鼠标指针定位到"教务管理"的"学生"表的第三条记录。

【操作步骤】 双击打开"教务管理"数据库的"学生"表→在如图 2-75 所示的记录定位器的"记录编号"框中双击→输入记录号"3"→回车，定位后如图 2-76 所示。

图 2-75　定位记录

图 2-76　记录定位后

表 2-6 为定位记录快捷键及其对应功能。

表 2-6　定位记录快捷键及功能

快捷键	功能
回车	下一字段
→	下一字段
Tab	下一字段
Shift+Tab	上一字段
←	上一字段
↑	上一记录的当前字段
↓	下一记录的当前字段
Home	当前记录的首字段
Ctrl+Home	首记录的首字段
End	当前记录的末字段
Ctrl+End	首记录的末字段
Ctrl+↑	首记录的当前字段
Ctrl+↓	末记录的当前字段
Page Down	下移一屏
Page Up	上移一屏
Ctrl+ Page Down	左移一屏
Ctrl+ Page Up	右移一屏

2. 选择记录

Access 提供两种选择记录的方法：鼠标选择和键盘选择。表 2-7 至表 2-9 列出了用鼠标和键盘选择记录和数据范围的方法。

表 2-7　鼠标选择记录范围

选取范围	选取方法
选择一条记录	单击该记录的选择器
选择多条记录	单击首记录的选择器，按住鼠标左键拖动至选定范围结尾处
选择所有记录	鼠标从第一条记录按住不放拉到最后一条记录

表 2-8　鼠标选择数据范围

选取范围	选取方法
选择一列	单击该列的选择器
选择一行	单击该行的选择器
选择某字段中的部分数据	单击开始处，按住鼠标左键拖动至选定范围结尾处
选择某字段中的全部数据	单击某字段的下或右边框
选取多个连续字段中的数据	单击选择范围的第一个字段值，待鼠标变成填充状态时，按住鼠标左键拖动至选择范围的结尾处

表 2-9　键盘选择记录范围

选取范围	选取方法
选择一条记录	光标移动到第一条记录
选择多条记录	按住 Shift 键不放，用 ↑ 键或 ↓ 键从所需选择行开始移动到结尾行
选择所有记录	Ctrl+A

3. 添加记录

例 2.20　在"教务管理"数据库的"课程"表内新增表 2-10 所示的新记录。

表 2-10　新记录

课程号	课程名	学分
005	Access 程序设计	3
006	马克思主义哲学	2

【操作步骤】双击"教务管理"数据库的"学生"表→在数据表"新记录"后的单元格（见图 2-77 中①处）直接按照表 2-10 的顺序输入"课程"表→保存更改后的数据表。

图 2-77　添加记录

4. 删除记录

表中如有不需要的记录，就可将其删除。但是一旦被删除，这些数据将不可恢复（即不可撤销删除操作）。

例 2.21　"教务管理"数据库的"课程"表如图 2-78 所示，删除其中的末两行记录。

【操作步骤】双击打开"教务管理"数据库的"课程"表→选择"课程"表的末两行→按住 Ctrl 键→单击鼠标右键（如果选择多行后，不按 Ctrl 键，直接单击鼠标右键，将只能选择一行）→在弹出的快捷菜单中选择"删除记录"（见图 2-79）→系统将给出如图 2-80 所示的提示→单击"是"→被选中的记录就被删除了。

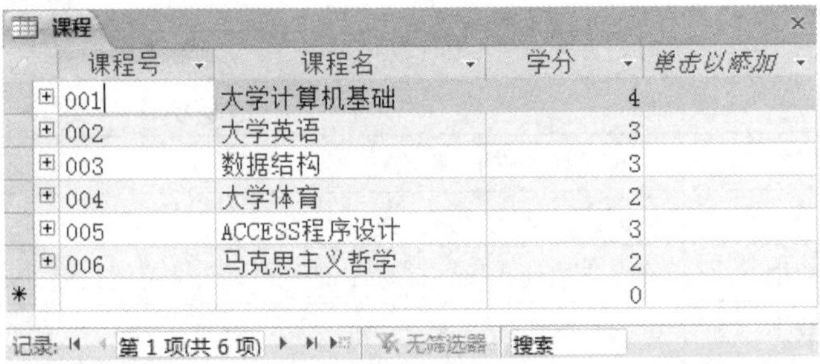

图 2-78　"课程"表

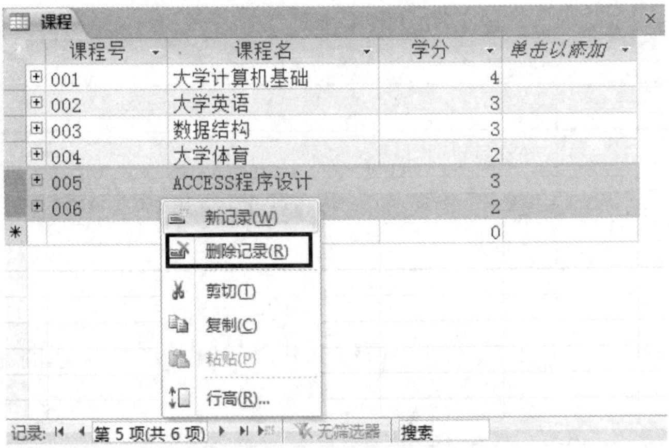

图 2-79　删除记录

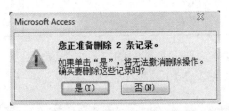

图 2-80　确认删除提示框

2.9.3　调整表外观

调整表外观的操作包括设置表中数据的字体、字号、字体颜色、表格的行高、列宽、背景色，以及列的冻结、隐藏等，使得表使用起来更方便，外观更美观。

表中数据的字体、字号、字体颜色等都属于文本格式，其设置方式和 Word 中文本的设置方式相同。下面着重介绍调整数据表行高和列宽、数据表的格式、字段的隐藏和显示、字段的冻结和解冻等。

1.　调整表的行高和列宽

调整表的行高和列宽是为了完整的显示数据和美观。对于列宽的设置，Access 2007 以上版本中，如果数据太长，单元格的默认显示宽度不够或被认为调整到比数据本身窄后，该列数据将会以 "#" 显示，如图 2-81 所示。当宽度设置适当后，该字段的数据又会正常显示。而对于数据表中的列，一般不会将所有列的宽度设为相同，只会根据数据本身而对某些列做单独的设置。行高一般不单独设置某一行，而只能统一设置。

图 2-81　单元格显示宽度不够

例 2.22　将"教务管理"数据库中"学生"的"出生日期"字段列宽设为 15，行高设置为 18。

【操作步骤】

（1）双击打开"教务管理"数据库的"学生"表→选择"出生日期"字段→单击功能区"开始"选项卡→"记录"组→单击"其他"按钮（见图 2-82 中②）→在弹出的快捷菜单中选择③"字段宽度"→弹出"列宽"对话框，如图 2-83 所示。

图 2-82　设置列宽

（2）按照步骤（1）中的顺序选择行高→在弹出的"行高"对话框中输入 18→单击"确定"，如图 2-84 所示→保存对数据表的更改。

图 2-83　"列宽"对话框

图 2-84　"行高"对话框

上述用菜单命令设置行高、列宽是一种精确设置的方式，在实际使用中，还可以使用一种快捷的模糊设置方式，那就是用鼠标直接调整。打开数据表后，将鼠标放在两个记录或字段选择器中间，当鼠标变成上下双箭头或左右双箭头时，按住鼠标左键上下或者左右拖动，当调整到合适位置时，松开鼠标左键即可。

2．字段的隐藏和显示

在实际使用中，暂时不需要某些字段，但又不能删除这些字段时，就可以使用字段的隐藏功能，当需要的时候再将其显示出来即可。

例 2.23　将"教务管理"数据库中"学生"表的"专业"字段隐藏，并将已经隐藏的"性别"字段显示出来。

【操作步骤】

（1）双击打开"教务管理"数据库的"学生"表→选中"专业"字段→单击鼠标右键→在弹出的菜单中选择"隐藏字段"，如图 2-85 中②所示。

图 2-85　字段的隐藏

（2）在数据表的任意字段上单击鼠标右键→在弹出的菜单上选择"取消隐藏字段"（见图 2-85 中③）→弹出"取消隐藏列"对话框→勾选上需要显示的字段"性别"→单击"关闭"，如图 2-86 所示。

3．冻结列和解冻

在实际的应用中，有时还会遇到由于表过宽而使得某些字段在一屏内无法全部显示的情况。此时，应用"冻结列"功能即可解决这一问题。无论水平滚动条如何移动，被冻结的列总是可见。解冻的步骤和冻结的步骤一样。

例 2.24　将"教务管理"数据库中"学生"表的"姓名"字段冻结。

【操作步骤】双击打开"教务管理"数据库的"学生"表→选择"姓名"字段→单击鼠标右键→在弹出的快捷菜单上选择"冻结字段"（图 2-87 中①）→保存对数据表的修改。

图 2-86　"取消隐藏列"对话框

图 2-87　冻结字段

4. 改变字段的顺序

在实际使用中，为了需要，常会调整字段的顺序。在 Access 中，字段行列的顺序对数据表本身没有影响。

例 2.25　将"教务管理"数据库中"学生"表的"籍贯"和"专业"字段交换位置。

【操作步骤】双击打开"教务管理"数据库中的"学生"表→选中"籍贯"→鼠标指向字段名称"籍贯"→按下鼠标左键→将"籍贯"拖动至"专业"之后→放开左键。

5. 设置数据表格式

在数据表中，可以修改数据表的背景、网格线的显示方式等，这都需要设置数据表的格式。

例 2.26　将"教务管理"数据库的"学生"表的单元格设置为"凸起"，背景颜色设置为"灰色"（色卡中第二行第二个），其他格式默认。

【操作步骤】双击打开"教务管理"数据库中的"学生"表→在"开始"选项卡中的"文本格式"组中单击右下角的功能按钮（见图 2-88）→在弹出的对话框的"单元格效果"内选择"凸起"→在"背景色"下拉列表中的"主题颜色"中选择"灰色"（见图 2-89）→保存对数据表的修改。

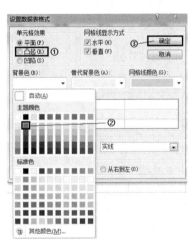

图 2-88　"文本格式"功能按钮　　　　　图 2-89　设置数据表格式

2.10　操作表

在数据表的使用中，经常会涉及到对数据的查找、排序、筛选等操作。这些操作一般都在数据表视图下完成。

2.10.1　查找和替换数据

1. 查找指定内容

例 2.27　查找"教务管理"数据库的"学生"表中姓名为"张三"的记录。

【操作步骤】

（1）双击打开"教务管理"数据库中的"学生"表→选择"姓名"→单击功能区的"开始"选项卡→单击"查找"组的"查找"命令（见图 2-90）→弹出"查找和替换"对话框，如图 2-91 所示。

图 2-90   选择"查找"命令

图 2-91   "查找和替换"对话框

（2）如图 2-91 中②所示，在"查找内容"文本框中输入需要查找的"张三"→单击右侧的"查找下一个"→系统将会自动定位到需要查找的数据处，如图 2-92 所示。

学号	姓名	性别	籍贯	专业	出生日期	固定电话	
⊞ 2012010101	刘一	男	四川	汉语言文学	12月01日1996年	0818-276078	1111
⊞ 2012010102	吴二	女	湖北	汉语言文学	05月12日1995年	0818-276078	2222
⊞ 2012010201	张三	女	山东	文秘	04月17日1998年	0818-276065	3333
⊞ 2012010202	李四	女	重庆	文秘	12月03日1995年	0818-276045	4444
⊞ 2012020101	王五	男	重庆	英语教育	08月12日1995年	0818-276078	5555
⊞ 2012020102	赵六	女	北京	英语教育	12月12日1997年	0818-276036	6666
⊞ 2012020201	田七	男	山东	俄语	08月04日1996年	0818-276055	7777
⊞ 2012020202	石八	女	陕西	俄语	12月01日1996年	0818-276067	8888
⊞ 2012030101	陈九	女	四川	软件工程	12月03日1996年	0818-276067	9999
⊞ 2012030102	彭十	男	河南	软件工程	04月16日1995年	0818-276055	1234
⊞ 2012030201	杨十一	男	贵州	动漫游戏	12月05日1996年	0818-276055	1234
⊞ 2012030202	张十二	女	四川	动漫游戏	12月12日1997年	0818-276067	1234

记录：◄ ◄ 第 3 项(共 12 项) ► ►◄   无筛选器   搜索

图 2-92   查找后的结果

2．替换数据

当需要将表中多处相同的数据修改为其他相同数据时，则可用替换功能来快速实现。

例 2.28   将"教务管理"数据库的"学生"表中籍贯内容为"重庆"的替换为"内蒙古"。

【操作步骤】

（1）双击打开"教务管理"数据库中的"学生"表→选择"籍贯"→单击功能区的"开始"选项卡中"查找"组的"替换"（见图 2-93）→弹出"查找和替换"对话框，如图 2-94 所示。

图 2-93   选择"替换"命令

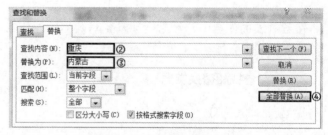

图 2-94   "查找和替换"对话框

（2）如图 2-94 所示，在"查找内容"文本框中输入需要查找的"重庆"→在"替换为"文本框中输入"内蒙古"→单击"全部替换"，系统给出如图 2-95 所示的提示→单击"是"，系统将自动将所有需要替换的内容马上替换为"内蒙古"。

图 2-95　查找后的结果

2.10.2　排序记录

Access 中的数据一般是按照输入的先后顺序排列的，而实际的应用中则可能将记录按照不同的要求进行排列。排序是根据当前表中的一个或多个字段的值，来对整个表中的所有数据进行重新排列显示。排序有升序和降序两种。

1. 排序规则

不同的数据类型，排序的规则有所不同，如表 2-11 所示。

表 2-11　排序的规则

类型	说明	
	升序	降序
英文	按英文字母 a～z 的顺序排列	按英文字母 z～a 的顺序排列
中文	按拼音字母 a～z 的顺序排列	按拼音字母 z～a 的顺序排列
数字	按数字由小到大的顺序排列	按数字由大到小的顺序排列
日期和时间	按时间从前往后的顺序排列	按时间从后往前的顺序排列
空值	空值排在第一条	空值排在最后一条

利用多个字段排序时，先对选中的第一个字段进行排序，再在第一个字段排序的基础上对第二个字段进行排序，以此类推。

2. 按一个字段排序

例 2.29　将"教务管理"数据库的"学生"表按"姓名"字段升序排序。

【操作步骤】双击打开"教务管理"数据库中的"学生"表→选中要排序的"姓名"字段→单击鼠标右键→在弹出的快捷菜单中选择"升序"（见图 2-96）→排序结果如图 2-97 所示。

图 2-96　按一个字段排序

图 2-97　按一个字段排序的排序结果

3. 按多个字段排序

按多个字段排序时，首先根据第一个字段指定的顺序排序，如果第一个字段的某些值相同时，再按第二个字段排序，以此类推，直至排序完毕。

例 2.30　将"教务管理"数据库的"成绩"表按"学号"和"课程号"升序排列。

【操作步骤】双击打开"教务管理"数据库中的"成绩"表→选择"学号"和"课程号"两个字段→单击鼠标右键→在弹出的快捷菜单上选择"升序"（如图 2-98 所示）→排序结果如图 2-99 所示。

图 2-98　按多个字段排序

图 2-99　按多个字段排序的排序结果

2.10.3　筛选记录

在表的使用中，常需要从大量的数据中筛选出一部分数据进行操作。筛选是在原表上进行并显示结果，经过筛选后，只有满足条件的记录可以显示出来，而不满足条件的记录将被隐藏。Access 提供了多种筛选的方式。

1. 按选定内容筛选

按选定内容筛选是一种较简单的筛选，它以数据表中某个已被选中的字段值作为筛选条件，将所有满足该条件的记录都筛选出来。

例 2.31　在"教务管理"数据库的"学生"表中筛选出性别为"男"的记录。

【操作步骤】

（1）双击打开"教务管理"数据库中的"学生"表→单击"性别"字段列的任意一行→单击"开始"选项卡"查找"组中的"查找"按钮→弹出"查找和替换"对话框→在"查找内容"文本框中输入"男"→单击"查找下一个"按钮，如图 2-100 所示。此时，光标将定位到一条为"男"的记录的"男"字段值上。

图 2-100　"查找和替换"对话框

（2）在"开始"选项卡的"排序和筛选"组中单击"选择"下拉菜单中的"等于"男""（见图 2-101）→筛选结果如图 2-102 所示。

图 2-101　"按选定内容筛选"

学生						
学号	姓名	性别	籍贯	专业	出生日期	固定电
2012010101	刘一	男	四川	汉语言文学	12月01日1996年	0818-2
2012020101	王五	男	重庆	英语教育	08月12日1995年	0818-2
2012020201	田七	男	山东	俄语	08月04日1996年	0818-2
2012030102	彭十	男	河南	软件工程	04月16日1995年	0818-2
2012030201	杨十一	男	贵州	动漫游戏	12月05日1996年	0818-2

图 2-102　"按选定内容筛选"结果

2. 按窗体筛选

按窗体筛选时，不需要浏览整个记录就可以对表中两个以上的字段值进行筛选。

例 2.32　在"教务管理"数据库的"学生"表中筛选出籍贯为"四川"的男生记录。

【操作步骤】

（1）双击打开"教务管理"数据库中的"学生"表→在"开始"选项卡的"排序和筛选"组中单击"高级"下拉菜单中的"按窗体筛选"→切换到"按窗体筛选"窗口，如图 2-103 所示。

图 2-103　"按窗体筛选"窗口

（2）在"性别"字段下选择"男"→在"籍贯"字段下选择"四川"（见图 2-104）→在"开始"选项卡的"排序和筛选"组中单击"应用筛选"命令 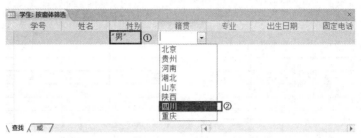，筛选结果如图 2-105 所示。

图 2-104　"按窗体筛选"

图 2-105　"按窗体筛选"筛选结果

3. 按筛选目标筛选

按筛选目标筛选是比较灵活的方法，可以通过输入筛选条件进行筛选。

例 2.33　在"教务管理"数据库的"学生"表中筛选出成绩小于 60 的记录。

【操作步骤】 双击打开"教务管理"数据库中的"成绩"表→在"成绩"字段的任意字段值处单击鼠标右键→在弹出的快捷菜单中单击"数字筛选器"下的"小于"命令（见图 2-106）→弹出"自定义筛选"对话框→在文本框中输入"59"→单击"确定"，如图 2-107 所示→筛选结果如图 2-108 所示。

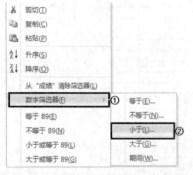

图 2-106　"按筛选目标筛选"快捷菜单

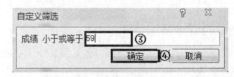

图 2-107　"自定义筛选"对话框

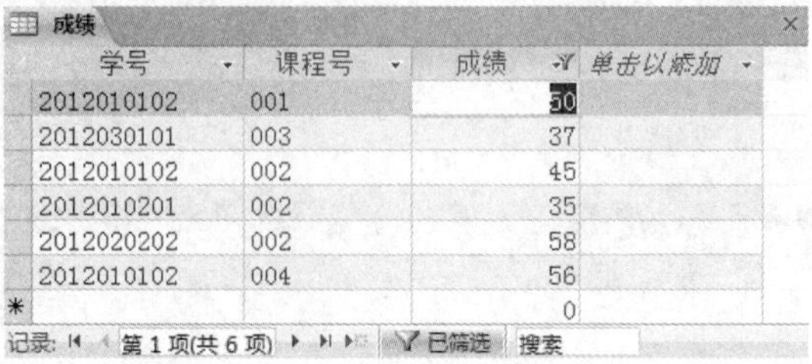

图 2-108　"按筛选目标筛选"筛选结果

4．高级筛选

高级筛选可以挑选出符合多重条件的记录，进行复杂筛选，并可以对筛选结果进行排序。

例 2.34　在"教务管理"数据库的"学生"表中筛选出籍贯为"四川"的女生，并按照学号字段降序排列。

【操作步骤】双击打开"教务管理"数据库中的"学生"表→在"开始"选项卡的"排序和筛选"组中单击"高级"→在下拉菜单中单击"高级筛选/排序"（见图 2-109）→打开高级筛选窗口→按如图 2-110 所示的顺序设置好→单击"开始"选项卡的"排序和筛选"组中的"应用筛选"按钮 ▽ →筛选结果如图 2-111 所示。

图 2-109　高级筛选

图 2-110　"高级筛选"窗口

图 2-111　"高级筛选"筛选结果

上机操作

操作内容 1　数据库的创建和文件认识

1．在 E 盘根目录下创建空数据库"测试"。

【操作提示】打开 E 盘→在 E 盘根目录下的空白位置单击鼠标右键→在弹出的快捷菜单上选择"新建"→选择"Microsoft Access 数据库"（见图 2-112）→将文件命名为"测试"。

2．观察数据库"测试"的窗口组成部分。

【操作提示】（略）

3．查看 Access 2010 中有哪些对象。

【操作提示】（略）

图 2-112　"新建"菜单

4．查看数据库"测试"的扩展名。

【操作提示】如果扩展名显示，那么直接观察其扩展名，否则执行后续步骤。

单击地址栏下方的"组织"命令→在展开的菜单中选择"文件夹和搜索选项"（见图 2-113）→弹出如图 2-114 所示的对话框→在"文件夹选项"对话框中选择"查看"选项卡，→在"高级设置"中去掉"隐藏已知文件类型的扩展名"前的勾选（见图 2-115）→单击"确定"按钮→查看"测试"数据库的扩展名。

图 2-113　"组织"列表

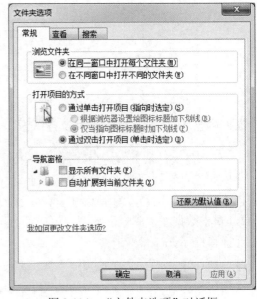

图 2-114　"文件夹选项"对话框

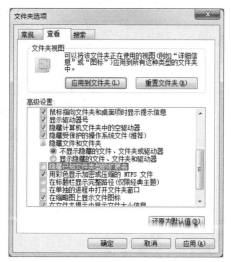

图 2-115　"文件夹选项"的"查看"选项卡

操作内容 2　Access 的打开与退出

1．将 E 盘根目录下的数据库"测试"复制到 D 盘根目录下。

【操作提示】（略）

2．打开 E 盘根目录下的数据库"测试"，并尝试用不同方式打开。

【操作提示】（略）

3．退出数据库"测试"，并尝试用不同方式退出。

【操作提示】（略）

操作内容 3　学生表的建立及字段的设置

1．在"Samp1"数据库中建立表"学生"，表结构如表 2-12 所示。

表 2-12　"学生"表的表结构

字段名称	数据类型
编号	自动编号
学号	文本
姓名	文本
性别	文本
出生日期	日期/时间
高考成绩	数字
学费	货币
团员否	是/否
QQ 密码	文本
QQ 空间	超链接
固定电话	文本
照片	OLE 对象

【操作提示】

（1）打开"Samp1"数据库→选择功能区中的"创建"选项卡，如图 2-116 所示。

图 2-116　"创建"选项卡

（2）单击"表格"组"表设计"，如图 2-117 所示→进入到表的设计视图，如图 2-118 所示。

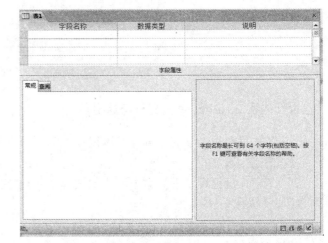

图 2-117　"创建"选项卡的"表格"组　　　　　　　　　图 2-118　表的设计视图

（3）按表 2-12 中的要求填入如图 2-118 所示的表的设计视图中，填入后效果如图 2-119 所示。

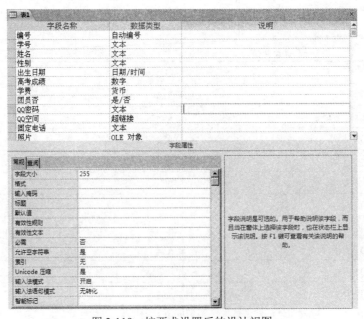

图 2-119　按要求设置后的设计视图

（4）单击快速访问工具栏的"保存"按钮  或者单击"文件"/"保存"→在弹出的对话框中将当前表名保存为"学生"，如图 2-120 所示→单击"确定"按钮。

图 2-120　"另存为"对话框

（5）本表没有设置主键，因此在步骤（4）后会弹出如图 2-121 所示的提示→单击"否"按钮。

图 2-121　创建主键提示框

2．按表 2-13 的顺序向"学生"表中输入数据。

表 2-13　"学生表"数据

学号	姓名	性别	出生日期	高考成绩	学费	团员否	QQ 密码	固定电话
2013010101	刘一	男	1995-10-1	489	￥4200	是	123456	0818-2790112
2013010102	吴二	男	1997-5-24	500	￥4200	是	159369	0818-2790115
2013020101	张三	女	1994-6-17	493	￥5700	是	147123	0818-2790230
2013020202	李四	男	1998-11-5	570	￥5700	否	535352	0818-2790112

【操作提示】双击窗体左侧"表"对象列表中的"学生"（见图 2-122）→以数据表视图打开"学生"表（见图 2-123）→按表 2-13 所示的数据填入到图 2-123 中→结果如图 2-124 所示→关闭"学生"表。

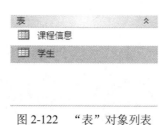

图 2-122　"表"对象列表

图 2-123　"学生"数据表视图一

编号	学号	姓名	性别	出生日期	高考成绩	学费	团员否	QQ密码	QQ空间	固定电话	照片
1	2013010101	刘一	男	1995-10-1	489	¥4,200	☑	123456		0818-2790112	
2	2013010102	吴二	男	1997-5-24	500	¥4,200	☑	159369		0818-2790115	
3	2013020101	张三	女	1994-6-17	493	¥5,700	☑	147123		0818-2790230	
4	2013020202	李四	男	1998-11-5	570	¥5,700	☑	535352		0818-2790112	

图 2-124　"学生"数据表视图二

注意：在表的数据表视图中添加、修改、删除数据后不需要保存，Access 会自动将修改保存。

3．将学号为"2013010102"学生的照片设置为"实验用数据库"/"第2章"/"实验一"文件夹中的"2013010102.jpg"。

【操作提示】打开"学生"表→选中在学号为"2013010102"学生的"照片"字段值→单击鼠标右键→在弹出的快捷菜单上选择"插入对象"命令→系统弹出"插入对象"对话框（见图 2-125）→选择"由文件创建"单选按钮→单击"浏览"按钮→按照"实验用数据库"/"第2章"/"实验一"/"2013010102.jpg"路径找到照片→单击"确定"按钮→设置好照片后的字段值显示为"程序包"或"Package"，如图 2-126 所示。

图 2-125　"插入对象"对话框　　　　　　图 2-126　插入照片后的字段值

注意：如需打开照片查看时，只需双击"程序包"或"Package"单元格即可。

4．删除表中的"编号"字段。

【操作提示】

方法一：以数据表视图打开"学生"表→将鼠标选中"编号"字段→单击鼠标右键→弹出如图 2-127 所示的快捷菜单→选择"删除字段"命令→在弹出的提示对话框中选择"是"，如图 2-128 所示。

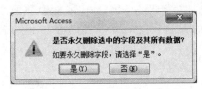

图 2-127　"编号"字段快捷菜单　　　　　　图 2-128　删除字段提示对话框

方法二：选中窗口左侧"表"对象列表的"学生"表→单击鼠标右键→弹出如图 2-129 所示快捷菜单→选择"设计视图"命令→打开"学生"表的设计视图，如图 2-130 所示→在图中"编号"前的行选按钮上单击鼠标右键→弹出如图 2-131 所示的快捷菜单→选择 ᷤ　删除行(D) 命令→在弹出的提示对话框中选择"是"命令。

图 2-129　"学生"表的快捷菜单

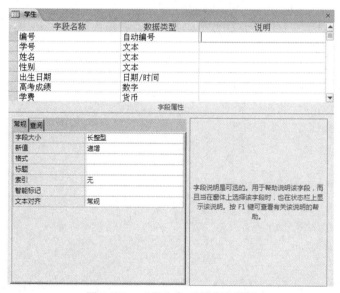

图 2-130　"学生"表的设计视图

图 2-131　"编号"快捷菜单

5. 在"性别"和"出生日期"字段中间添加"入校时间"字段，并设置相应的数据类型。

【操作提示】打开"学生"表的设计视图→在"出生日期"前的行选择按钮上单击鼠标右键→弹出如图 2-131 所示的菜单→选择 ᷤ　插入行(I)命令→"性别"和"出生日期"中间出现空白行，如图 2-132 所示→在新添加行的"字段名称"中输入"入校时间"→在"数据类型"选择"日期/时间"→保存设置。

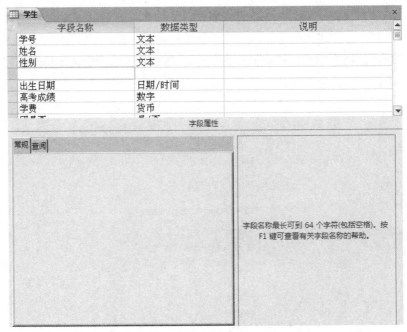

图 2-132   "学生"表设计视图

6．将"入校时间"和"性别"字段交换位置。

【操作提示】打开"学生"表的设计视图→选中"性别"→在"性别"前的行选择按钮上按住鼠标左键→拖动至"入校时间"行之下→放开鼠标→保存设置。

7．将"Samp1"数据库中的"课程信息"表改名为"课程"。

【操作提示】在窗口左侧"表"对象列表的"课程信息"上单击鼠标右键→弹出如图 2-133所示快捷菜单→在图中选择 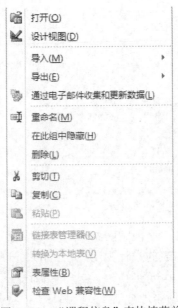 重命名(M) 命令→将选中的"课程名称"改为"课程"或删除"名称"两个字均可。

图 2-133   "课程信息"表快捷菜单

操作内容 4　设置字段属性

1. 将"学号"的字段大小设置为 10。

【操作提示】打开"学生"表的设计视图→选择"学号"→在"字段属性"的"字段大小"后输入"10"（见图 2-134）→保存设置。

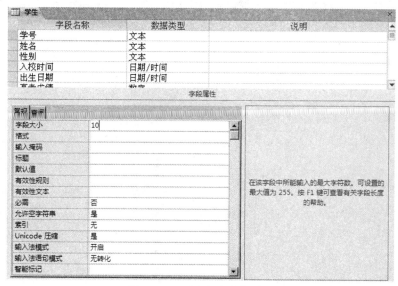

图 2-134　"字段大小"设置

2. 设置只能在"性别"字段输入"男"或者"女"，当输入其他的值时，给出"只能输入"男"或"女"！"的提示。

【操作提示】打开"学生"表的设计视图→选择"性别"→在"字段属性"的"有效性规则"后输入""男" or "女""→在"有效性文本"后输入"只能输入"男"或"女"！"（见图 2-135）→保存设置。

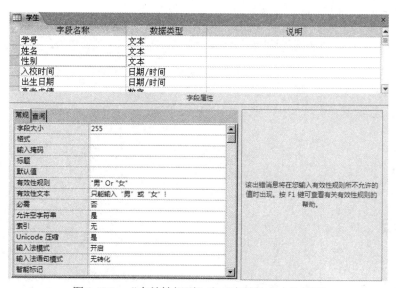

图 2-135　"有效性规则"和"有效性文本"设置

3．设置"入校时间"中只能输入上一年度 9 月 1 日以前（含）的日期（规定：本年度年号必须用函数获取）。

【操作提示】打开"学生"表的设计视图→选择"入校时间"→在"字段属性"的"有效性规则"后输入"<=DateSerial(Year(Date())-1,9,1)"（见图 2-136）→保存设置。

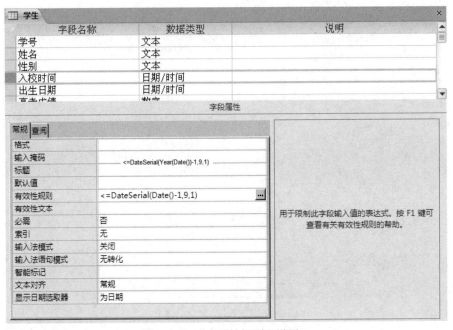

图 2-136 "有效性规则"设置一

注意：本题用到了 Year()、Date()和 DateSerial()三个函数，对于函数的概念和用法将在"查询"对象中详细讲解。

4．设置"出生日期"，显示格式为"XX 月 XX 日 XXXX"。

【操作提示】打开"学生"表的设计视图→选择"出生年月"→在"字段属性"的"格式"后输入"mm 月 dd 日 yyyy"（见图 2-137）→保存设置。

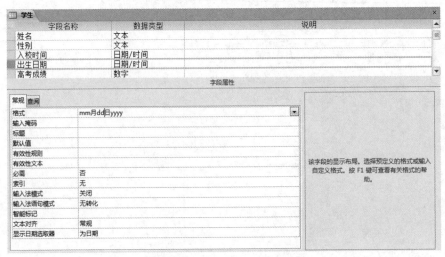

图 2-137 "格式"设置

5. 将"团员否"字段的默认值设置为真值。

【操作提示】打开"学生"表的设计视图→选择"团员否"→在"字段属性"的"格式"后选择"是/否"→在"默认值"后输入"Yes"（见图 2-138）→保存设置。

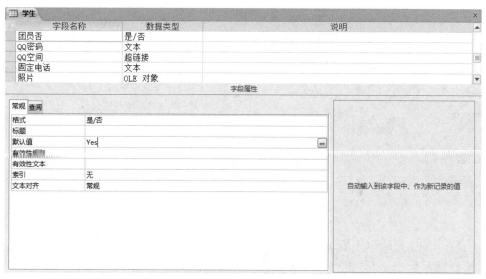

图 2-138　"默认值"设置

6. 将"姓名"字段设置为有重复索引。

【操作提示】打开"学生"表的设计视图→ 选择"姓名"→在"字段属性"的"索引"后选择"有（有重复）"项（见图 2-139）→保存设置。

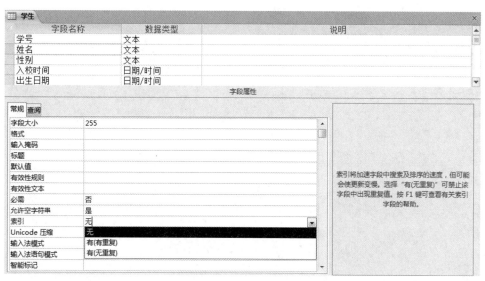

图 2-139　"索引"设置

7. 设置"固定电话"的输入掩码为"0818-xxxxxxx"的形式，其中"0818-"部分自动输出，后 7 位为 0～9 的数字显示。

【操作提示】打开"学生"表的设计视图→选择"固定电话"→在"字段属性"的"输入掩码"后输入""0818-"0000000"（见图 2-140）→保存设置。

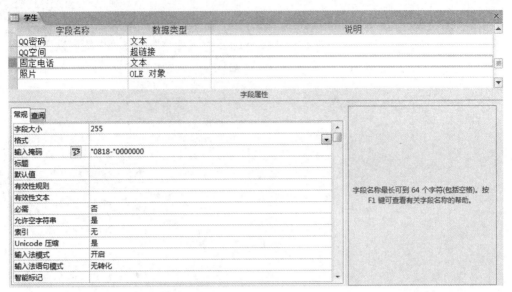

图 2-140   "输入掩码"设置

8．设置"QQ 密码"字段属性，使得任何密码均以"*"显示。

【操作提示】

方法一：打开"学生"表的设计视图→选择"QQ 密码"→在"字段属性"的"输入掩码"后输入"password"或"密码"（见图 2-141）→保存设置。

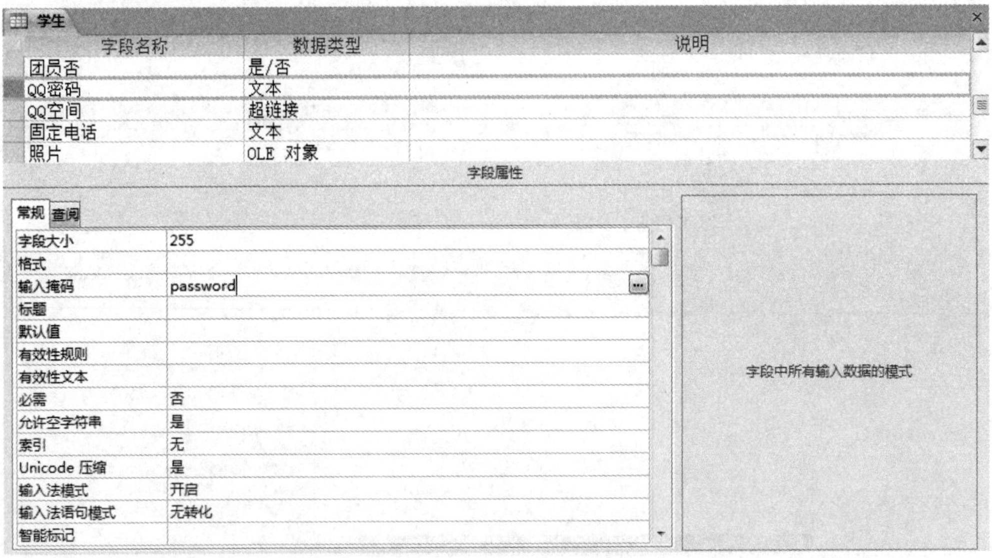

图 2-141   "字段属性"设置

方法二：打开"学生"表的设计视图→选择"QQ 密码"→在"字段属性"的"输入掩码"后单击 按钮→弹出如图 2-142 所示的对话框→选择"密码"一栏→单击"完成"→保存设置。

9．设置"高考成绩"字段的字段属性，使得只能输入大于等于 430 的值。

【操作提示】打开"学生"表的设计视图→选择"高考成绩"→在"字段属性"的"有效性规则"后输入">=430"（见图 2-143）→保存设置。

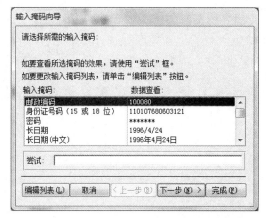

图 2-142 "输入掩码向导"对话框

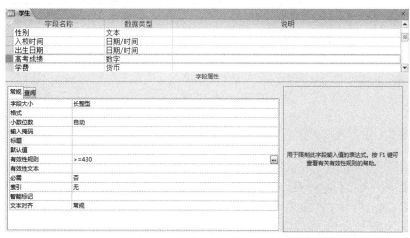

图 2-143 "有效性规则"设置二

10．将"姓名"字段设置为必填字段。

【操作提示】打开"学生"表的设计视图→选择"姓名"→在"字段属性"的"必需"后选择"是"（见图 2-144）→保存设置。

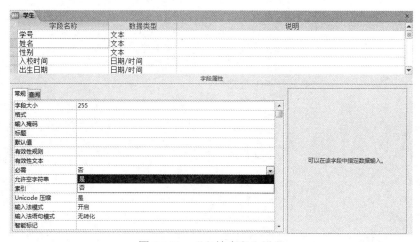

图 2-144 "必填字段"设置

11. 设置"学费"字段的"标题"为"一学年学费"。

【操作提示】打开"学生"表的设计视图→选择"学费"→在"字段属性"的"标题"后输入"一学年学费"（见图 2-145）→保存设置。

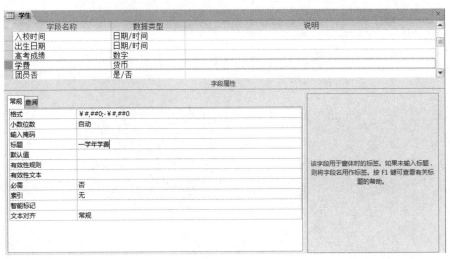

图 2-145　"标题"设置

操作内容 5　建立表间关系

1. 分析并设置"学生"表的主键。

分析：主键的特点是唯一且不能为空，再与现实生活相联系，于是定义"学号"为主键。

【操作提示】

方法一：打开"学生"表的设计视图→选择"学号"行→鼠标右键→在弹出如图 2-146 所示的快捷菜单中选择"主键"命令→设置好后的效果如图 2-147 所示→保存设置并关闭表。

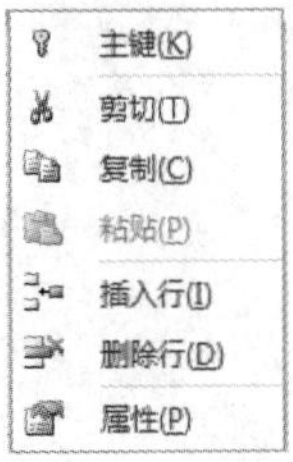

图 2-146　设置"主键"快捷菜单 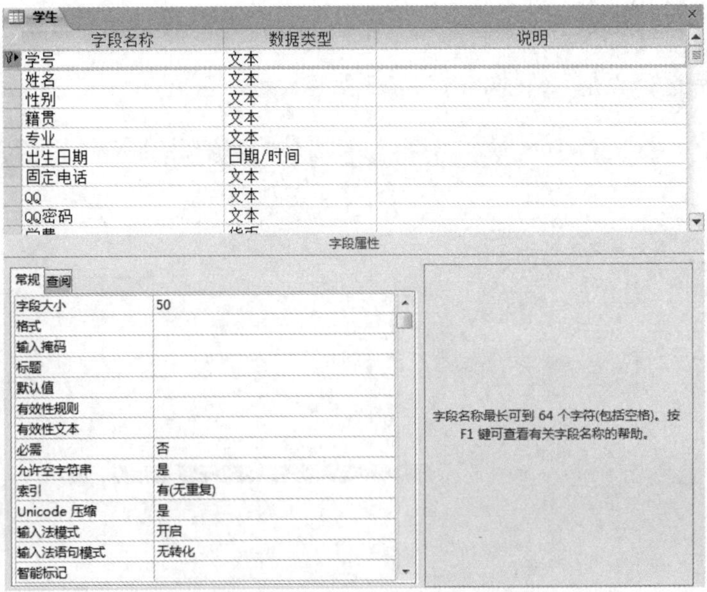　　　　　图 2-147　设置好主键后的"学生"表

方法二：打开"学生"表的设计视图→选择"学号"→在如图 2-148 所示的"表格工具－设计"选项卡的"工具"组中选择"主键❗"命令→设置好后的效果如图 2-147 所示→保存设置并关闭表。

图 2-148　"表格工具－设计"选项卡

2．分析并设置"课程"表的主键。

分析：主键的特点是唯一且不能为空，再与现实生活相联系，于是定义"课程号"为主键。

【操作提示】同上。

3．分析并设置"成绩"表的主键。

分析：主键的特点是唯一且不能为空，再与现实生活相联系；"成绩"表的任何一个字段均不能满足此特点，因此考虑采用多个字段共同构成主键的方式，定义"学号"和"课程号"为本表的主键。

【操作提示】打开"成绩"表的设计视图→ 按住 Ctrl 键→选择"学号"和"课程号"→在如图 2-148 所示的"表格工具－设计"选项卡的"工具"组中→选择"❗命令"→设置好后的效果如图 2-149 所示→保存设置并关闭表。

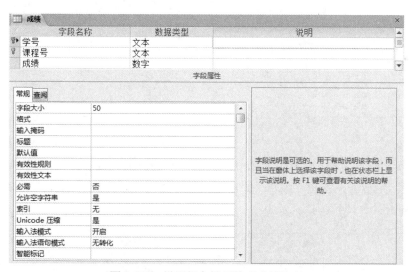

图 2-149　设置好主键后的"成绩"表

4．建立"学生""课程""成绩"三个表的表间关系，并查看表间关系。

【操作提示】

（1）如图 2-150 所示，选择功能区"数据库工具"选项卡→单击"关系"组中的"关系"按钮→按住 Ctrl 键→在弹出的"显示表"对话框中选择需要建立关系的表（即"成绩""课程""学生"），如图 2-151 所示→单击"添加"将需要建立关系的表添加到关系界面下，如图 2-152 所示→关闭"显示表"对话框。

图 2-150 "数据库工具"选项卡

图 2-151 "显示表"对话框

图 2-152 关系界面

（2）在关系界面上选中"学生"表的"学号"字段→按住鼠标左键拖拽到"成绩"表的"学号"字段上后放开→弹出"编辑关系"对话框，如图 2-153 所示→单击"创建"按钮→创建好后的关系如图 2-154 所示。

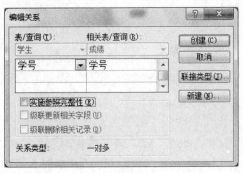

图 2-153 "编辑关系"对话框

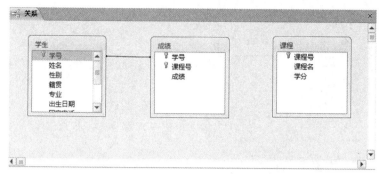

图 2-154　"学生"和"成绩"表之间的关系

（3）按照步骤（2）的方式创建"课程"和"成绩"表间的关系→创建好关系后的效果如图 2-155 所示→保存设置的关系。

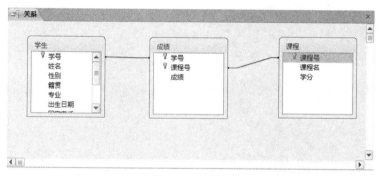

图 2-155　"成绩"和"课程"表之间的关系

5. 编辑"学生"和"成绩"表的表间关系，并实施参照完整性，查看表间关系的变化。

【操作提示】单击"数据库工具"选项卡"关系"组中的"关系"按钮→打开关系界面→选择"关系工具－设计"选项卡"工具"组→单击"编辑关系"按钮（见图 2-156）→弹出"编辑关系"对话框（见图 2-157）→在"表/查询"的列表框选择"学生"→关系界面会自动更新为如图 2-158 所示效果→勾选"实施参照完整性"→单击"确定"按钮→实施参照完整性后的效果如图 2-159 所示→保存设置。

图 2-156　"关系工具－设计"选项卡"工具"组

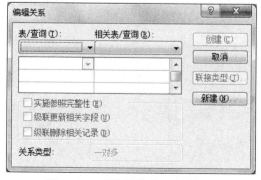

图 2-157　"编辑关系"对话框一　　　　图 2-158　"编辑关系"对话框二

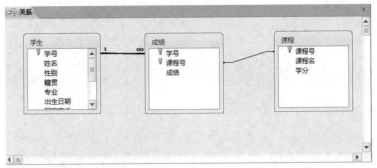

图 2-159   "实施参照完整性"后"学生"和"成绩"表之间的关系

6. 编辑"成绩"和"课程"表的表间关系，并实施参照完整性，查看表间关系的变化。

【操作提示】同上。设置好关系后的效果图如图 2-160 所示。

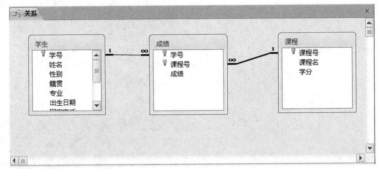

图 2-160   "实施参照完整性"后"课程"和"成绩"表之间的关系

7. 将"学生"表中"学号"为"2013010101"的记录修改为"1111111111"。若不能，请思考原因。

答案：不能。

分析：因"学生"和"成绩"表之间实施了参照完整性，从图 2-160 可知，"学生"和"成绩"表的关系类型为一对多，则"学生"表为主表，"成绩"表为相关表，相关表是以主表作为参照，因"学生"和"课程"表均有"学号"字段，若修改"学生"表中的"学号"，将会导致"学生"和"成绩"表的"学号"字段值不统一，因此不能修改。

8. 编辑"学生"和"成绩"表的表间关系，设置"级联更新相关字段"，然后重做第 7 题。

【操作提示】

（1）按第 5 题的步骤打开"学生"和"成绩"表的"编辑关系"对话框→勾选"级联更新相关字段"复选框（见图 2-161）→单击"确定"按钮→保存设置并关闭关系界面。

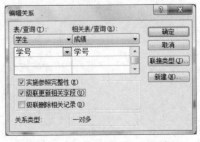

图 2-161   "编辑关系"对话框三

（2）打开"学生"表→将"学号"为"2013010101"的记录修改为"1111111111"→关闭"学生"表；打开"成绩"表→查看结果（"成绩"表中所有的"2013010101"均自动更新为"1111111111"）

9．删除"学生"表中学号为"1111111111"的记录。若不能，请思考原因。

答案：不能。

分析：因"学生"和"成绩"表实施了参照完整性，因此若删除了"学生"表中学号为"1111111111"的记录，使得主表和相关表之间的"学号"字段值不能统一。

10．编辑"学生"和"成绩"表的表间关系，设置"级联删除相关记录"，然后重做第9题。

【操作提示】按第5题的步骤打开"学生"和"成绩"表的"编辑关系"对话框→勾选"级联删除相关记录"复选框（见图2-162）→单击"确定"按钮→保存设置并关闭关系界面；打开"学生"表→在"学号"为"1111111111"的行选择按钮上单击鼠标右键→在弹出的快捷菜单中选择"删除记录"命令→弹出如图2-163所示的提示→单击"是"按钮→打开"成绩"表→查看"学号"为"1111111111"的记录是否存在。

图 2-162　"编辑关系"对话框四

图 2-163　删除记录提示

11．删除"学生"和"成绩"表的表间关系。

【操作提示】打开"关系"界面→在"学生"和"成绩"表的关系 ¹——∞ 上单击鼠标右键（见图2-164）→在弹出的快捷菜单上选择"删除"命令→系统弹出如图2-165所示的提示→单击"是"按钮→保存设置。

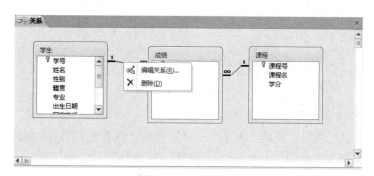

图 2-164　删除关系

图 2-165 删除关统提示

操作内容 6 操作和维护表

1. 将"教务管理"数据库中的"学生""课程""成绩"三个表导入到"Samp4"中。

【操作提示】

（1）打开"Samp4"数据库→选择"外部数据"选项卡→"导入并链接"组→单击"Access"按钮（见图 2-166）→系统弹出"获取外部数据-Access 数据库"对话框一（见图 2-167）→单击"浏览"按钮→弹出"打开"对话框→选择需要导入的数据文件"教务管理"→单击"确定"按钮（见图 2-167）。

图 2-166 "导入并链接"组

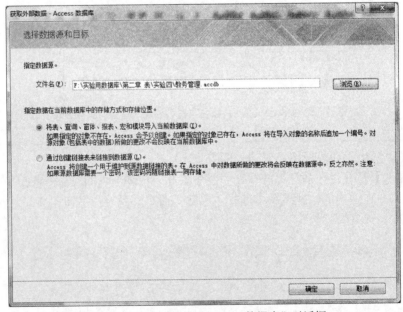

图 2-167 "获取外部数据-Access 数据库"对话框一

（2）在打开的"导入对象"对话框中选择"表"选项卡→选择"学生""成绩""课程"三个表→单击"确定"按钮（见图 2-168）→在打开的"获取外部数据-Access 数据库"对话框二中单击"关闭"按钮（见图 2-169）→导入步骤完成→导入后"表"对象列表显示如图 2-170所示。

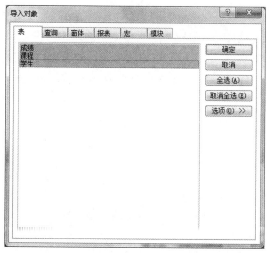

图 2-168　"导入对象"对话框

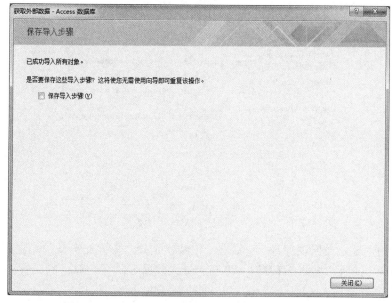

图 2-169　"获取外部数据-Access 数据库"对话框二

图 2-170　导入其他数据库表后的"表"对象列表

2. 将电子表格"学生成绩表.xlsx"导入到"Samp4"中，并将其命名为"学生成绩"。

【操作提示】

（1）打开"Samp4"数据库→ 选择"外部数据"选项卡"导入并链接"组→单击"Excel"按钮（见图 2-171）→系统弹出"获取外部数据-Excel 电子表格"对话框一（见图 2-172）→单击"浏览"按钮→弹出"打开"对话框→选择需要导入的数据文件"学生成绩表.xlsx"→单击"确定"按钮（见图 2-172）。

图 2-171　"导入并链接"组

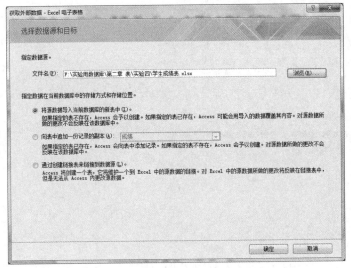

图 2-172　"获取外部数据-Excel 电子表格"对话框一

（2）在打开"导入数据表向导"对话框一中依次选择"显示工作表"单选按钮和"Sheet1"→单击"下一步"按钮（见图 2-173）→打开"导入数据表向导"对话框二→选中"第一行包含列标题"复选框→单击"下一步"按钮（见图 2-174）。

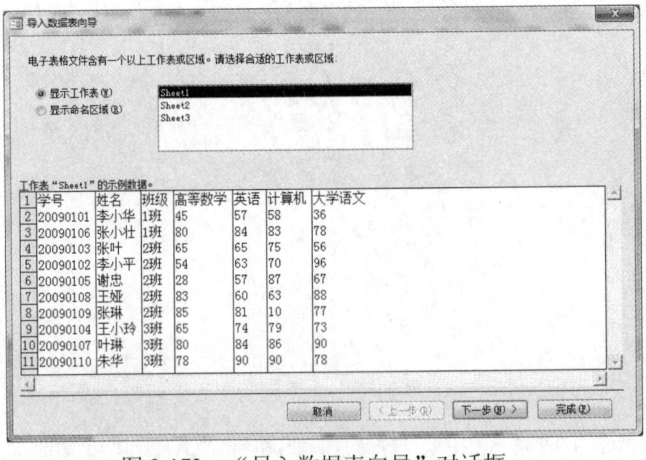

图 2-173　"导入数据表向导"对话框一

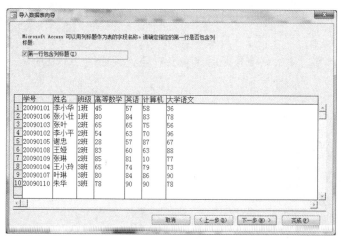

图 2-174　"导入数据表向导"对话框二

（3）如图 2-175 所示，在"字段名称"后输入"学号"（此处默认为第一个字段的字段名称）→在"数据类型"后选择"文本"→单击"下一步"按钮→打开"导入数据表向导"对话框四→选择"不要主键"单选按钮→单击"下一步"按钮（如图 2-176 所示）。

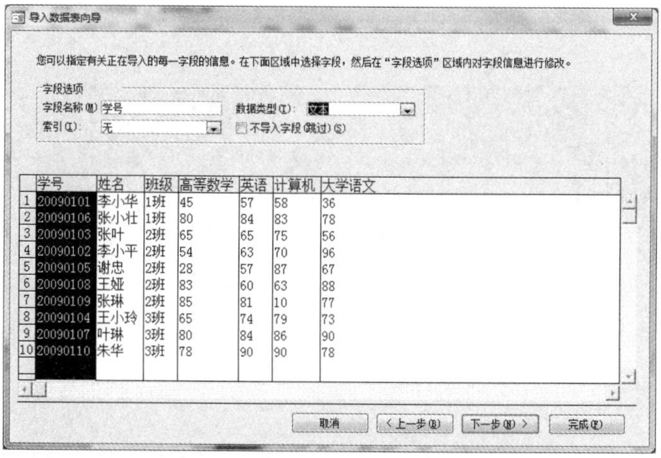

图 2-175　"导入数据表向导"对话框三

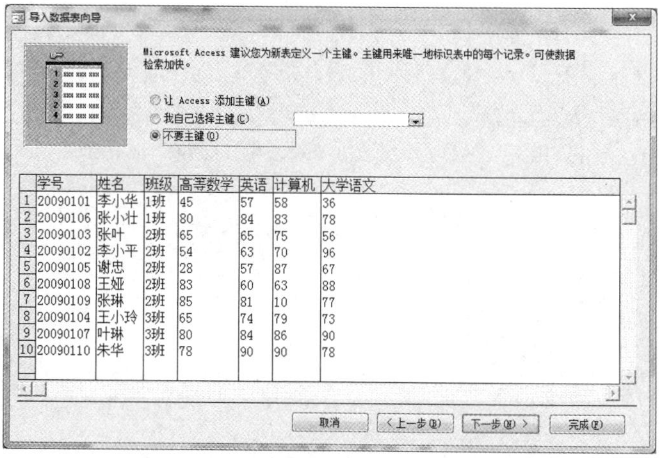

图 2-176　"导入数据表向导"对话框四

（4）在打开的"导入数据表向导"对话框五中设置"导入到表"文本框内容为"学生成绩"→单击"完成"按钮（见图 2-177）→打开"获取外部数据-Excel 电子表格"对话框二→单击"关闭"按钮（图 2-178）→导入后"表"对象列表如图 2-179 所示。

图 2-177　"导入数据表向导"对话框五

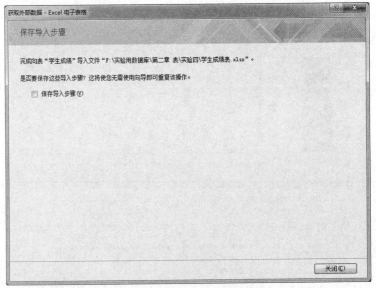

图 2-178　"获取外部数据-Excel 电子表格"对话框二

图 2-179　导入 Excel 电子表格后的"表"对象列表

3．将"学生"表的行高设置为"20"，"出生日期"字段的列宽设置为"20"。

【操作提示】

（1）打开"学生"表的数据表视图→将鼠标移到任意行的行选择按钮上→单击鼠标右键→在弹出的如图 2-180 所示的快捷菜单选择"行高"命令→弹出如图 2-181 所示对话框→在"行高"文本框中输入"20"→单击"确定"按钮。

图 2-180　设置"行高"

图 2-181　"行高"对话框

（2）在"出生日期"字段上单击鼠标右键→弹出如图 2-182 所示的快捷菜单→选择"字段宽度"命令 字段宽度(F) →弹出如图 2-183 所示对话框→在"列宽"文本框中输入为"20"。

图 2-182　设置"字段列宽"

图 2-183　"列宽"对话框

4．设置"学生"表的字体为"隶书"，字号为"16"。

【操作提示】打开"学生"表的数据表视图→单击如图 2-184 所示的全选按钮，选中表格→选择"开始"选项卡"文本格式"组（见图 2-185）→在字体中选择"隶书"→字号中选择"16"→设置好后的效果如图 2-186 所示。

5．将"姓名"字段冻结。

【操作提示】打开"学生"表的数据表视图→在"姓名"字段上单击鼠标右键→在弹出的快捷菜单上选择"冻结字段"命令。

6．将"出生日期"和"QQ 密码"字段隐藏。

【操作提示】打开"学生"表的数据表视图→在"出生日期"字段上单击鼠标右键→在弹出的快捷菜单中选择"隐藏字段"命令；在"QQ 密码"字段上单击鼠标右键→在弹出的快捷菜单中选择"隐藏字段"命令。

全选按钮

图 2-184　"学生"表的数据表视图

图 2-185　"开始"选项卡的"文本格式"组

图 2-186　设置格式后的"学生"表

7. 将"姓名"字段解冻结。

【操作提示】打开"学生"表的数据表视图→在任一字段名称上单击鼠标右键→在弹出的快捷菜单中选择"取消冻结所有字段"命令。

8. 取消对"出生日期"字段的隐藏。

【操作提示】打开"学生"表的数据表视图→在任一字段名称上单击鼠标右键→在弹出的快捷菜单中选择"取消隐藏所有字段"命令→弹出如图 2-187 所示的对话框→勾选"出生日期"复选框→单击"关闭"按钮。

9. 将"性别"字段的字段值"男"改为"男性","女"改为"女性"（要求用替换实现）。

【操作提示】

（1）打开"学生"表的数据表视图→选择"开始"选项卡"查找"组（见图 2-188）→单击"替换"按钮→弹出如图 2-189 所示的对话框→"查找内容"后输入"男"→"替换为"后输入"男性"→"查找范围"选择"当前文档"，"匹配"选择"整个字段"（见图 2-190）→单击"全部替换"按钮→系统弹出如图 2-191 所示的替换操作提示→单击"是"按钮→替换后的效果如图 2-192 所示。

图 2-187　"取消隐藏列"对话框

图 2-188　"开始"选项卡的"查找"组

图 2-189　"查找和替换"对话框

图 2-190　输入值后的"查找和替换"对话框

图 2-191　替换操作提示

姓名	学号	性别	籍贯	专业	出生日期	固定电话	QQ	一学年…
刘一	1111111111	男性	四川	汉语言文学	12月01日1996年	0818-2760780	11111	¥3,9
吴二	2012010102	女	湖北	汉语言文学	05月12日1995年	0818-2760781	22222	¥3,9
张三	2012010201	女	山东	文秘	04月17日1998年	0818-2760654	33333	¥3,9
李四	2012010202	女	重庆	文秘	03月13日1995年	0818-2760456	44444	¥4,0
王五	2012020101	男性	重庆	英语教育	08月12日1995年	0818-2760780	55555	¥4,0
赵六	2012020102	女	北京	英语教育	12月12日1997年	0818-2760367	66666	¥4,0
田七	2012020201	男性	山东	俄语	08月04日1996年	0818-2760556	77777	¥4,0
石八	2012020202	女	陕西	俄语	12月11日1996年	0818-2760678	88888	¥4,0
陈九	2012030101	女	四川	软件工程	12月03日1996年	0818-2760679	99999	¥6,8
彭十	2012030102	男性	河南	软件工程	04月16日1995年	0818-2760557	12341	¥6,8
杨十一	2012030201	男性	贵州	动漫游戏	12月05日1996年	0818-2760557	12342	¥6,8
张十二	2012030202	女	四川	动漫游戏	12月12日1997年	0818-2760679	12343	¥6,8

图 2-192　"男"替换为"男性"后的效果

（2）按照步骤（1）将"性别"字段的字段值"女"替换为"女性"，最终效果为图 2-193 所示。

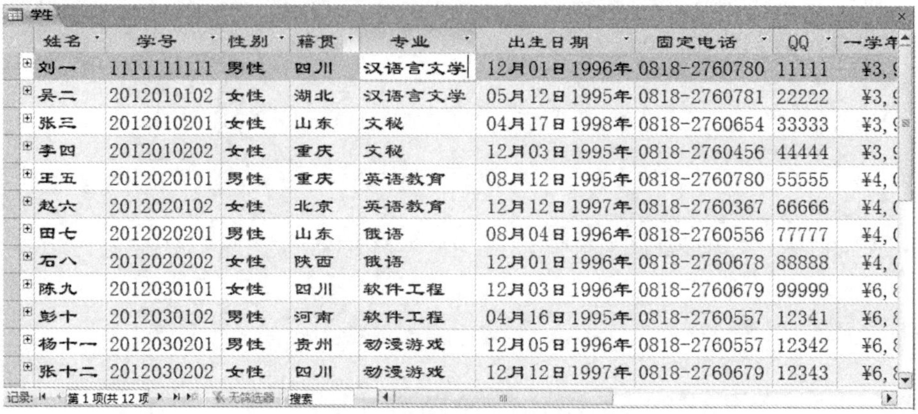

图 2-193 "性别"字段替换完毕后的效果

10．利用"筛选"实现显示"学生"表中的少数民族同学。

【操作提示】打开"学生"表的数据表视图→选择"开始"选项卡"排序和筛选"组→"高级"菜单→"高级筛选/排序…"命令（见图 2-194）→进入如图 2-195 所示的高级筛选界面→选择"民族"→在"民族"下的"条件"行内输入"<>"汉""（即不等于汉）（见图 2-196）→选择"开始"选项卡"排序和筛选"组→"切换筛选"按钮 切换筛选 →筛选结果如图 2-197 所示。

图 2-194 "高级"筛选选项卡

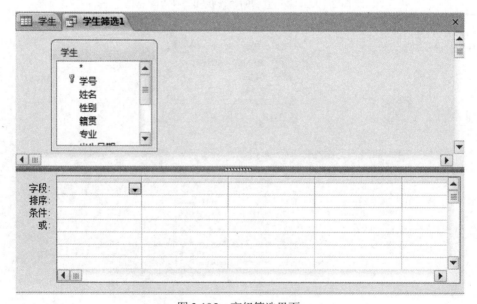

图 2-195 高级筛选界面

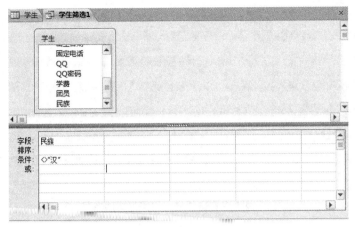

图 2-196　设计网格设置

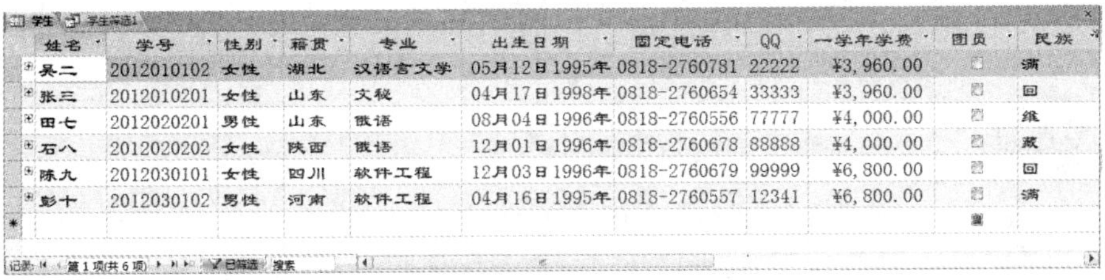

图 2-197　筛选结果

11. 设置"学生"表的显示格式，使表的背景颜色为"蓝色"、网格线为"白色"、单元格效果为"凸起"。

【操作提示】打开"学生"表的数据表视图→单击"开始"选项卡"文本格式"组右下角 功能按钮（见图 2-198）→弹出如图 2-199 所示的对话框→进行如下设置："背景色"设置为"蓝色"→"网格线颜色"设置为"白色"→"单元格效果"为"凸起"（见图 2-200）→设置完后单击"确定"按钮→完成设置后的"学生"表效果如图 2-201 所示→保存设置。

图 2-198　"开始"选项卡"文本格式"组

图 2-199　"设置数据表格式"对话框

图 2-200　设置好的"设置数据表格式"对话框

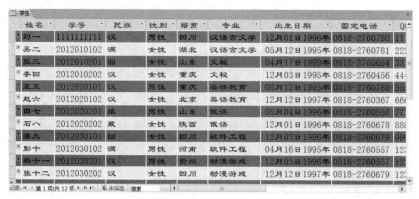

图 2-201　设置格式后 "学生" 表的效果图

课后练习

一、单选题

1. 在 Access 中可用于设计输入界面的对象是（　　）。
   A. 报表　　　　　　B. 窗体　　　　　　C. 查询　　　　　　D. 表

2. 数据库最基础的对象是（　　）。
   A. 报表　　　　　　B. 模块　　　　　　C. 查询　　　　　　D. 表

3. 在 Access 数据库对象中，体现数据库设计目的的对象是（　　）。
   A. 报表　　　　　　B. 窗体　　　　　　C. 查询　　　　　　D. 表

4. Access 2010 数据库文件的扩展名是（　　）。
   A. docx　　　　　　B. xlsx　　　　　　C. mdb　　　　　　D. accdb

5. 下列哪一个不是 Access 2010 的对象（　　）。
   A. 报表　　　　　　B. 窗体　　　　　　C. 页　　　　　　　D. 表

6. 下列关闭数据库的方法不正确的是（　　）。
   A. 按组合键 Alt+F4
   B. 单击 Access 2010 用户界面主窗口标题栏右边的 "关闭" 按钮 ☒
   C. 执行 "文件" → "退出" 菜单命令
   D. 按组合键 Alt+Tab

7. 如果在创建表时建立字段 "电话号码"，其数据类型应当是（　　）。
   A. 数字　　　　　　B. 文本　　　　　　C. 货币　　　　　　D. 自动编号

8. 下列关于 OLE 对象的叙述中，正确的是（　　）。
   A. 用于输入文本数据　　　　　　　　B. 用于处理超链接
   C. 用于处理自动编号数据　　　　　　D. 用于链接或内嵌 Windows 支持的对象

9. 表由（　　）组成。
   A. 字段名称和数据类型　　　　　　　B. 字段名称和字段属性
   C. 表内容和表结构　　　　　　　　　D. 表结构和表说明

10. 若要在文本框中输入文本时达到以 "*" 显示的效果，应该设置（　　）。

A．默认值　　　　　　　　　　　B．有效性规则

C．有效性文本　　　　　　　　　D．格式

11．输入掩码字符"&"的含义是（　　　）。

A．必须输入字母或数字

B．可以选择输入字母或数字

C．必须输入一个任意的字符或一个空格

D．可以选择输入任意的字符或一个空格

12．在 Access 的数据表中删除一条记录，被删除的记录（　　　）。

A．不能恢复　　　　　　　　　　B．可以恢复到原来的位置

C．被恢复为第一条记录　　　　　D．被恢复为最后一条记录

13．在 Access 中如果不想显示数据表中的某些字段，可以使用的命令是（　　　）。

A．隐藏　　　　B．删除　　　　C．冻结　　　　D．筛选

14．对要求输入相对固定格式的数据，如电话号码 0818-2760794，应定义字段的（　　　）。

A．格式　　　　B．默认值　　　　C．输入掩码　　　　D．有效性规则

15．能够检查字段中的输入值是否合法的属性是（　　　）。

A．格式　　　　B．默认值　　　　C．有效性文本　　　　D．有效性规则

16．Access 的字段名称不能包含的字符是（　　　）。

A．#　　　　　　B．￥　　　　　　C．!　　　　　　D．-

二、判断题

1．Access 2010 版本不能打开 Access 2003 版本的数据库。　　　　　　　　（　　）

2．Access 2010 版本中共有 7 个对象。　　　　　　　　　　　　　　　　　（　　）

3．数据访问页是 Access 2010 版本的特色。　　　　　　　　　　　　　　　（　　）

4．Access 2003 中的菜单被 Access 2010 中的选项卡取代，Access 2003 中的工具栏被 Access 2010 中的功能区取代。　　　　　　　　　　　　　　　　　　　　　　（　　）

5．"有效性规则"是"有效性文本"的前提。　　　　　　　　　　　　　　（　　）

6．"有效性规则"和"有效性文本"是没有任何关联的。　　　　　　　　　（　　）

7．"文本"型数据的"字段大小"可以设置为 300。　　　　　　　　　　　（　　）

8．"备注"型数据类型没有"字段大小"属性，因此"备注"型字段中可以输入的内容大小无限制。　　　　　　　　　　　　　　　　　　　　　　　　　　　　　　（　　）

9．只有"文本"和"数字"类型才有"字段大小"这项字段属性。　　　　　（　　）

10．设置某字段的"字段名称"属性和设置"标题"属性的功能是一样的。　（　　）

11．主键一旦设置，将不能被取消。　　　　　　　　　　　　　　　　　　（　　）

12．主键只能是一个字段，不能是多个字段的组合。　　　　　　　　　　　（　　）

13．建立了关系的表中的数据不能被删除。　　　　　　　　　　　　　　　（　　）

14．表间建立的关系不能轻易删除，如果删除，所关联的表也被一并删除。　（　　）

15．关系中设置了"级联删除相关记录"，当删除主表中某记录时，相关表中以之为参照的所有记录都将被删除。　　　　　　　　　　　　　　　　　　　　　　　　（　　）

16．关系中设置了"级联更新相关字段"，当更改主表中某记录时，相关表中的数据则不会发生变化。　　　　　　　　　　　　　　　　　　　　　　　　　　　　　　（　　）

17．通过导入，将其他数据库中的表导入时，关系也一并被导入。　　　（　　）

18．通过"外部数据"导入的文件类型可以是 Access 数据库文件、Excel 电子表格、文本文件。　　　（　　）

19．数据库中的表不能设置行高列宽。　　　（　　）

20．数据库中的表不能设置字体。　　　（　　）

21．数据库中的数据被错误删除后可用快捷键 Ctrl+Z 撤销上一步操作。　　　（　　）

22．被隐藏的字段不能再被显示。　　　（　　）

23．替换功能只能替换"文本"型数据而不能替换"数字"型数据。　　　（　　）

24．将"学生"表中全部女生显示出来，可利用"查找"功能实现。　　　（　　）

25．筛选是将符合条件的数据动态地显示在一个新表中。　　　（　　）

26．数据库中的表不能设置格式。　　　（　　）

三、填空题

1．在 Access 2010 下创建的数据库类型是_____。

2．写出数据库"测试"的存储路径_____。

3．数据库"测试"标题栏最左端的命令按钮名称是_____。

4．Access 2010 下数据库的对象有：_____、_____、_____、_____、_____、和_____。

5．为了操作的方便和快捷，在数据库和数据的操作过程中常有些快捷键配合使用，复制是_____、粘贴是_____、剪切是_____、保存是_____。

6．打开数据库的方法有：

_____

_____

7．退出数据库的方法有：

_____

_____

_____

_____

_____

8．判断如表 2-14 所示"教师"表中字段的数据类型，并填在其后的单元格内。

表 2-14　"教师"表

字段名称	数据类型
编号	
姓名	
性别	
出生年月	
工作时间	

续表

字段名称	数据类型
学历	
职称	
邮箱密码	
联系电话	
身份证号码	
在职否	

9．表由_____和_____组成。

10．表的设计视图由_____、_____、_____和_____组成，其中_____是可以不用设置的项。

11．字段名称中不能出现哪些特殊符号_____。

12．设置只能在"性别"字段输入"男"或者"女"，当输入其他的值时，给出"只能输入"男"或"女"!"的提示。则应该在"性别"字段"字段属性"中设置"有效性规则"和"有效性文本"为：

有效性规则：_____

有效性文本：_____

13．设置"入校时间"中只能输入上一年度 9 月 1 日以前（含）的日期（规定：本年度年号必须用函数获取）。则应该在"入校时间"字段"字段属性"中设置"有效性规则"为：

有效性规则：_____

14．设置"出生年月"，显示格式为"XX 月 XX 日 XXXX"。则应该在"出生年月"字段"格式"中设置为：

格式：_____

15．"团员否"字段为"是/否"类型，若需将"团员否"字段的默认值设置为真值，则应设置"默认值"为：

默认值：_____

16．设置"固定电话"的输入掩码为"0818-xxxxxxx"的形式，其中"0818-"部分自动输出，后 7 位为 0~9 的数字显示，则应该设置"固定电话"字段"输入掩码"为：

输入掩码：_____

17．设置"QQ 密码"字段属性，使得任何密码均以"*"显示。则应该设置"QQ 密码"字段的输入掩码为：

输入掩码：_____

18．设置"高考成绩"字段属性，使得只能输入大于等于 430 的值。则应该设置"高考成绩"的有效性规则为：

有效性规则：_____

19．主键的特点是_____和_____。

20．操作内容 5 中"学生"和"成绩"表之间的关系类型是_____，"课程"和"成绩"表之间的关系类型是_____。

21．Access 数据库中的"关系"只能反映_____联系和_____联系。

22．将"学生成绩表.xlsx"中的数据放入某数据库中，可使用_____功能。

23．利用"筛选"实现显示"学生"表中的少数民族同学时，应将_____字段的条件行设置为_____。

24．当输入的某字段的字段值较长，使得该字段的单元格无法显示完全时，将会以_____形式显示。

25．通配符的功能比较强大，其中"?"代表_____，"*"代表_____。

第 3 章　Access 中的查询

教学目标

1. 掌握 Access 中查询的类型和条件
2. 掌握选择查询和在查询中进行计算
3. 掌握交叉表查询、参数查询及操作查询
4. 熟悉 SQL 查询
5. 掌握编辑和修改查询

3.1　查询简介

查询最主要的目的就是根据指定的条件，查找符合条件的记录，构成一个新的数据集合并显示出来，但这个数据集合并没有保存下来，保存的只是查询的操作，即查询是动态的。

查询从中获取数据的表或查询称为查询的数据源。查询的结果也可以作为数据库中其他对象的数据源。

3.1.1　查询的作用

概括来说查询有以下几个作用：

（1）选择字段、记录。

（2）统计、分析与计算数据。

（3）编辑记录和建立新表。

（4）用来作为查询、窗体和报表的数据源。

3.1.2　查询的种类

Access 为用户提供了 5 种类型的查询，分别是选择查询、参数查询、交叉表查询、操作查询和 SQL 查询。这些查询在建立、执行的方式上各有不同，并能完成不同的功能。选择查询、参数查询、交叉表查询、操作查询实现的功能均能用 SQL 查询实现，但 SQL 查询实现的功能不一定能用其他查询实现。

1. 选择查询

选择查询是最常用的，也是最基本的查询，它从一个或多个表中查询数据并显示结果，还可以对记录进行分组，并且可以对记录作总计、计数、平均值以及其他类型的计算。

2. 交叉表查询

使用交叉表查询可以重新组织数据的结构并统计数据，这样可以更加方便地分析数据。交叉表查询可以计算数据的合计、平均值、计数或其他类型的总和，这种数据信息可分为两类：一类在数据表左侧排列，另一类在数据表的顶端。

3．参数查询

参数查询是一种交互查询，在执行时显示对话框以提示用户输入信息，用户根据提示输入信息后，系统会根据用户输入的信息执行查询，查找符合条件的记录。

4．操作查询

操作查询只需进行一次操作就可对许多记录进行更改和移动。Access 提供了 4 种操作查询：

（1）生成表查询：可以根据一个或多个表中的全部或部分数据新建表，主要用于创建表的备份。

（2）更新查询：对一个或多个表中的一组记录作修改。使用更新查询，可以修改已有表中的数据。

（3）追加查询：将一个或多个表中的一组记录添加到一个或多个表的末尾。

（4）删除查询：从一个或多个表中删除一组记录。使用删除查询，通常会删除整个记录，而不只是记录中所选择的字段。

5．SQL 查询

SQL（结构化查询语言）查询是用户使用 SQL 语句创建的查询。在查询设计视图中创建查询时，Access 将在后台构造等效的 SQL 语句。如果需要，可以在 SQL 视图中查看和编辑 SQL 语句，称为"SQL 特定查询"。SQL 特定查询包括联合查询、传递查询、数据定义查询和子查询 4 种。

3.1.3　查询的条件

在建立查询时，可以通过设置条件来限定查询的范围和结果。查询条件是运算符、常量、字段值、函数、字段名和属性等的任意组合，能够计算出一个结果。

1．运算符

（1）算术运算符包括加（+）、减（-）、乘（*）、除（/）、乘方（^）等，如表 3-1 所示。算术表达式的结果是数值。

表 3-1　算术运算符及含义

算术运算符	含义	示例
+	加	2+3=5
-	减	3-2=1
*	乘	3*2=6
/	浮点除	3/2=1.5
\	整除	3\2=1
MOD	取余	5 MOD 2=1
^	取幂	3^2=9

（2）关系运算符，如表 3-2 所示。关系运算的结果是布尔型（True 或 False）。

（3）逻辑运算符，如表 3-3 所示。逻辑运算的结果是布尔型（True 或 False）。

（4）连接运算符包括"&"和"+"，如表 3-4 所示，连接运算的结果是字符串。

表 3-2　关系运算符及含义

关系运算符	含义	示例
=	等于	2=3 （False）
<	小于	2<1 （False）
>	大于	"A">"B" （False）
<>	不等于	1<>2 （True）
<=	小于等于	6<=5 （False）
>=	大于等于	6>=1 （True）

表 3-3　逻辑运算符及含义

逻辑运算符	含义	示例
Not	逻辑非。当 Not 连接的表达式为 True 时，整个表达式为 False	Not 3>1 （False）
And	逻辑与，即逻辑乘。只有当 And 连接的表达式均为 True 时，整个表达式才为 True，否则为 False	1<2 And 2>3（False）
Or	逻辑或，即逻辑加。只有当 Or 连接的表达式均为 False 时，整个表达式才为 False，否则为 True	1<2 Or 2>3 （True）

表 3-4　连接运算符

连接运算符	含义	示例
&	将两个值连接成字符串	"abc"& 5="abc5"
+	将两个字符串连接成字符串	"abc"+ 5　错误 "3"+"2"="32"

运算符的优先级顺序为算术运算符>关系运算符>逻辑运算符。逻辑运算符的优先级顺序为：Not>And>Or，同级运算从左到右，如表 3-5 所示。

表 3-5　运算符优先级关系

优先级	算术运算符	连接运算符	关系运算符	逻辑运算符
高	^	&	=	Not
	-(负号)	+	<>	And
	*、/		<	Or
	\		>	
	Mod		<=	
低	+、-		>=	
	高			低

（5）特殊运算符，如表 3-6 所示。其运算结果是布尔型（True 或 False）。

表 3-6   特殊运算符及含义

特殊运算符	含义	示例
In	确定某个字符串值是否在一组字符串值内	In("A","B","C")等价于"A"Or"B"Or"C"
Between	判断表达式的值是否在指定的 A 和 B 的范围之间，若在，其结果为 True，否则结果为 False。A 和 B 可以是数字型、日期型和文本型	Between 1 And 10 指的是 1～10 之间的数字 即>=1 And <=10
Like	判断字符串是否符合某一样式，若符合，其结果为 True，否则结果为 False	Like"张*"指所有姓张的人
Is Null	表示某个字段有值	
Is Not Null	表示某个字段没有值	

2. 函数

函数用来实现数据的运算或转换。每一个函数都有一个特定的功能，只能有一个返回值，但往往需要若干个运算对象（参数）。标准函数使用形式如下：

函数名（<参数 1>，<参数 2>[, <参数 3>][, <参数 4>]）

其中函数名必不可少，函数的参数放在圆括号中，可以是常量、变量、表达式或其他函数，如果函数有多个参数，在参数之间用逗号"，"分开。

（1）算术函数

算术函数的参数一般是数值型数据，其运算结果一般是数字。算术函数及其含义如表 3-7 所示。

表 3-7   算术函数及含义

算术函数	含义	示例
Abs(算术表达式)	返回算术表达式的绝对值	Abs(-5)=5
Fix(算术表达式)	返回算术表达式的整数部分	Fix(5.5)=5 Fix(-5.5)=-5
Int(算术表达式)	返回小于等于算术表达式的最大整数	Int(5.5)=5 Int(-5.5)=-6
Round(算术表达式)	返回算术表达式四舍五入后的整数	Round(3.5)=4 Round(-3.5)=-4
Sqr(算术表达式)	返回算术表达式的平方根	Sqr(4)=2.0
Sgn(算术表达式)	返回算术表达式的符号值。算术表达式>0，返回 1；=0，返回 0；<0，返回-1	Sgn(-3)=-1 Sgn(3)=1

（2）字符函数

字符函数的参数一般是字符型数据，其运算结果一般是字符串。字符函数及其含义如表 3-8 所示。

表 3-8   字符函数及含义

字符函数	含义	示例
Space(数值表达式)	返回数值表达式的值确定的空格个数组成的字符串	Space(5)= " "

续表

字符函数	含义	示例
String(数值表达式,字符串表达式)	返回由字符串表达式的第一个字符重复组成的指定长度为数值表达式的值的字符串	String(2,"access")="aa"
Left(数值表达式,字符串表达式)	返回字符串表达式左边的数值表达式值个字符	Left(3,"access")="acc"
Right(数值表达式,字符串表达式)	返回字符串表达式右边的数值表达式值个字符	Right(3,"access")="ess"
Mid (字符串表达式,数值表达式 1,数值表达式 2)	返回字符串表达式从左边第"数值表达式 1"个字符开始,截取长度为"数值表达式 2"的字符串	Mid("access",2,3)="cce" Mid("access",2)="ccess"
Len(字符串表达式)	返回字符串表达式的字符个数,如字符串为 null,返回 null	Len("access")=6
Ltrim(字符串表达式)	去掉字符串表达式左边的空格	Ltrim(" access")="access"
Rtrim(字符串表达式)	去掉字符串表达式右边的空格	Rtrim("access ")="access"
Trim (字符串表达式)	去掉字符串表达式两边的空格	Trim(" access ")="access"

注意：字符串常量用英文的双引号""括起来。

（3）日期/时间函数

日期/时间函数主要用来处理日期和时间，其参数一般是日期/时间型数据。日期/时间函数及其含义如表 3-9 所示。

表 3-9　日期/时间函数及含义

日期/时间函数	含义	示例
Day(日期表达式)	返回给定日期是一个月中的哪一天	Day(#2013-11-12#)=12
Month(日期表达式)	返回给定日期是一年中的哪个月	Month(#2013-11-12#)=11
Year(日期表达式)	返回给定日期是哪一年	Year(#2013-11-12#)=2013
Weekday(日期表达式)	返回给定日期是一个周中的哪一天	Weekday(#2013-11-12#)=3
Hour(时间表达式)	返回给定时间是一天中的哪个钟点	Hour(#20:32:15#)=20
Date( )	返回当前系统日期	
Now( )	返回当前系统时间	
DateSerial(数值表达式,数值表达式,数值表达式)	返回包含指定的年、月、日的日期	DateSerial(2013,5,1)=#2013-5-1#

注意：日期/时间常量用英文的"#"括起来。

（4）统计函数

统计函数及其含义如表 3-10 所示。

表 3-10　统计函数及含义

统计函数	含义	示例
Sum(字符串表达式)	返回字符串表达式的总和,字符串表达式一般是字段名	Sum([成绩])
Avg(字符串表达式)	返回字符串表达式的平均值,字符串表达式一般是字段名	Avg([成绩])

续表

统计函数	含义	示例
Count(字符串表达式)	统计记录个数，字符串表达式一般是字段名	Count([成绩])
Max(字符串表达式)	返回字符串表达式的最大值，字符串表达式一般是字段名	Max([成绩])
Min(字符串表达式)	返回字符串表达式的最小值，字符串表达式一般是字段名	Min([成绩])

注意：窗体、报表、字段或控件的名称用英文的"[ ]"括起来。

3.2　创建选择查询

Access 提供了多种创建查询的方法，可以根据用户的需要快速、简单地建立查询。查询建好后，还可以切换到设计视图进行修改。选择查询是最常用的一种查询，也是其他类型查询的基础。一般建立查询的方法有两种："查询向导"和"设计视图"。

3.2.1　使用"查询向导"

使用向导建立查询的特点是快捷、方便，用户只需要按照提示进行选择就行了，但不能设置查询条件。

例 3.1　使用向导创建查询，显示"教务管理"数据库中"学生"表中的"学号""姓名"字段。

【操作步骤】

（1）打开"教务管理"数据库→"创建"选项卡→"查询"组→单击"查询向导"按钮（见图 3-1 中①、②）→弹出"新建查询"对话框→选中"简单查询向导"（见图 3-2 中③）→单击"确定"按钮，如图 3-2 中④所示。

图 3-1　"创建"功能区

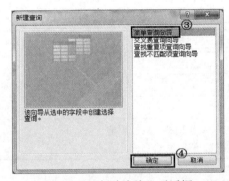

图 3-2　"新建查询"对话框

（2）弹出"简单查询向导"对话框（见图 3-3）→"表/查询"→选择"学生"表（见图3-3 中⑤）→"可用字段"列表框→选择用于查询的"学号"和"姓名"字段（见图 3-3 中⑥）→单击">"按钮（见图 3-3 中⑦）→将其添加到"选定字段"列表框中（见图 3-4 中⑧）；如果想将所有字段添加到"选定字段"列表框中→单击">>"按钮；如果想将"选定字段"列表框中的某个字段删除→单击"<"按钮；若全部删除→单击"<<"按钮；若要建立基于多个"表/查询"的查询→重复上面的步骤→将所需的字段添加完毕→单击"下一步"按钮，如图3-4 中⑨所示。

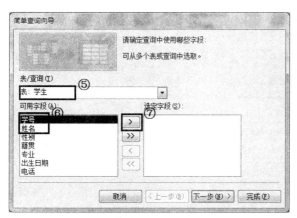

图3-3 "简单查询向导"对话框

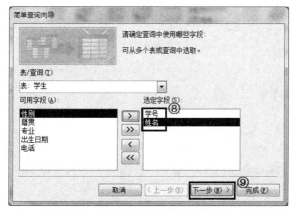

图3-4 添加需要查询的字段

（3）若选择的字段中有数字型字段，则会弹出如图3-5所示的对话框；若选中"明细（显示每个记录的每个字段）"将显示所选字段的基本内容；若选中"汇总"将显示需要计算的汇总值，包含平均值、总和、最大值等。

图3-5 确定采用明细查询还是汇总查询

（4）在"请为查询指定标题"文本框中输入"学生基本信息查询"（见图3-6中⑩）→选择"打开查询查看信息"单选按钮（见图3-6中⑪）→单击"完成"按钮（见图3-6中⑫）→

打开查询的数据表视图窗口（见图 3-7）。

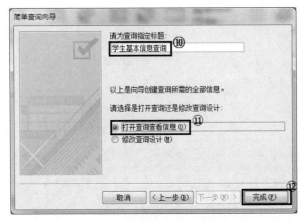

图 3-6　输入查询名称　　　　　　　　　　图 3-7　建立的查询

　　注意：在"简单查询向导"中，选择"打开查询查看信息"，则在完成向导后直接打开"数据表视图"窗口；选择"修改查询设计"，则在完成向导后直接打开"查询设计视图"窗口。

3.2.2　使用"设计视图"

　　查询设计视图是创建、编辑和修改查询的基本工具。

　　向导建立查询确实很方便，但不能建立带条件的、复杂的查询，这就需要用到"设计视图"了。Access 有 5 种查询视图：设计视图、数据表视图、SQL 视图、数据透视表视图和数据透视图视图。

　　"查询工具－设计"选项卡如图 3-8 所示，各按钮功能说明如表 3-11 所示。

图 3-8　"查询工具－设计"选项卡

表 3-11　按钮的功能

按钮	说明
查询类型	选择查询类型，有选择查询、交叉表查询、生成表查询、删除查询、追加查询和更新查询
运行	执行查询，生成查询结果并以数据表的形式显示出来
显示表	打开"显示表"对话框，列出当前数据库中的表和查询，以便用户选择数据源
汇总	在查询设计网格中增加"总计"行，用于各种统计计算，如求和、求平均值等
返回（上限值）	此文本框中的值可以对查询结果显示的数据记录进行限制
属性表	显示光标处的对象属性。弹出"属性表"，可以对字段进行修改和设置
生成器	在查询设计中选择"条件"或"或"行后，单击该按钮，可以在弹出的"表达式生成器"对话框中设置查询条件的表达式

1．创建不带条件的查询

例 3.2　使用"设计视图"创建"学生成绩查询"，并显示学生的"学号""姓名""课程名"和"成绩"字段。

该查询中的字段来自多个表，所以建立查询前，要先建立多个表间的关系。

【操作步骤】

（1）打开"教务管理"数据库→"创建"选项卡→"查询"组→单击"查询设计"按钮（见图 3-9 中①、②）→打开查询"设计视图"→打开"显示表"对话框，如图 3-10 所示。

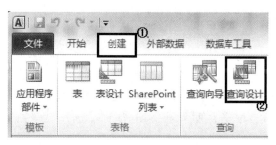

图 3-9　"创建"功能区

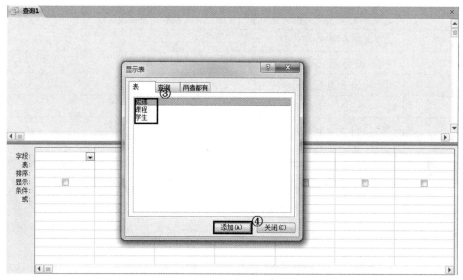

图 3-10　查询"设计视图"

"显示表"对话框中选项卡的说明如表 3-12 所示。

表 3-12　"显示表"对话框中选项卡的说明

名称	说明
表	显示当前数据库中的所有数据表
查询	显示当前数据库中的所有查询
两者都有	显示当前数据库中的所有数据表和查询

（2）在"显示表"对话框中选择"学生""课程""成绩"表（见图 3-10 中③）→单击"添加"按钮→把这三个表添加到查询"设计视图"中（见图 3-10 中④）→结果如图 3-11 所示。

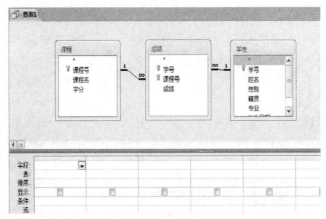

图 3-11　添加表后的视图

注意：查询设计的每一列对应着查询结果中的一个字段，而网格的行标题代表了查询的属性字段，如图 3-11 所示。相关说明如表 3-13 所示。

表 3-13　查询"设计视图"中的字段说明

行的名称	作用
字段	设置字段或字段的表达式（每个查询至少包含一个字段）
表	该字段所在表的表名称
总计	用于确定字段在查询中的运算方法
排序	用于确定查询采用的排序方法
显示	确定字段是否在数据表中显示
条件	指定逻辑与关系的条件
或	指定逻辑或关系的条件

（3）依次双击"学生"表中的"学号""姓名"字段→"课程"表中的"课程名"字段→"成绩"表中的"成绩"字段→添加到设计网格中（见图 3-12 中⑤、⑥、⑦）→"查询工具－设计"选项卡→"结果"组→单击"运行"按钮→显示查询的数据记录，结果如图 3-13 所示。

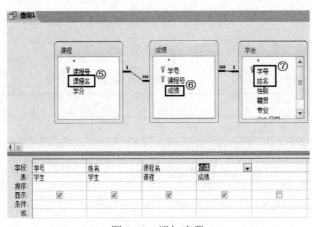

图 3-12　添加字段

（4）单击快速访问工具栏中的"保存"按钮→弹出"另存为"对话框→在"查询名称"文本框中输入"学生成绩查询"（见图 3-14 中⑧）→单击"确定"按钮（见图 3-14 中⑨）→完成查询创建。

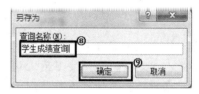

图 3-13　所建查询的结果表　　　　　图 3-14　"另存为"对话框

2. 创建带条件的查询

例 3.3　使用"设计视图"查询并显示成绩为不及格（<60）或优秀（>=90）的学生的"学号""姓名""课程名""成绩"字段。

【操作步骤】

（1）打开"教务管理"数据库→"创建"选项卡→"查询"组→单击"查询设计"按钮→打开查询"设计视图"→并打开"显示表"对话框。

（2）"显示表"对话框→选择"学生""课程""成绩"表→添加到查询"设计视图"中；依次双击"学生"表中的"学号""姓名"字段→"课程"表中的"课程名"字段，→"成绩"表中的"成绩"字段→添加到设计网格中。

（3）"成绩"字段列的"排序"行→单击"▾"按钮弹出下拉列表→选择"降序"选项，如图 3-15 中①所示→在"成绩"字段列的"条件"行输入">=90"，在"或"行输入"<60"，如图 3-16 中②所示。

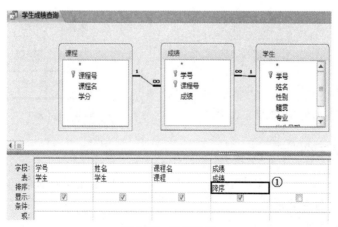

图 3-15　设置排序

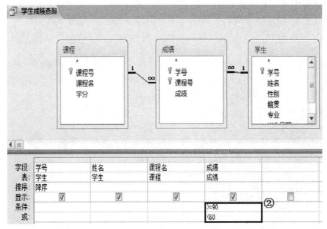

图 3-16 查询条件设置

注意：①若是单个字符串做条件，字符串两边的引号不必输入，系统会根据需要会自动添加，如果人工输入，必须要用英文双引号；

②如果条件开头不输入运算符，查询设计视图会自动插入等号（＝）运算符；

③条件中使用的数据类型应与对应的字段类型相符合，否则会出现数据类型不匹配的错误；

④在同一行（"条件"行或"或"行）的不同列输入的多个查询条件彼此间是逻辑"与"（and）关系；在不同行输入的多个查询条件彼此间是逻辑"或"（or）关系。如果行与列同时存在，则行与列的优先级为：行＞列。

（4）"查询工具－设计"选项卡→"结果"组→单击"运行"按钮→显示查询的数据记录，结果如图 3-17 所示。

（5）如果查询的数据记录不符合要求，可以单击"开始"选项卡"视图"组"设计视图"命令→修改"设计视图"的内容（见图 3-18 中③）→单击快速访问工具栏中的"保存"按钮→保存为"学生成绩查询（带条件）"。

学号	姓名	课程名	成绩
2012010101	刘一	大学英语	92
2012030201	杨十一	大学体育	91
2012020102	赵六	大学体育	90
2012030202	张十二	数据结构	90
2012010102	吴二	大学体育	56
2012010102	吴二	大学计算机基础	50
2012010102	吴二	大学英语	45
2012010103	陈九	数据结构	37
2012010201	张三	大学英语	35

图 3-17 所建查询的结果表

图 3-18 转换到"设计视图"

3.2.3 查询条件的使用

在创建查询时，条件可以多种多样，下面用具体的例子来讲解条件的写法。

1. 使用数值作为查询条件

以数值作为查询条件的简单示例和功能如表 3-14 所示。

表 3-14　使用数值作为查询条件的示例

字段名	条件	功能
成绩	<80	查询成绩小于 80 分的记录
	Between　80　And　90	查询成绩在 80～90 分的记录
	>=80　And　<=90	

2. 使用文本值作为查询条件

以文本值作为查询条件的示例和功能如表 3-15 所示。

表 3-15　使用文本值作为查询条件的示例

字段名	条件	功能
职称	"教授"	查询职称为"教授"的记录
	"教授"　Or　"副教授"	查询职称为"教授"或"副教授"的记录
	Right([职称]，2)="教授"	
姓名	In("张三","李四")	查询姓名为"张三"或"李四"的记录
	"张三"　Or　"李四"	
	Like　"张*"	查询姓"张"的记录
	Left([姓名],1)="张"	
	Instr([姓名], "张")=1	
	Not　Like　"李*"	查询不姓"李"的记录
	Left([姓名],1)<>"李"	
	Len([姓名])<=3	查询姓名不超过 3 个字的记录
	Is　Null	查询姓名为 Null（空）的记录
课程名称	Like　　"*英语"	查询课程名称以"英语"结尾的记录
	Right([课程名称],2)="英语"	
	Like　　"*英语*"	查询课程名称包含"英语"的记录
学生编号	Mid([学生编号],5,2)="03"	查询学生编号第 5 个和第 6 个字符为"03"的记录
	Instr([学生编号],"03")=5	
联系电话	""	查询表中没有联系电话的记录

3. 使用日期处理结果作为查询条件

以日期处理结果作为查询条件的示例和功能如表 3-16 所示。

表 3-16　使用日期处理结果作为查询条件的示例

字段名	条件	功能
工作时间	Between　#2001-01-01#　And　#2001-12-31#	查询 2001 年参加工作的记录
	Year([工作时间])=2001	
	<Date()-20	查询 20 天前参加工作的记录
	Between　Date()-20　And　Date()	查询 20 天之内参加工作的记录
	Year([工作时间])=2001　And Month([工作时间])=5	查询 2001 年 5 月参加工作的记录
出生日期	Year([出生日期])=1996	查询 1996 年出生的记录

3.2.4　在查询中进行计算

在前面已经介绍了建立查询的方法，但并没有对查询的结果做进一步的统计和分析。对查询的结果进行统计是指查询的计算功能，在 Access 查询中，可以执行两种类型的计算，即预定义计算和自定义计算。

1. 查询中的计算类型

（1）预定义计算

预定义计算又叫"总计"计算，是系统提供的对查询中的记录组或全部记录进行的计算，包括分组、总计、平均值、计数、最大值、最小值等。

单击"查询工具"选项卡"显示/隐藏"组中的"汇总"按钮 $\sum$，可以在设计网格中显示"总计"行。对设计网格中的每个字段，都可以在"总计"行中选择总计项来对相应记录进行计算。"总计"行中有 12 个总计项，其名称及含义如表 3-17 所示。

表 3-17　总计项及意义

名称	功能
分组（Group By）	指定进行数值汇总的分组字段
合计（Sum）	计算指定分组字段的总和
平均值（Average）	计算指定分组字段的平均值
最大值（Max）	计算指定分组字段的最大值
最小值（Min）	计算指定分组字段的最小值
计数（Count）	计算指定分组字段值的记录条数
标准差（StDev）	计算指定分组字段的标准偏差
变量（Var）	计算指定分组字段的变量值
第一条记录（First）	按照输入时间的顺序返回第一条记录的值
最后一条记录（Last）	按照输入时间的顺序返回最后一条记录的值
表达式（Expression）	用来在"字段"行中建立计算字段
条件（Where）	限制表中的部分记录参加汇总

（2）自定义计算

自定义计算是指自己定义计算的表达式，在表达式中使用一个或多个字段的数据，进行数值、文本的计算。自定义计算创建的方法是直接将表达式输入到设计网格的空字段行中。

2. 总计查询

总计查询用于对表中的全部记录进行总计计算，包括计算总和、平均值、最大值、最小值、计数、标准差等。

例 3.4　创建"学生成绩总计查询"，统计学生的平均成绩。

【操作步骤】

（1）打开"教务管理"数据库→"创建"选项卡→"查询"组→单击"查询设计"按钮→打开查询"设计视图"→在"显示表"对话框中选择"学生"和"成绩"表→添加到查询设计窗口中。

（2）依次双击"学生"表中的"学号""姓名"字段→"成绩"表中的"成绩"字段→添加到设计网格中，如图 3-19 中①、②所示。

（3）"查询工具－设计"选项卡→"显示/隐藏"组→"汇总"按钮→将在视图网格中出现"总计"行→在"成绩"字段的"总计"行中选择"平均值"选项，如图 3-19 中③所示。

（4）"查询工具－设计"选项卡→"结果"组→单击"运行"按钮→显示出总计查询的数据记录（见图 3-20）→单击快速访问工具栏中的"保存"按钮→命名为"学生成绩总计查询"。

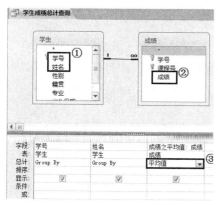

图 3-19　添加"总计"行　　　　　　　　图 3-20　总计查询结果

3. 分组统计查询

在查询中，如果需要对记录进行分类统计，可以使用分组统计功能。分组统计时，在"设计视图"中将用于分组字段的"总计"行设置成"Group By"就可以了。例 3-4 中，在"学号"字段列的"总计"行中就用到了"Group By"，也就是根据学号进行了分组。

例 3.5　创建"各专业人数总计查询"，分组统计各专业人数。

【操作步骤】

（1）打开"教务管理"数据库→"创建"选项卡→"查询"组→单击"查询设计"按钮→打开查询"设计视图"→在"显示表"对话框中选择"学生"表→添加到查询设计窗口中。

（2）双击"学生"表中的"专业""学号"字段→添加到设计网格中，如图 3-21 中①、②所示→"查询工具－设计"选项卡→"显示/隐藏"组→单击"汇总"按钮→将在视图网格中出现"总计"行，分别在"专业"字段和"学号"字段的"总计"行→选择"Group By"和"计数"选项，如图 3-21 中③、④所示。

（3）"查询工具－设计"选项卡→"结果"组→单击"运行"按钮→显示出总计查询的数据记录，如图 3-22 所示→单击快速访问工具栏中的"保存"按钮→命名为"各专业人数总计查询"。

图 3-21　添加"总计"行　　　　　　　　图 3-22　总计查询结果

4．添加计算字段

当用户需要统计的数据不在表中，或者用于计算的数据来源于多个字段，此时需要在设计视图中添加一个新字段，这就是计算字段。

例 3.6　创建"学生年龄查询"，查询每个学生的年龄。

【操作步骤】

（1）打开"教务管理"数据库→"创建"选项卡→"查询"组→单击"查询设计"按钮→打开查询"设计视图"→在"显示表"对话框选择"学生"表→添加到查询设计窗口中。

（2）双击"学生"表中的"姓名""性别"字段→添加到设计网格中（见图 3-23 中①）→在"性别"字段列后面的空白列的"字段"行中输入表达式："年龄:Year(Date())-Year([出生日期])"，如图 3-23 中②所示。

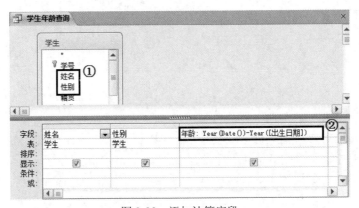

图 3-23　添加计算字段

注意：计算字段中的冒号要用英文的符号。

（3）"查询工具－设计"选项卡→"结果"组→单击"运行"按钮→显示出查询的数据记录，如图 3-24 所示→单击快速访问工具栏中的"保存"按钮→命名为"学生年龄查询"。

姓名	性别	年龄
刘一	男	17
吴二	女	18
张三	女	15
李四	女	18
王五	男	18
赵六	女	16
田七	男	17
石八	女	17
陈九	女	17
彭十	男	18
杨十一	男	17
张十二	女	16

图 3-24　计算字段查询结果

3.3　创建交叉表查询

交叉表查询是一种独特的查询，生成的数据显示更清晰、结构更合理，更便于用户分析和使用。

3.3.1 认识交叉表查询

所谓交叉表查询就是将来源于某个表中的字段进行分组，一组字段的值在数据表的左侧，称为行标题，一组字段的值在数据表的上部，称为列标题，然后在数据表行与列的交叉处显示表中某个字段的各种计算值，比如求和、计数、求平均值等。

交叉表查询就是一个用户建立起来的二维总计矩阵。交叉表查询除了需要指定查询对象和字段外，还需要知道如何统计数字，用户需要为交叉表查询指定表 3-18 中的 3 个字段。

表 3-18 交叉表字段说明

字段	说明
行标题	显示在第一列，它是指把某个字段的相关数据放入指定的一行中以便进行概括。每个交叉表最多有 3 个行标题
列标题	位于数据表的顶端，它是把某个字段的相关数据放入指定的一列中以便进行计算。每个交叉表只有 1 个列标题
值字段	它是用户选择在交叉表中显示的字段，即行与列的交叉处显示的字段值的总计项，如总计、计数等。每个交叉表只有 1 个值字段

下面将分别介绍如何使用"向导"和"设计视图"来建立交叉表查询。

3.3.2 使用"交叉表查询向导"

例 3.7 使用向导建立"统计各专业人数"的交叉查询，查询每个专业的男女学生人数。
【操作步骤】
（1）打开"教务管理"数据库→"创建"选项卡→"查询"组→单击"查询向导"按钮→弹出"新建查询"对话框→"交叉表查询向导"（见图 3-25 中①）→单击"确定"按钮，如图 3-25 中②所示。

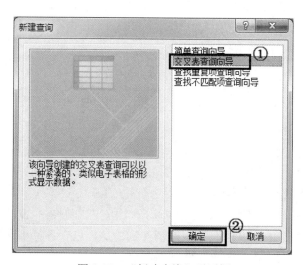

图 3-25 "新建查询"对话框

（2）出现"交叉表查询向导"对话框→选择"表：学生"项（见图 3-26 中③）→选择"视图"组中"表"单选按钮（见图 3-26 中④）→单击"下一步"按钮，如图 3-26 中⑤所示。

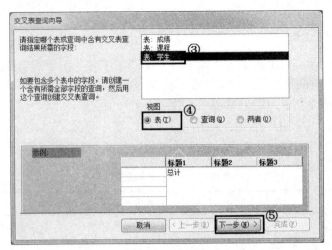

图 3-26　选择表

注意：如果要建立包含多个表中字段的交叉表查询，先要创建一个含有所需字段的查询，在此查询的基础上建立交叉表查询。

（3）选择行标题：在"可用字段"列表框中选择"专业"字段→单击">"按钮（见图 3-27 中⑥、⑦）→单击"下一步"按钮，如图 3-27 中⑧所示。

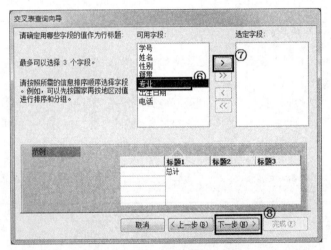

图 3-27　选择行标题

注意：行标题最多只能选择 3 个字段

（4）选择列标题：选择"性别"字段（见图 3-28 中⑨）→在对话框的右下方可以看到交叉表的示例图→单击"下一步"按钮，如图 3-28 中⑩所示。

注意：列标题只能选择 1 个字段。

（5）选择值字段：在"字段"列表框中选择"学号"（见图 3-29 中⑪）→在"函数"列表框中选择"Count"（见图 3-29 中⑫）→取消勾选"是，包含各行小计"复选框（见图 3-29 中⑬）→单击"下一步"按钮，如图 3-29 中⑭所示。

注意：如果需要小计，则勾选该复选框。

（6）在文本框中输入查询名称"各专业男女人数_交叉表"（见图 3-30 中⑮）→选中"查看查询"单选按钮（见图 3-30 中⑯）→单击"完成"按钮，如图 3-30 中⑰所示。

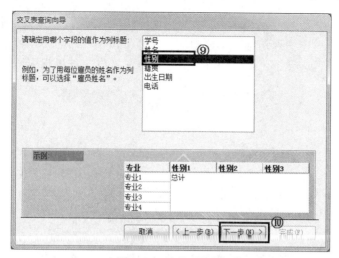

图 3-28　选择列标题

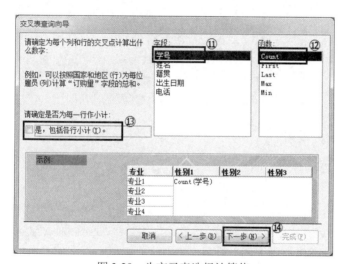

图 3-29　为交叉表选择计算值

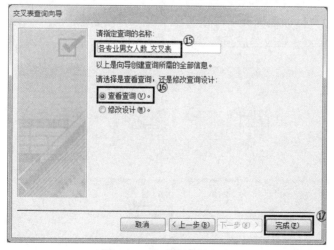

图 3-30　指定查询的名称

（7）"查询工具—设计"选项卡→"结果"组→单击"运行"按钮→显示出查询的数据记录（见图 3-31）→单击快速访问工具栏中的"保存"按钮→命名为"各专业人数_交叉表"。（在选择计算值时，若选择了"是，包含各行小计"复选框，结果就应该如图 3-32 所示。）

各专业男女人数_交叉表		
专业	男	女
动漫游戏	1	1
俄语	1	1
汉语言文学	1	1
软件工程	1	1
文秘		2
英语教育	1	1

图 3-31　交叉表查询结果

各专业男女人数_交叉表1			
专业	总计 学号	男	女
动漫游戏	2	1	1
俄语	2	1	1
汉语言文学	2	1	1
软件工程	2	1	1
文秘	2		2
英语教育	2	1	1

图 3-32　包括各行小计的交叉表查询结果

3.3.3　使用"设计视图"

例 3.8　利用"设计视图"创建"学生各科成绩"交叉表查询，显示学生各科成绩。
【操作步骤】

（1）打开"教务管理"数据库→单击"创建"选项卡"查询"组"查询设计"按钮→在"显示表"对话框中选择"学生""课程""成绩"表→添加到查询设计窗口中。

（2）依次双击"学生"表中的"姓名"字段→"课程"表中的"课程名"字段→"成绩"表中的"成绩"字段→添加到设计网格中，如图 3-33 中①、②、③所示。

（3）"查询工具—设计"选项卡→"查询类型"组→单击"交叉表 ▦"按钮→修改"姓名"字段交叉表行为"行标题"→"课程名"字段为"列标题"→"成绩"字段为"值"（见图 3-33 中④、⑤、⑥）→修改"成绩"字段"总计"行为"合计"，如图 3-33 中⑦所示。

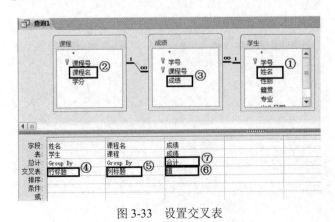

图 3-33　设置交叉表

（4）"查询工具－设计"选项卡→"结果"组→单击"运行"按钮→弹出显示查询的数据记录，如图 3-34 所示。

（5）单击快速访问工具栏中的"保存"按钮→命名为"学生各科成绩_交叉表"。

姓名	大学计算机	大学体育	大学英语	数据结构
陈九		84	77	37
李四	86	89	68	
刘一	80	88	92	
彭十		78	87	86
石八	79	76	76	
田七	78	85	83	
王五	66	78	78	
吴二	50	56	45	
杨十一		91	80	87
张三	65	88	35	
张十二		85	68	90
赵六	89	90	85	

图 3-34　交叉表查询结果

3.4　创建参数查询

前面介绍的查询都是在条件固定的情况下，如果用户希望条件不固定，就需要用到参数查询了。

参数查询是动态的，是通过对话框提示用户输入信息来查找符合要求的记录的，用户可以建立单参数的查询，也可以建立多参数的查询。

3.4.1　单参数查询

单参数查询是指在字段中只指定一个参数，运行查询时，用户只需输入一个参数进行查询。

例 3.9　建立一个参数查询，根据"请输入成绩："提示框的提示输入成绩，查找符合条件的学生基本信息，要求显示"姓名""性别""专业""课程名""成绩"字段。

【操作步骤】

（1）打开"教务管理"数据库→"创建"选项卡→"查询"组→单击"查询设计"按钮→打开查询"设计视图"→在"显示表"对话框中选择"学生""课程""成绩"表→添加到查询设计窗口中。

（2）双击以上三个表中的"姓名""性别""专业""课程名""成绩"字段→添加到设计网格中（见图 3-35 中①、②、③、④）→在"成绩"字段列的"条件"行输入查询条件："[请输入成绩：]"，如图 3-35 中⑤所示。

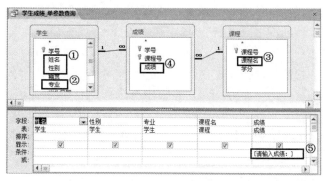

图 3-35　定义查询条件

（3）"查询工具－设计"选项卡→"显示/隐藏"组→"参数"按钮 →弹出"查询参数"对话框→在"参数"列的第一行输入："请输入成绩:"→在"数据类型"列的第一行的下拉列表框中选择"长整型"（见图 3-36 中⑥、⑦）→单击"确定"按钮，如图 3-36 中⑧所示。

图 3-36　"查询参数"对话框

注意：①参数的名称一定要与前面"条件"处的参数名称一致;
②选择参数的数据类型时一定要和相应字段的数据类型一致。

（4）"查询工具－设计"选项卡→"结果"组→单击"运行"按钮→弹出"输入参数值"对话框→输入"85"→单击"确定"按钮，如图 3-37 中⑨、⑩所示→结果如图 3-38 所示→单击快速访问工具栏中的"保存"按钮→命名为"学生成绩_单参数查询"。

图 3-37　"输入参数值"对话框

姓名	性别	专业	课程名	成绩
赵六	女	英语教育	大学英语	85
田七	男	俄语	大学体育	85
张十二	女	动漫游戏	大学体育	85

图 3-38　单参数查询结果

3.4.2　多参数查询

多参数查询就是在字段中指定多个参数，查询运行时，需要用户输入多个参数。

例 3.10　建立"学生成绩"多参数查询，要求查询成绩介于 80~90 之间学生的基本信息，显示"姓名""性别""专业""课程名""成绩"字段。

【操作步骤】

（1）打开"教务管理"数据库→"创建"选项卡→"查询"组→单击"查询设计"按钮→打开查询"设计视图"→在"显示表"对话框中→选择"学生""课程""成绩"表→添加到查询设计窗口中。

（2）双击以上三个表中的"姓名""性别""专业""课程名""成绩"字段→添加到设计网格中（见图 3-39 中①、②、③、④）→在"成绩"字段列的"条件"行输入查询条件："Between [请输入最低成绩:] And [请输入最高成绩:]"，如图 3-39 中⑤所示。

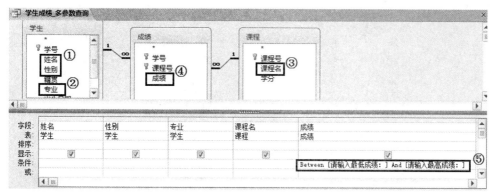

图 3-39　定义查询条件

（3）"查询工具－设计"选项卡→"显示/隐藏"组→单击"参数"按钮，弹出"查询参数"对话框→在"参数"列的第一行输入："请输入最低成绩："→在"数据类型"列的第一行的下拉列表框中选择"长整型"→在"参数"列的第二行输入："请输入最高成绩："→在"数据类型"列的第二行的下拉列表框中选择"长整型"（见图 3-40 中⑥、⑦）→单击"确定"按钮，如图 3-40 中⑧所示。

图 3-40　定义参数

（4）"查询工具－设计"选项卡→"结果"组→单击"运行"按钮→弹出两个"输入参数值"对话框→分别输入"80"和"90"→单击"确定"按钮，如图 3-41 中⑨、⑩和图 3-42 中⑪、⑫所示→查询结果如图 3-43 所示→单击快速访问工具栏中的"保存"按钮→命名为"学生成绩_多参数查询"。

图 3-41　输入第一个参数

图 3-42　输入第二个参数

学生成绩_多参数查询

姓名	性别	专业	课程名	成绩
刘一	男	汉语言文学	大学计算机基	80
李四	女	文秘	大学计算机基	86
赵六	女	英语教育	大学计算机基	89
彭十	男	软件工程	数据结构	86
杨十一	男	动漫游戏	数据结构	87
张十二	女	动漫游戏	数据结构	90
赵六	女	英语教育	大学英语	85
田七	男	俄语	大学英语	83
彭十	男	软件工程	大学英语	87
杨十一	男	动漫游戏	大学英语	80
刘一	男	汉语言文学	大学体育	88
张三	女	文秘	大学体育	88
李四	女	文秘	大学体育	89
赵六	女	英语教育	大学体育	90
田七	男	俄语	大学体育	85
陈九	女	软件工程	大学体育	84
张十二	女	动漫游戏	大学体育	85

图 3-43　多参数查询结果

3.5　创建操作查询

前面介绍的查询都是在原有数据上进行查找，不能修改原始数据，但有时我们希望在查找数据的同时能快速地修改数据，这就需要用到操作查询。

操作查询在查找数据的同时还能进行创建、删除、更改和增加等操作，一个操作可以更改许多记录，所以在使用操作查询时，应该十分小心。操作查询包括生成表查询、删除查询、更新查询和追加查询 4 种。

3.5.1　生成表查询

生成表查询就是从一个或多个表中提取有用数据，创建为新的表。如果需要经常从多个表中提取数据，最有效的方法就是使用生成表查询，将从多个表中提取的数据生成一个新表，永久保存。

例 3.11　创建一个新表，表名为“大学计算机基础成绩”，将学生的大学计算机基础成绩永久保存。

【操作步骤】

（1）打开“教务管理”数据库→“创建”选项卡→“查询”组→单击“查询设计”按钮→打开查询“设计视图”→在“显示表”对话框中选择“学生”“课程”“成绩”表→添加到查询设计窗口中。

（2）依次双击“学生”表中的“学号”“姓名”字段→“课程”表中的“课程名”字段→“成绩”表中的“成绩”字段→添加到设计网格中，如图 3-44 中①、②、③所示。

（3）在“课程名”字段列的“条件”行输入“大学计算机基础”，如图 3-44 中④所示。

（4）“查询工具—设计”选项卡→“查询类型”组→单击“生成表”按钮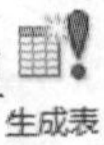

→弹出“生成表”对话框→在“表名称”文本框中输入“大学计算机基础成绩”（见图 3-45 中⑤）并选择“当前数据库”单选按钮（见图 3-45 中⑥）→单击“确定”按钮，如图 3-45 中⑦所示。

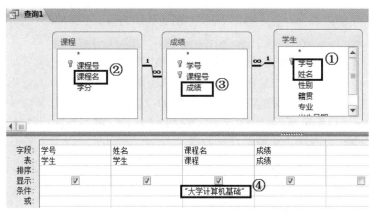

图 3-44　添加字段

图 3-45　"生成表"对话框

（5）"开始"选项卡→"视图"组"视图"下拉菜单→选择"数据表视图"命令→查看数据是不是自己想要的数据→如果是就单击"查询工具－设计"选项卡→"结果"组→"运行"按钮→弹出提示框单击"是"按钮（见图 3-46 中⑧）完成生成表查询→如果不是就回到"设计视图"进行修改→双击"大学计算机基础成绩"表，结果如图 3-47 所示。

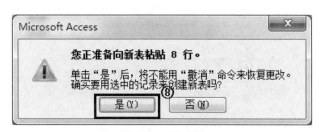

图 3-46　提示框

学号	姓名	课程名	成绩
2012010101	刘一	大学计算机基础	80
2012010102	吴二	大学计算机基础	50
2012010201	张三	大学计算机基础	65
2012010202	李四	大学计算机基础	86
2012020101	王五	大学计算机基础	66

图 3-47　"大学计算机基础成绩"表

3.5.2　删除查询

删除查询是从一个或多个表中删除一组记录。

例 3.12   创建删除查询，从"成绩"表中删除成绩为优秀（>=90）的数据记录。

【操作步骤】

（1）打开"教务管理"数据库→"创建"选项卡→"查询"组→单击"查询设计"按钮→打开查询"设计视图"→在"显示表"对话框中选择"成绩"表→添加到查询设计窗口中。

（2）双击"成绩"表中"成绩"字段→添加到设计网格中（见图3-48中①）；"查询工具－设计"选项卡→"查询类型"组→"删除"按钮 ✕!→在"成绩"字段列的"条件"行输入：">=90"，如图3-48中②所示。

（3）"开始"选项卡→"视图"组"视图"下拉菜单→"数据表视图"命令→查看数据是不是自己想要的数据→如果是就回到"设计视图"→"查询工具－设计"选项卡→"结果"组→"运行"按钮→弹出提示框→单击"是"按钮（见图3-49中③）→完成删除表查询→如果不是就回到"设计视图"进行修改→双击"成绩"表，结果如图3-50所示。

图 3-48   添加条件

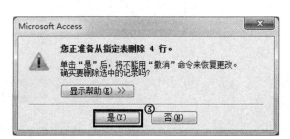

图 3-49   提示框

学号	课程号	成绩
2012010101	001	80
2012010101	004	88
2012010102	001	50
2012010102	002	45
2012010102	004	56
2012010201	001	65
2012010201	002	35
2012010201	004	88
2012010202	001	86
2012010202	002	68

图 3-50   删除后的"成绩"表

3.5.3   更新查询

更新查询是从一个或多个表中更新一组记录。

例 3.13   使用更新查询，从"学生"表中更新"性别"字段，把"男"改为"男性"。

【操作步骤】

（1）打开"教务管理"数据库→"创建"选项卡→"查询"组→单击"查询设计"按钮→打开查询"设计视图"→在"显示表"对话框中选择"学生"表→添加到查询设计窗口中→双击"学生"表中"性别"字段→添加到设计网格中，如图3-51中①所示。

（2）"查询工具－设计"选项卡→"查询类型"组→"更新"按钮 →在"性别"字段列的条件行输入："男"→在"更新到"行输入"[性别]+"性""，如图 3-51 中②所示。

图 3-51　添加条件和更新

（3）"开始"选项卡→"视图"组"视图"下拉菜单→"数据表视图"命令→查看数据是不是自己想要的数据→如果是就回到"设计视图"→"查询工具－设计"选项卡→"结果"组→单击"运行"按钮→弹出提示框→单击"是"按钮（见图 3-52 中③）→完成更新表查询→如果不是就回到"设计视图"进行修改→双击"学生"表，结果如图 3-53 中④所示。

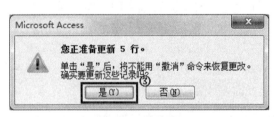

图 3-52　提示框

学号	姓名	性别④	籍贯	专业	出生日期	电话
2012010101	刘一	男性	四川	汉语言文学	1996/12/1	0818-276078
2012010102	吴二	女	湖北	汉语言文学	1995/5/12	0818-276078
2012010201	张三	女	山东	文秘	1998/4/17	0818-276065
2012010202	李四	女	重庆	文秘	1995/12/3	0818-276045
2012020101	王五	男性	重庆	英语教育	1995/8/12	0818-276078
2012020102	赵六	女	北京	英语教育	1997/12/12	0818-276036
2012020201	田七	男性	山东	俄语	1996/8/4	0818-276055
2012020202	石八	女	陕西	俄语	1996/12/1	0818-276067
2012030101	陈九	女	四川	软件工程	1996/12/3	0818-276067
2012030102	彭十	男性	河南	软件工程	1995/4/16	0818-276055
2012030201	杨十一	男性	贵州	动漫游戏	1996/12/5	0818-276055
2012030202	张十二	女	四川	动漫游戏	1997/12/12	0818-276067

图 3-53　更新后的"学生"表

3.5.4　追加查询

追加查询是将一个或多个表中一组记录添加到已经存在的表中。

例 3.14　在"教务管理"数据库中，先使用生成表查询建立两个表"60 分以上""60 分以下"，然后使用追加查询，将"60 分以下"表中的数据追加到"60 分以上"表中。

【操作步骤】

（1）打开"教务管理"数据库→"创建"选项卡→"查询"组→单击"查询设计"按钮→打开查询"设计视图"→将"成绩"表添加到查询设计窗口中→双击"成绩"表中的"学号""课程号""成绩"字段→添加到设计网格中（图 3-54 中①）→在"成绩"字段列的"条件"行输入："\>=60"，如图 3-54 中②所示。

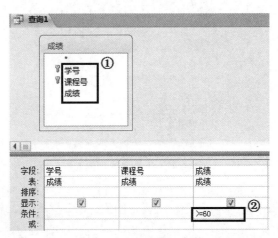

图 3-54　添加字段和条件

（2）"查询工具－设计"选项卡→"查询类型"组→单击"生成表"按钮→弹出"生成表"对话框→在"表名称"文本框中输入"60 分以上"→"查询工具－设计"选项卡→"结果"组→"运行"按钮→弹出提示框→单击"是"按钮→完成新表创建。同理创建"60 分以下"表。

（3）"创建"选项卡→"查询"组→单击"查询设计"按钮→打开查询"设计视图"→将"60 分以下"表添加到查询设计窗口中，如图 3-55 中③所示。

（3）"查询工具－设计"选项卡→"查询类型"组→单击"追加"按钮→弹出"追加"对话框→在"表名称"文本框中输入或选择"60 分以上"（见图 3-55 中④）→选择"当前数据库"单选按钮（见图 3-55 中⑤）→单击"确定"按钮，如图 3-55 中⑥所示。

图 3-55　"追加"对话框

（4）双击"60 分以下"表中的"学号""课程号""成绩"字段→添加到设计网格中（见图 3-56 中⑦）→单击"查询工具－设计"选项卡"结果"组"运行"按钮→弹出提示框→单

击“是”按钮（见图 3-57 中⑧）→“60 分以下”表中的所有记录追加到了“60 分以上”表中→双击打开“60 分以上”表，可以看见追加的记录显示在原记录的后面，如图 3-58 中⑨所示。

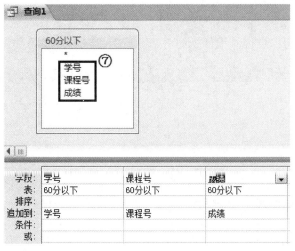

图 3-56　添加字段

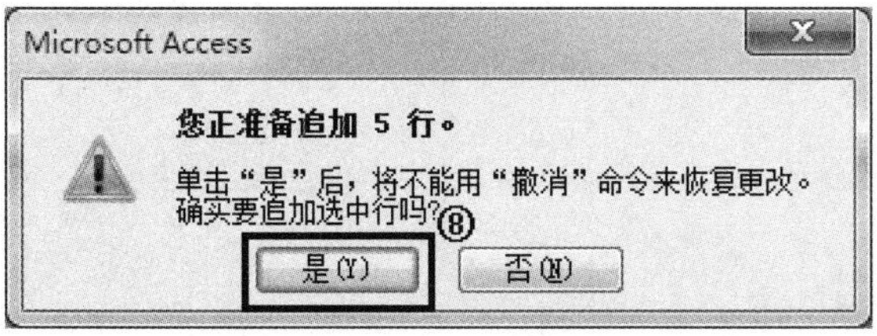

图 3-57　提示框

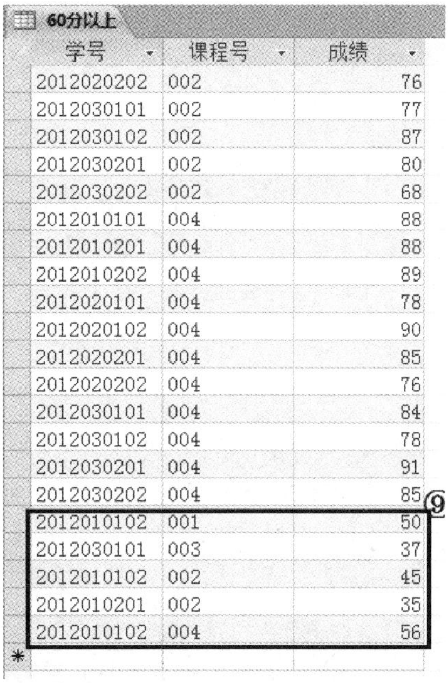
60分以上

学号	课程号	成绩
2012020202	002	76
2012030101	002	77
2012030102	002	87
2012030201	002	80
2012030202	002	68
2012010101	004	88
2012010201	004	88
2012010202	004	89
2012020101	004	78
2012020102	004	90
2012020201	004	85
2012020202	004	76
2012030101	004	84
2012030102	004	78
2012030201	004	91
2012030202	004	85
2012010102	001	50
2012030101	003	37
2012010102	002	45
2012010201	002	35
2012010102	004	56

⑨

图 3-58　追加后的“60 分以上”表

注意：追加的字段和追加目标的字段一定要一致（字段名和类型）。

3.6　创建 SQL 查询

SQL 查询是指用 SQL 语句创建的查询。SQL（Structured Query Language，结构化查询语言）是关系数据库的标准语言，它功能丰富、语言简洁，因而备受欢迎。SQL 集数据查询、数据操纵、数据定义和数据控制功能于一体。

3.6.1 查询与 SQL 视图

实际上 Access 的查询都是以 SQL 为基础的查询，每一个查询都是与 SQL 语句一一对应的，查询过程的实质就是生成一条 SQL 语句。当使用"设计视图"创建一个查询时，就构造了一个等价的 SQL 语句。查询"设计视图"和相应的"SQL 视图"如图 3-59 和图 3-60 所示。

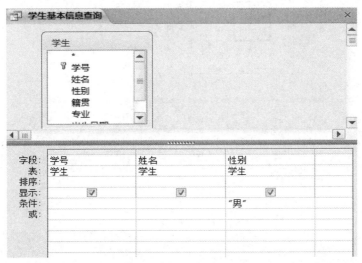

图 3-59　查询"设计视图"

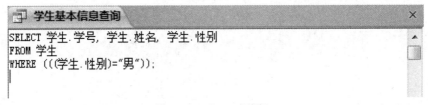

图 3-60　"SQL 视图"

打开"SQL 视图"的方法是：先打开查询"设计视图"→出现"查询工具"选项卡；单击"开始"选项卡→"视图"下拉菜单→"SQL 视图"命令。

3.6.2 SQL 基本语句

1. SQL 数据定义

SQL 数据定义包括定义数据表、索引、视图和数据库，表 3-19 列出的是其基本语句。

表 3-19　SQL 的数据定义语句

操作对象	创建语句	删除语句	修改语句
基本表	Create Table	Drop Table	Alter Table
索引	Create Index	Drop Index	
视图	Create View	Drop View	
数据库	Create Database	Drop Database	Alter Database

2. SQL 基本语句

SQL 基本语句包括查询语句（Select）、插入语句（Insert）、删除语句（Delete）和修改语句（Update）。

（1）Select 语句

Select 语句是 SQL 语言中使用最频繁的语句，也是在 Access 中常见的 SQL 基本语句。本书只要求掌握 Select 语句，对其他语句不作要求，Select 语句的基本格式如下：

```
SELECT [ALL | DISTINCT]    *|<字段列表>
FROM ＜表名＞
[WHERE ＜条件＞]
[GROUP BY ＜字段名＞ [HAVING ＜条件表达式＞] ]
[ORDER BY ＜字段名＞ [ASC | DESC] ]
```

各个参量的说明如下：

ALL：查询结果是数据源全部数据的记录集；

DISTINCT：查询结果是不包含重复行的记录集；

WHERE ＜条件表达式＞：说明查询条件；

GROUP BY ＜分组字段名＞：用于对查询结果进行分组，可以利用它进行分类汇总；

HAVING ＜条件表达式＞：必须和 GROUP BY 一起使用，用来限定分组必须满足的条件；

ORDER BY ＜排序字段名＞：用来对查询结果进行排序，默认为升序排列。

ASC：查询结果按＜排序字段名＞升序排列；

DESC：查询结果按＜排序字段名＞降序排列。

例 3.15　在“教务管理”数据库中查找的“学生”表中性别为“女”的学生，并以“学号”排序，显示“学号”“姓名”“性别”字段。

【操作步骤】打开查询“设计视图”→“查询工具－设计”选项卡；单击“开始”选项卡→“视图”组中的“视图”下拉菜单→“SQL 视图”命令→输入 SQL 语句（见图 3-61）；单击“查询工具－设计”选项卡→“结果”组→“运行”按钮，结果如图 3-62 所示。

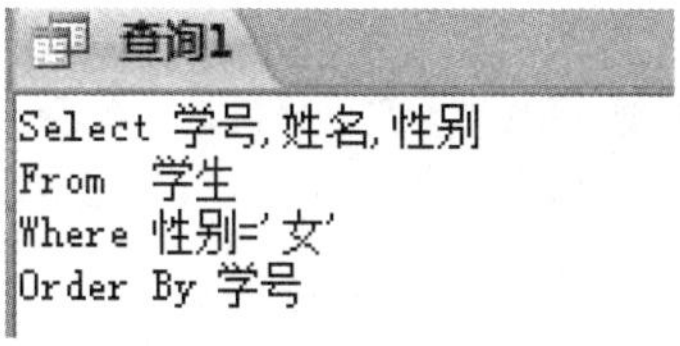

图 3-61　“SQL 视图”

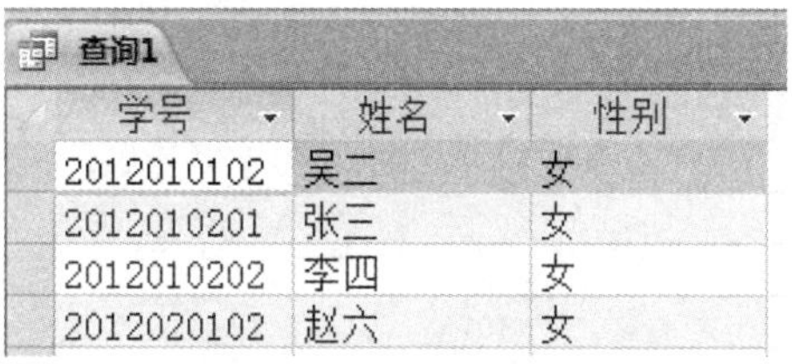

学号	姓名	性别
2012010102	吴二	女
2012010201	张三	女
2012010202	李四	女
2012020102	赵六	女

图 3-62　查询结果

（2）Insert 语句

Insert 语句用于将一条新记录插入到指定表中。Insert 语句的一般语法格式为：

```
Insert  Into <表名>[<字段列表>] Values(<常量列表>)
```

例 3.16　向“学生”表中插入一条记录，学号为“2001010205”，姓名为“张红”，性别为“女”。

【操作步骤】

（1）打开查询“设计视图”→“查询工具－设计”选项卡；单击“开始”选项卡→“视图”组中的“视图”下拉菜单→“SQL 视图”命令→输入 SQL 语句，如图 3-63 所示。

📋 查询1

Insert Into 学生 (学号,姓名,性别) Values ('2001010205','张红','女')

图 3-63   "SQL 视图"

（2）单击"查询工具－设计"选项卡→"结果"组→"运行"按钮→打开"学生"表→结果如图 3-64 中①所示。

学生						
学号	姓名	性别	籍贯	专业	出生日期	电话
2001010205	张红	女 ①				
2012010101	刘一	男	四川	汉语言文学	1996/12/1	0818-276078
2012010102	吴二	女	湖北	汉语言文学	1995/5/12	0818-276078
2012010201	张三	女	山东	文秘	1998/4/17	0818-276065
2012010202	李四	女	重庆	文秘	1995/12/3	0818-276045
2012020101	王五	男	重庆	英语教育	1995/8/12	0818-276078
2012020102	赵六	女	北京	英语教育	1997/12/12	0818-276036

图 3-64   查询结果

（3）Update 语句

Update 语句用于实现数据的修改功能，能够对指定表所有的记录或满足条件的记录进行修改操作。

Update 语句的一般语法格式为：

Update <表名> Set <字段名>=<表达式> [WHERE<条件>]

例 3.17   修改"学生"表中所有性别为"男"的记录，把"性别"字段的值改为"男性"。

【操作步骤】打开查询"设计视图"→"查询工具－设计"选项卡；单击"开始"选项卡→"视图"组中的"视图"下拉菜单→"SQL 视图"命令→输入 SQL 语句（见图 3-65）；"查询工具－设计"选项卡→"结果"组→"运行"按钮→打开"学生"表，结果如图 3-66 中①所示。

📋 查询1

Update 学生 Set 性别='男性' Where 性别='男'

图 3-65   "SQL 视图"

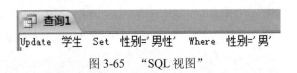

学生						
学号	姓名	性别	籍贯	专业	出生日期	电话
2001010205	张红	女				
2012010101	刘一	男性 ①	四川	汉语言文学	1996/12/1	0818-276078
2012010102	吴二	女	湖北	汉语言文学	1995/5/12	0818-276078
2012010201	张三	女	山东	文秘	1998/4/17	0818-276065
2012010202	李四	女	重庆	文秘	1995/12/3	0818-276045
2012020101	王五	男性 ①	重庆	英语教育	1995/8/12	0818-276078
2012020102	赵六	女	北京	英语教育	1997/12/12	0818-276036
2012020201	田七	男性 ①	山东	俄语	1996/8/4	0818-276055
2012020202	石八	女	陕西	俄语	1996/12/1	0818-276067
2012030101	陈九	女	四川	软件工程	1996/12/3	0818-276067
2012030102	彭十	男性 ①	河南	软件工程	1995/4/16	0818-276055
2012030201	杨十一	男性	贵州	动漫游戏	1996/12/5	0818-276055
2012030202	张十二	女	四川	动漫游戏	1997/12/12	0818-276067

图 3-66   SQL 语句操作结果

4．Delete 语句

Delete 语句用于实现数据的删除功能，能够对指定表所有的记录或满足条件的记录进行删除操作。Delete 语句的一般语法格式为：

　　　Delete　From<表名> [Where<条件>]

　　例 3.18　删除"学生"表中所有性别为"男性"的记录。

　　【操作步骤】打开查询"设计视图"→"查询工具－设计"选项卡；"开始"选项卡→"视图"组中的"视图"下拉菜单→"SQL 视图"命令→输入 SQL 语句（见图 3-67）→"查询工具－设计"选项卡→"结果"组→"运行"按钮→打开"学生"表，结果如图 3-68 所示。

图 3-67　"SQL 视图"

学号	姓名	性别	籍贯	专业	出生日期	电话
2001010205	张红	女				
2012010102	吴二	女	湖北	汉语言文学	1995/5/12	0818-276078
2012010201	张三	女	山东	文秘	1998/4/17	0818-276065
2012010202	李四	女	重庆	文秘	1995/12/3	0818-276045
2012020102	赵六	女	北京	英语教育	1997/12/12	0818-276036
2012020202	石八	女	陕西	俄语	1996/12/1	0818-276067
2012030101	陈九	女	四川	软件工程	1996/12/3	0818-276067
2012030202	张十二	女	四川	动漫游戏	1997/12/12	0818-276067

图 3-68　SQL 语句操作结果

　　注意：Insert、Delete、Update 语句统称为数据更新语句。

3.6.3　创建 SQL 特定查询

　　前面提到的查询都是和 SQL 查询一一对应的，但有些查询在向导和"设计视图"里是无法创建的，这就需要特定的 SQL 查询。SQL 特定查询分为联合查询、传递查询、数据定义查询和子查询 4 种。

　　1. 联合查询

　　联合查询是将一个或多个表或查询的结果组合为一个列表。使用 Union 联合查询语句时，字段数目和字段数据类型都必须相同。

　　例 3.19　使用联合查询将"成绩"表中成绩低于 60 分的"学号""成绩"字段与"学生成绩查询"中成绩高于 90 分的"学号""成绩"字段合并起来。

　　【操作步骤】打开查询"设计视图"→"查询工具－设计"选项卡；"开始"选项卡→"视图"组中的"视图"下拉菜单→"SQL 视图"命令；"查询工具－设计"选项卡→"查询类型"组→"联合"查询按钮⑩联合→在"SQL 视图"窗口中输入带有 Union 运算的 Select 语句（见图 3-69）；"查询工具－设计"选项卡→"结果"组→单击"运行"按钮，结果如图 3-70 所示。

```
select 学号,成绩 from 成绩 where 成绩<60
UNION
select 学号,成绩 from 学生成绩查询 where 成绩>90;
```

图 3-69　"SQL 视图"

图 3-70 Union 运算的结果

2. 传递查询

传递查询是 Access 自身不执行查询,而是传递给数据库执行。在创建传递查询时,首先要建立和数据库之间的连接,然后在 SQL 窗口中输入相应的 SQL 语句。

3. 数据定义查询

数据定义查询是直接创建、删除或更改数据库表或索引。

(1) Create 语句

Create 语句用于创建表和索引,具体格式如下:

Create Table<表名>(<字段名 1> <数据类型 1>[约束条件 1],

<字段名 2> <数据类型 2>[约束条件 2]],)

各个参量的说明如下:

表名:定义表的名称。

字段名:定义表中字段的名称。

数据类型:对应字段的数据类型,可以取值为 Char(文本)、Number(数字)、Date(日期)、Money(货币)。

约束条件:对字段的约束,可以取值为 Primary(主键)、Not Null(字段不能为空)、Unique(字段值唯一)。

例 3.20 使用 Create 语句,创建一个"教师"数据表。

【操作步骤】打开查询"设计视图"→转换到"SQL 视图"→输入创建表的语句(见图 3-71);"查询工具-设计"选项卡→"结果"组→单击"运行"按钮→自动在当前数据库中创建"教师"数据表,如图 3-72 所示。

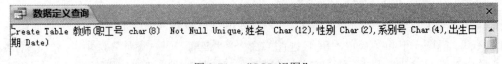

图 3-71 "SQL 视图"

图 3-72 "教师"数据表

(2) Alter 语句

Alter 语句用于向数据表中添加或修改字段,具体格式如下:

  Alter Table <表名>[ADD <新字段名> <数据类型>[约束条件]

        [DROP[<字段名>]...]

        [ALTER <字段名> <数据类型>]

说明：

ADD：用于增加新字段和该字段的约束条件；

DROP：用于删除指定的字段；

ALTER：用于修改原有字段属性。

例 3.21　使用 Alter 语句，为"教师"表添加"参工日期"字段。

【操作步骤】打开查询"设计视图"→转换到"SQL 视图"→输入修改表的语句（见图 3-73）；"查询工具－设计"选项卡→"结果"组→单击"运行"按钮→自动在"教师"数据表末尾增加"参工日期"字段，如图 3-74 中①所示。

图 3-73　"SQL 视图"

图 3-74　增加"参工日期"字段的结果

（3）Drop 语句

Drop 语句用于删除数据表、索引和视图，具体格式如下：

  Drop Table <表名>

  Drop Index <索引名>

  Drop View <视图名>

例 3.22　使用 Drop 语句，删除创建好的"教师"数据表。

【操作步骤】打开查询"设计视图"→转换到"SQL 视图"→输入删除表的语句（见图 3-75）；"查询工具－设计"选项卡→"结果"组→单击"运行"按钮→自动删除"教师"数据表。

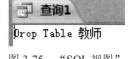

图 3-75　"SQL 视图"

3. 子查询

子查询是嵌套在其他查询中的查询，它不能作为单独的查询独立存在，必须与其他查询相结合使用。

例 3.23　查询并显示"成绩"表中高于平均成绩的学生记录。

【操作步骤】

（1）打开"教务管理"数据库→"创建"选项卡→"查询"组→单击"查询设计"按钮→打开查询"设计视图"；"显示表"对话框→选择"成绩"表→添加到查询设计窗口中。

（2）双击"学生"表中的"*"→把该表中的所有字段添加到设计网格中（见图 3-76 中①）→再次双击"成绩"字段→添加到设计网格中（见图 3-76 中②）→取消"成绩"字段的勾选（见图 3-76 中③）→"成绩"字段的"条件"行→输入">select avg([成绩]) from 成绩"，如图 3-76 中④所示。

（3）"查询工具－设计"选项卡→"结果"组→"运行"按钮，查询结果如图 3-77 所示→单击快速访问工具栏中的"保存"按钮→保存为"子查询"。

查询1		
学号 ▾	课程号 ▾	成绩 ▾
2012010101	001	80
2012010202	001	86
2012020102	001	89
2012020201	001	78
2012020202	001	79
2012030102	003	86
2012030201	003	87
2012030202	003	90
2012010101	002	92
2012020101	002	78
2012020102	002	85
2012020201	002	83
2012030101	002	77
2012030102	002	87
2012030201	002	80
2012010101	004	88
2012010201	004	88
2012010202	004	89
2012020101	004	78

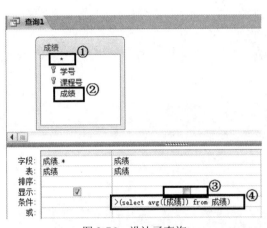

图 3-76　设计子查询　　　　　　图 3-77　子查询结果

3.7　编辑和修改查询

查询创建完成后，运行的结果有可能不是自己想要的，这就需要修改查询。修改查询的工作在查询"设计视图"中进行。

3.7.1　编辑和修改字段

1. 添加字段

添加字段的方法有很多种：

（1）单击某个字段，然后把该字段拖拽到空白字段列。

（2）双击某个字段。

（3）双击"*"，虽然"*"只占一个字段列，但它代表把该表的全部字段都添加到字段列中。

2. 删除字段

例 3.24　删除"学生成绩查询"中的"姓名"字段。

【操作步骤】

（1）打开"教务管理"数据库→选择"查询"对象中需要修改的"学生成绩查询"→单击右键→在弹出的快捷菜单中选择"设计视图"命令→打开"学生成绩查询"设计视图窗口→在查询设计网格中把光标放置在"姓名"字段列上方→出现向下"箭头"形状→单击"姓名"字段列反显（黑底白字），如图 3-78 中①所示。

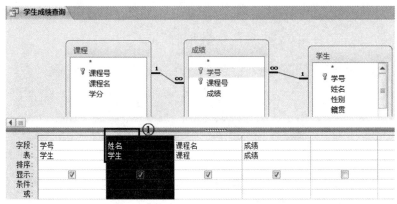

图 3-78　选择字段列

（2）按键盘上的 Delete 键或在"查询工具"选项卡的"查询设置"组中单击"删除列"按钮→单击快速访问工具栏上的"保存"按钮→保存对字段的修改→单击"运行"按钮查看结果。

3．插入字段

例 3.25　在"学生成绩查询"的"课程名"字段前插入"专业"字段。

【操作步骤】打开"教务管理"数据库→选择"查询"对象中需要修改的"学生成绩查询"→单击右键→在弹出的快捷菜单中选择"设计视图"命令→打开"学生成绩查询"设计视图窗口→把"学生"表的"专业"字段拖拽到"课程名"字段列处→原来位置处的字段列就依次向后移（见图 3-79 中①）→单击快速访问工具栏上的"保存"按钮→保存对字段的修改→单击"运行"按钮查看结果。

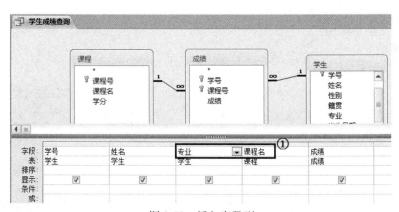

图 3-79　插入字段列

4．移动字段

例 3.26　移动"学生成绩查询"中的"学号"字段到"姓名"字段的后面。

【操作步骤】

（1）打开"教务管理"数据库→选择"查询"对象中需要修改的"学生成绩查询"→单击右键弹出快捷菜单→选择"设计视图"命令→打开"学生成绩查询"设计视图窗口。

（2）在查询设计网格中把光标放置在"学号"字段列上方→出现向下"箭头"形状→单击"学号"字段列被选中。

（3）把光标移到"学号"字段列上面→鼠标呈箭头形状→按住鼠标左键不放进行拖动→

拖动到"姓名"字段列后→放开鼠标（见图 3-80 中①）→单击快速访问工具栏上的"保存"按钮→保存对字段的修改→单击"运行"按钮查看结果。

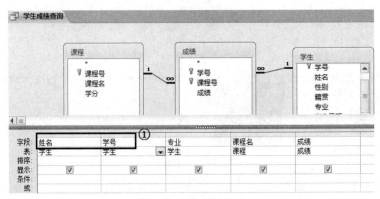

图 3-80　移动字段列

5. 重命名字段

例 3.27　修改例 3-5 中"学号之计数"字段的名称为"人数"。

【操作步骤】

（1）打开"教务管理"数据库→选择"查询"对象中需要修改的"各专业人数统计"→单击右键弹出快捷菜单→选择"设计视图"命令→打开"各专业人数统计"设计视图窗口。

（2）在"学号之计数"字段列的字段名修改为"人数:学号"（见图 3-81 中①）→"查询工具－设计"选项卡→"结果"组→单击"运行"按钮→结果如图 3-82 中①所示。

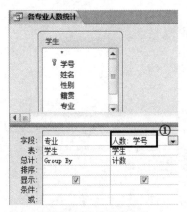

图 3-81　修改字段名称

图 3-82　修改字段名称结果

3.7.2　编辑查询中数据源

编辑查询中的数据源，包括添加表和查询、删除表和查询。

1. 添加表和查询

在"设计视图"中添加表或查询的步骤如下：

【操作步骤】打开数据库→选择需要修改的查询→单击右键弹出快捷菜单→选择"设计视图"命令→打开设计视图窗口→"查询工具－设计"选项卡→"查询设置"组→单击"显示表"按钮 →打开"显示表"对话框→选择需要添加的表或查询→单击"添加"按钮（见图

3-83 中①、②）→单击"关闭"按钮，如图 3-83 中③所示，关闭"显示表"对话框→单击快速访问工具栏上的"保存"按钮→保存所做的修改。

图 3-83　"显示表"对话框

2．删除表和查询

在"设计视图"中删除表或查询的步骤与添加的步骤相似。

【操作步骤】打开数据库→选择需要修改的查询→单击右键弹出快捷菜单→选择"设计视图"命令→打开设计视图窗口→选择需要删除的表或查询→按 Delete 键删除→单击快速访问工具栏上的"保存"按钮→保存所做的修改。

3.7.3　排序查询结果

例 3.28　对"学生成绩查询"的"成绩"字段按升序排序。

【操作步骤】打开"教务管理"数据库→选择"查询"对象中需要修改的"学生成绩查询"→单击右键弹出快捷菜单→选择"设计视图"命令（见图 3-84 中①、②）→打开"学生成绩查询"设计视图窗口→"成绩"字段列的"排序"行→选择"升序"项（见图 3-85 中③）→"查询工具－设计"选项卡→"结果"组→单击"运行"按钮→运行排序后的结果如图 3-86 所示。

图 3-84　选择"设计视图"命令

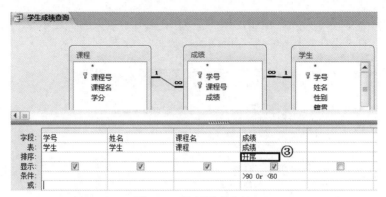

图 3-85　选择排序方法

图 3-86　运行排序的结果

上机操作

操作内容 1　选择查询

1. 使用查询向导创建查询"tS1"，查询"tStud"表的"姓名""性别""入校时间""毕业学校"字段。

【操作提示】打开"学生管理.accdb"→使用查询向导创建一个查询→在"简单查询向导"对话框中→选择"表：tStud"→字段选择"姓名""性别""入校时间""毕业学校"→单击"下一步"按钮（见图 3-87）→修改查询的名字为"tS1"→单击"完成"按钮→完成简单查询的创建，如图 3-88 所示。

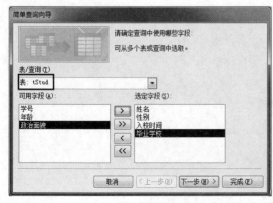

图 3-87　简单查询向导一

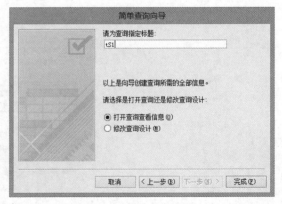

图 3-88　简单查询向导二

2. 使用查询向导创建查询"tS2",查询"tStud"表的"学号""姓名"字段,"tCourse"表的"课程名"字段,"tScore"表的"成绩"字段。

【操作步骤】打开"学生管理.accdb"→使用查询向导创建一个查询→在"简单查询向导"对话框中→选择"表:tStud"→字段选择"学号""姓名"→然后选择"表:tCourse"→字段选择"课程名"→最后选择"表:tScore"→字段选择"成绩"→单击"下一步"按钮(见图3-89)→选择"明细"的查询方式→单击"下一步"按钮(见图3-90)→修改查询的名字为"tS2"→单击"完成"按钮→完成简单查询的创建。

图 3-89 简单查询向导一　　　　　　　图 3-90 简单查询向导二

3. 使用查询设计视图创建查询"tS3",查询"tStud"表的"姓名""性别""入校时间""毕业学校"字段。

【操作提示】

(1)打开"学生管理.accdb"→使用查询设计视图创建一个查询→在"显示表"对话框中添加表"tStud"(见图3-91)→关闭"显示表"对话框。

图 3-91 "显示表"对话框

(2)在"tStud"中双击"姓名""性别""入校时间""毕业学校"字段→添加到设计网格中,如图3-92所示。

(3)单击"运行"按钮查看结果→在快速访问工具栏中选择单击"保存"按钮→修改查询的名称为"tS3"→单击"确定"按钮(见图3-93)→完成查询的创建。

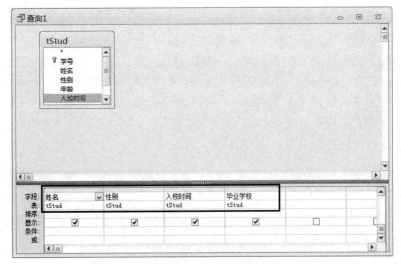

图 3-92 选择字段

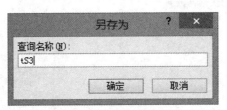

图 3-93 保存查询

4. 使用查询设计视图创建查询"tS4"，查询"tStud"中的"学号""姓名"字段，"tCourse"中的"课程名"字段，"tScore"中的"成绩"字段。

【操作提示】

（1）打开"学生管理.accdb"→使用查询设计视图创建一个查询→在"显示表"对话框中添加表"tStud""tCourse""tScore"（见图 3-94）→关闭"显示表"对话框。

图 3-94 "显示表"对话框

（2）双击"tStud"表的"学号""姓名"字段→双击"tCourse"表的"课程名"字段→双击"tScore"表的"成绩"字段→添加到设计网格中，如图 3-95 所示。

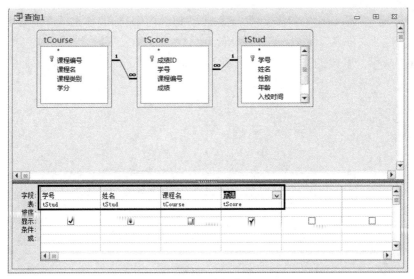

图 3-95　选择字段

（3）单击"运行"按钮查看结果→在快速访问工具栏中单击"保存"按钮→修改查询的
名称为"tS4"→单击"确定"按钮→完成查询的创建。

5．创建查询"tS5"，查询所有女生的"姓名""性别""入校时间""毕业学校"字段。

【操作提示】

（1）打开"学生管理.accdb"→使用查询设计视图创建一个查询→在"显示表"对话框
中添加表"tStud"→双击"tStud"表中"姓名""性别""入校时间""毕业学校"字段→在"性
别"字段下面的"条件"行中输入"女"，如图 3-96 所示。

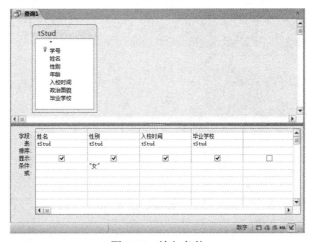

图 3-96　输入条件

（2）单击"运行"按钮查看结果→在快速访问工具栏中选择"保存"→修改查询的名称
为"tS5"→单击"确定"按钮→完成查询的创建。

6．创建查询"tS6"，查询成绩在 70～90 分的学生的"学号""姓名""课程名""成绩"
字段，按成绩降序排序。

【操作提示】

（1）打开"学生管理.accdb"→使用查询设计视图创建一个查询→在"显示表"对话框

中添加表"tStud""tCourse""tScore"→双击"tStud"表的"学号""姓名"字段→双击
"tCourse"中的"课程名"字段→双击"tScore"的"成绩"字段。

（2）在"成绩"字段的"条件"行中输入"Between 70 and 90"→在"成绩"字段的"排
序"行中选择"降序"，如图 3-97 所示。

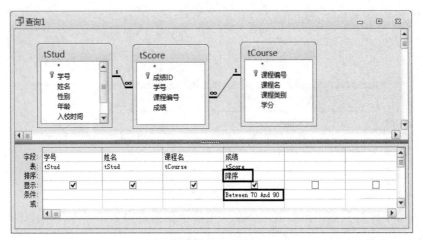

图 3-97　输入条件和排序

（3）单击"运行"按钮查看结果→在快速访问工具栏中单击"保存"按钮→修改查询的
名称为"tS6"→单击"确定"按钮→完成查询的创建。

7．创建查询"tS7"，利用总计查询统计每名学生的总成绩和平均成绩。

【操作提示】

（1）打开"学生管理.accdb"→使用查询设计视图创建一个查询→在"显示表"对话框
中添加表"tStud""tScore"→双击"tStud"表的"学号""姓名"字段→两次双击"tScore"
表的"成绩"字段，如图 3-98 所示。

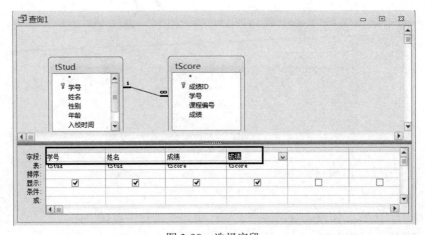

图 3-98　选择字段

（2）"查询工具－设计"选项卡→"显示/隐藏"选项组→"汇总"按钮→下面的网格中
出现"总计"行（见图 3-99）；在第一个"成绩"字段的"总计"行中选择"合计"→在第二
个"成绩"字段的"总计"行中选择"平均值"，如图 3-100 所示。

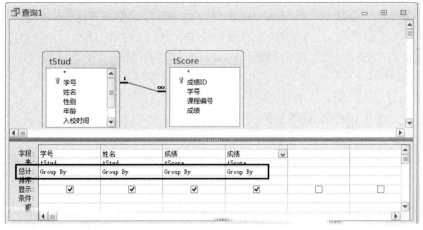

图 3-99　添加"总计"行

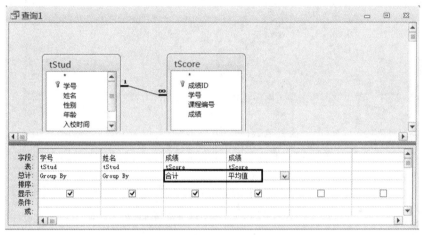

图 3-100　修改"总计"选项

（3）将第一个"成绩"字段的字段行中"成绩"修改为"总成绩：成绩"→将第二个"成绩"字段的字段行中"成绩"修改为"平均成绩：成绩"，如图 3-101 所示。

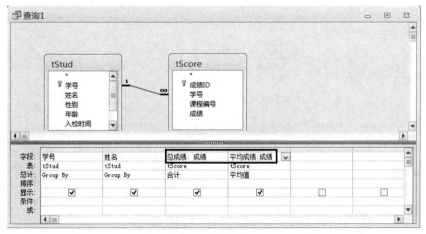

图 3-101　修改字段名称

（4）单击"运行"按钮查看结果→在快速访问工具栏中单击"保存"按钮→修改查询的名称为"tS7"→单击"确定"按钮→完成查询的创建。

8．创建查询"tS8"，查询每个班的平均分，显示"班级号""平均成绩"（"班级号"为"学号"的前 8 位）。

【操作提示】

（1）打开"学生管理.accdb"→使用查询设计视图创建查询→在"显示表"对话框中添加表"tScore"→双击"tScore"表的"学号""成绩"字段。

（2）"查询工具－设计"选项卡→"显示/隐藏"选项组→"汇总"按钮→在"成绩"字段的"总计"行中选择"平均值"，如图 3-102 所示。

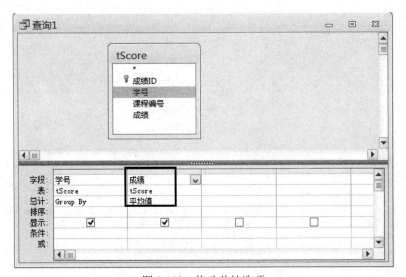

图 3-102　修改总计选项

（3）将"学号"字段的字段行的"学号"修改为"班号:Left([学号],8)"→将"成绩"字段的字段行的"成绩"修改为"平均成绩：成绩"，如图 3-103 所示。

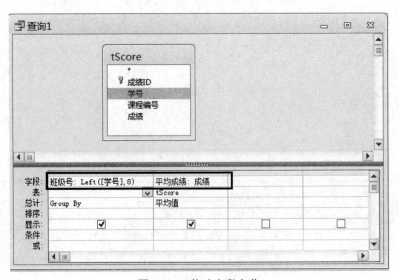

图 3-103　修改字段名称

（4）单击"运行"按钮查看结果→在快速访问工具栏中单击"保存"按钮→修改查询的名称为"tS8"→单击"确定"按钮→完成查询的创建。

操作内容 2　交叉表查询和参数查询

1. 使用查询向导创建"tStud"表的交叉表查询，查询每个毕业学校的男女生人数。

【操作提示】

（1）打开"学生管理.accdb"→使用交叉表查询向导创建查询→在"交叉表查询向导"对话框中选择"表：tStud"，如图 3-104 所示。

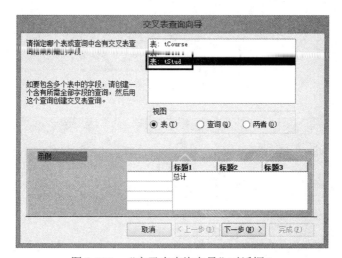

图 3-104　"交叉表查询向导"对话框 1

（2）选择行标题为"毕业学校"字段（见图 3-105）→选择"性别"字段为列标题（见图 3-106）→选择对"学号"字段进行计数，即"Count"，并取消勾选"是，包括各行小计"，如图 3-107 所示。

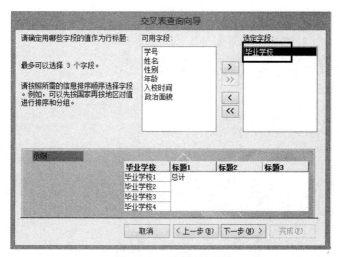

图 3-105　选择行标题

（3）修改查询名称为"tStud_交叉表"→单击"确定"按钮→完成查询的创建，如图 3-108 所示→查询结果如图 3-109 所示。

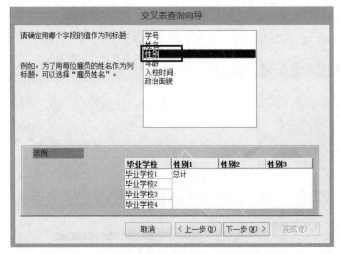

图 3-106 选择列标题

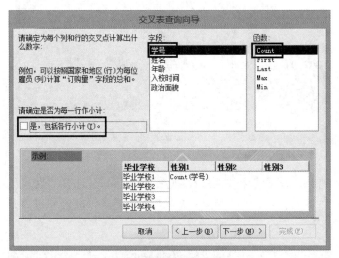

图 3-107 选择字段值

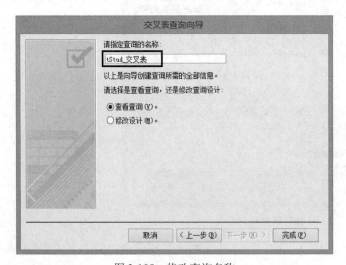

图 3-108 修改查询名称

毕业学校	男	女
北大附中	1	3
北京22中	2	2
北京23中	5	1
北京80中	7	4
北京8中	1	
北京二中	3	5
北京五中	4	2
北京一中	2	3
朝阳外国语学	4	
汇文中学	3	2
清华附中	1	4
首师大附中	7	4

图 3-109 查询结果

2．使用设计视图创建交叉表查询“学生详细成绩查询”，查询学生各科成绩。

【操作提示】

（1）打开“学生管理.accdb”→使用设计视图创建一个查询→在“显示表”对话框中选择“tStud”“tCourse”“tScore”表→依次双击“tStud”表的“姓名”字段→“tCourse”表中的“课程名”字段→“tScore”的“成绩”字段→添加到设计网格中。

（2）“查询工具－设计”选项卡→“查询类型”选项组→“交叉表”按钮→在“姓名”字段的“交叉表”行选择“行标题”→在“课程名”字段的“交叉表”行选择“列标题”→在“成绩”字段的“交叉表”行选择“值”→在“成绩”字段的“总计”行选择“合计”，如图 3-110 所示。

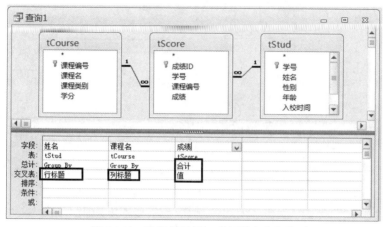

图 3-110　选择行标题、列标题和字段值

（3）单击“运行”按钮查看结果（见图 3-111）→在快速访问工具栏中单击“保存”按钮→修改查询的名称为“学生详细成绩查询”→单击“确定”按钮→完成查询的创建。

姓名	高等数学	计算机原理	专业英语
毕进宇	76	72	82
陈风			56
陈皓	87	56	76
陈建平	66	55	67
陈进			75
陈文欣	81	75	67
戴桂兰	45	78	45
刁政	81	92	83
董国庆	67	76	90
富颖	72	56	78
郝建设	67.5	77	98
何鸣宇	88	72	56
胡珊珊	67	56	98
黄骄夏	87	62	81

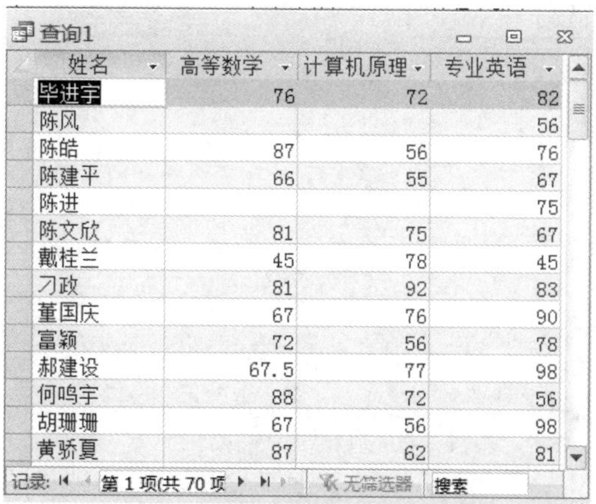

图 3-111　查询结果

3．创建一个参数查询“学生入校成绩查询”，要求输入入校时间，显示大于该入校时间的学生的基本信息。

【操作提示】

（1）打开“学生管理.accdb”→使用查询设计视图创建查询→添加表“tStud”→字段选

择"学号""姓名""性别""入校时间""毕业学校"→在"入校时间"字段的"条件"行中输入">[请输入比较的入校时间：]"，如图 3-112 所示。

图 3-112 输入条件

（2）"查询工具－设计"选项卡→"显示/隐藏"选项组→"参数"按钮→弹出"查询参数"对话框→在"参数"列输入"请输入比较的入校时间："→"数据类型"列选择"日期/时间"→单击"确定"按钮→完成参数的创建，如图 3-113 所示。

（3）单击"运行"按钮→弹出"输入参数值"对话框→输入需要比较的入校日期，如"2000-9-10"→单击"确定"按钮（见图 3-114）→运行效果如图 3-115 所示→在快速访问工具栏中单击"保存"按钮→修改查询的名称为"学生入校时间查询"→单击"确定"按钮→完成查询的创建。

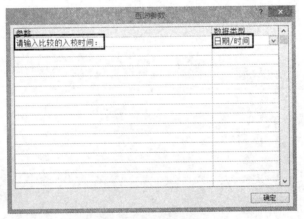

图 3-113 添加参数

图 3-114 输入参数

图 3-115　查询结果

4．创建一个多参数查询"学生入校时间段查询"，要求查询入校时间介于任意两个时间之间的学生的基本信息。

【操作提示】

（1）打开"学生管理.accdb"→使用查询设计视图创建一个查询→添加表"tStud"→选择字段"学号""姓名""性别""入校时间""毕业学校"→在"入校时间"字段的"条件"行中输入"Between　[请输入较早的入校时间：] and [请输入较晚的入校时间：]"，如图 3-116 所示。

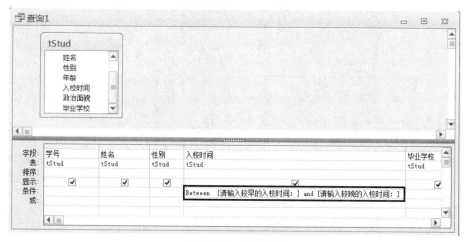

图 3-116　输入条件

（2）"查询工具－设计"选项卡→"显示/隐藏"选项组→"参数"按钮→弹出"查询参数"对话框（在这里添加两个参数）→在"参数"列输入"请输入较早的入校时间："和"请输入较晚的入校时间："→在"数据类型"列都选择"日期/时间"→单击"确定"按钮→完成参数的创建，如图 3-117 所示。

（3）单击"运行"按钮→弹出"输入参数值"对话框→根据需要输入比较的入校日期，如"2000-9-10"和"2003-9-10"→单击"确定"按钮（见图 3-118 和图 3-119）→运行结果如图 3-120 所示→在快速访问工具栏中单击"保存"按钮→修改查询的名称为"学生入校时间段查询"→单击"确定"按钮→完成查询的创建。

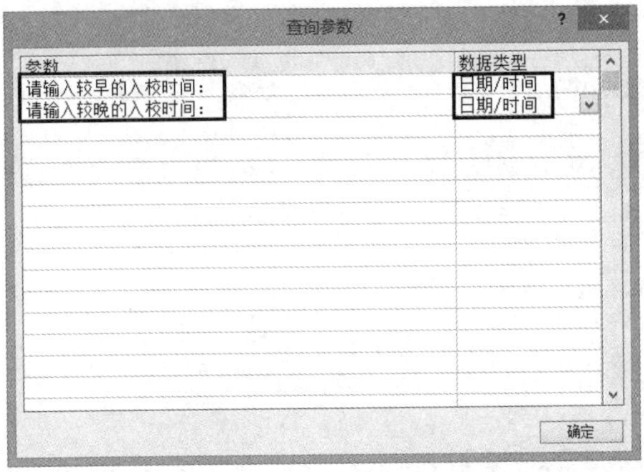

图 3-117　添加参数

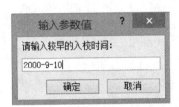

图 3-118　输入参数一

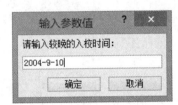

图 3-119　输入参数二

学号	姓名	性别	入校时间	毕业学校
2001102305	李红	女	2001/9/5	北京一中
2001102306	王锦	男	2001/9/6	北京二中
2001102307	靳晖	女	2001/9/7	首师大附中
2001102308	纪辉	男	2001/9/8	北京8中
2001102309	周毅	男	2001/9/9	北京二中
2001102310	邵林铁	男	2001/9/10	北京22中
2001102311	张洪涛	男	2001/9/11	首师大附中
2001102312	毕进宇	男	2001/9/12	北京五中
2001102313	张劲肇	男	2001/9/13	北京23中
2001102314	何鸣宇	男	2001/9/14	北京23中
2001102315	薛巍	男	2001/9/15	北京23中
2001102316	吕品	男	2001/9/16	北京23中
2001102317	廖锋	男	2001/9/17	北京五中
2001102318	张力	男	2001/9/18	朝阳外国语学
2004102101	王希	男	2004/9/1	首师大附中
2004102102	王冠	男	2004/9/4	首师大附中
2004102103	陈风	女	2004/9/1	首师大附中
2004102104	张进	女	2004/9/2	北京二中
2004102105	张保国	男	2004/9/2	朝阳外国语学

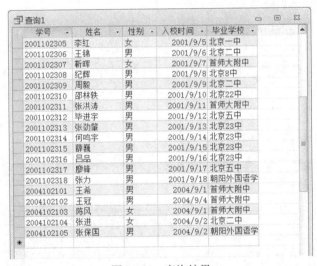

图 3-120　查询结果

操作内容 3　操作查询

1. 使用生成表查询创建新表，要求把年龄在 18 岁以上的学生的基本信息保存到名为“18 岁以上学生”的新表中，查询保存为“生成表查询”。

【操作提示】

（1）打开“学生管理.accdb”→使用查询设计视图创建查询→添加表“tStud”→单击“查询工具－设计”选项卡→“查询类型”选项组→“生成表”按钮→弹出“生成表”对话框→输入新表的名称“18 岁以上学生”→单击“确定”按钮，如图 3-121 所示。

图 3-121　输入新表的名称

（2）双击"tStud"表中的"学号""姓名""性别""年龄""入校时间""毕业学校"字段→添加到设计网格中→在"年龄"字段的"条件"行中输入">18"，如图 3-122 所示。

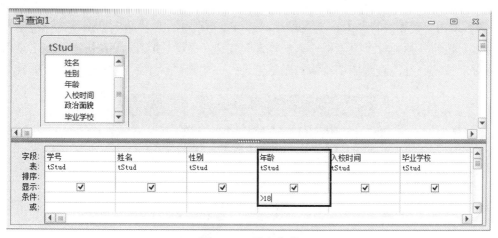

图 3-122　输入条件

（3）单击"数据表视图"按钮→看数据是否是需要的，如果是则单击"设计视图"按钮→单击"运行"按钮，弹出一个提示框→单击"是"按钮（见图 3-123）→在快速访问工具栏中单击"保存"按钮→修改查询的名称为"生成表查询"→单击"确定"按钮→完成查询的创建。

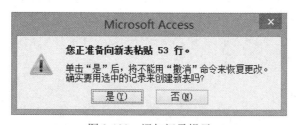

图 3-123　添加记录提示

2．使用删除查询，从"tScore"表中删除成绩低于 60 分的学生的信息，将查询保存为"删除查询"。

【操作提示】

（1）打开"学生管理.accdb"→使用查询设计视图创建一个查询→添加表"tScore"→单击"查询工具－设计"选项卡→"查询类型"选项组→"删除"按钮。

（2）双击"tScore"表的"成绩"字段→添加到设计网格中→在"成绩"字段的"条件"行中输入"<60"，如图 3-124 所示。

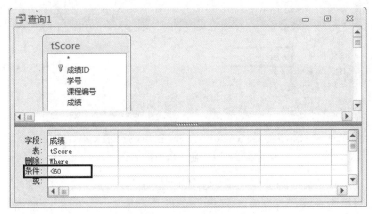

图 3-124　输入删除条件

（3）单击"数据表视图"按钮→看数据是否是需要的，如果是则单击"设计视图"按钮→"运行"按钮，弹出一个提示框→单击"是"按钮（见图 3-125）→在快速访问工具栏中单击"保存"按钮→修改查询的名称为"删除查询"→单击"确定"按钮→完成查询的创建。

图 3-125　删除记录提示

3. 使用更新查询，更新"tScore"表中的成绩，让每个成绩都增加 10 分，将查询保存为"更新查询"。

【操作提示】

（1）打开"学生管理.accdb"→使用查询设计视图创建一个查询→添加表"tScore"→单击"查询工具－设计"选项卡→"查询类型"组→"更新"按钮。

（2）双击"tScore"表的"成绩"字段→添加到设计网格中→在"成绩"字段的"更新到"行中输入"[成绩]+10"，如图 3-126 所示。

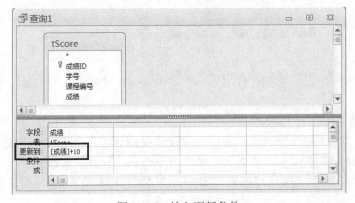

图 3-126　输入更新条件

（3）单击"数据表视图"按钮→看数据是否是需要的，如果是则单击"设计视图"按钮→单击"运行"按钮，弹出一个提示框→单击"是"按钮（见图 3-127）→在快速访问工具栏中单击"保存"按钮→修改查询的名称为"更新查询"→单击"确定"按钮→完成查询的创建。

图 3-127　更新记录提示

4．使用追加表查询，追加成绩大于 80 分的学生的信息到"80 分以上"数据表中（先建立"80 分以上"数据表），查询保存为"追加查询"。

【操作提示】

（1）打开"学生管理.accdb"→先建立"80 分以上"表→复制表"tScore"建立表"80 分以上"→粘贴选项选择"仅结构"→单击"确定"按钮→完成表的复制，如图 3-128 所示。

图 3-128　复制"tScore"表

（2）使用查询设计视图创建一个查询→添加表"tScore"→单击"查询工具-设计"选项卡"查询类型"组"追加"按钮→弹出如图 3-129 所示对话框→"表名称"选择"80 分以上"表→单击"确定"按钮。

图 3-129　选择追加表

（3）双击"tScore"表的"*"和"成绩"字段→添加所有字段到设计网格中→在"成绩"字段的"条件"行中输入">=80"→删除"成绩"字段的"追加到"行中的"成绩"，如图 3-130 所示。

（4）单击"数据表视图"按钮→看数据是否是需要的，如果是则单击"设计视图"按钮→单击"运行"按钮，弹出一个提示框→单击"是"按钮（见图 3-131）→在快速访问工具栏中单击"保存"按钮→修改查询的名称为"追加查询"→单击"确定"按钮→完成查询的创建。

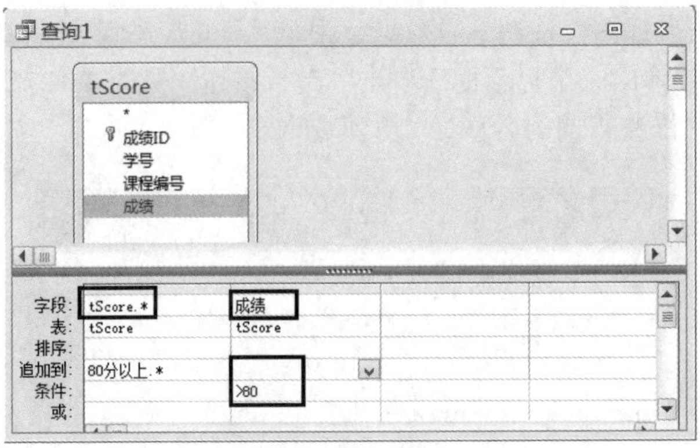

图 3-130 添加字段和条件

图 3-131 追加记录提示

课后练习

一、单选题

1. 查询 "书名" 字段中包含 "等级考试" 字样的记录，应该使用的条件是（　　）。

   A．Like "等级考试"　　　　　　　　B．Like "*等级考试"

   C．Like "等级考试*"　　　　　　　　D．Like "*等级考试*"

2. 若要将 "产品" 表中所有供货商是 "ABC" 的产品单价下调 50，则正确的 SQL 语句是（　　）。

   A．UPDATE 产品 SET 单价=50 WHERE 供货商="ABC"

   B．UPDATE 产品 SET 单价=单价-50 WHERE 供货商="ABC"

   C．UPDATE FROM 产品 SET 单价=50 WHERE 供货商="ABC"

   D．UPDATE FROM 产品 SET 单价=单价-50 WHERE 供货商="ABC"

3. "学生表" 中有 "学号" "姓名" "性别" "入学成绩" 等字段。执行如下 SQL 命令后的结果是（　　）。

   Select avg(入学成绩)From 学生表 Group by 性别

   A．计算并显示所有学生的平均入学成绩

   B．计算并显示所有学生的性别和平均入学成绩

   C．按性别顺序计算并显示所有学生的平均入学成绩

   D．按性别分组计算并显示不同性别学生的平均入学成绩

4. 在 Access 数据库中使用向导创建查询，其数据可以来自（　　）。

   A．多个表　　　　B．一个表　　　　C．一个表的一部分　　　　D．表或查询

5. 若查询的设计视图如图 3-132 所示，则查询的功能是（　　）。

图 3-132　选择查询

A. 设计尚未完成，无法进行统计

B. 统计班级信息仅含 Null(空)值的记录个数

C. 统计班级信息不包括 Null(空)值的记录个数

D. 统计班级信息包括 Null(空)值全部记录个数

6. 在 SQL 语言的 SELECT 语句中，用于对结果进行分组的子句是（　　）。

A. FROM　　　　　　B. WHILE　　　　C. GROUP BY　　　　D. ORDER BY

7. 有商品表内容如表 3-20 所示。

表 3-20　商品表信息

部门号	商品号	商品名称	单价	数量	产地
40	0101	A 牌电风扇	200.00	10	广东
40	0104	A 牌微波炉	350.00	10	广东
40	0105	A 牌微波炉	600.00	10	广东
20	1032	C 牌传真机	1000.00	20	上海
40	0107	D 牌微波炉_A	420.00	10	北京
20	0110	A 牌电话机	200.00	50	广东
20	0112	B 牌手机	2000.00	10	广东
40	0202	A 牌电冰箱	3000.00	2	广东
30	1041	B 牌计算机	6000.00	10	广东
30	0204	C 牌计算机	10000.00	10	上海

执行 SQL 命令：

　　SELECT 部门号,MAX(单价*数量)FROM 商品表　GROUP BY 部门号;

查询结果的记录数是（　　）。

A. 1　　　　　　　B. 3　　　　　　C. 4　　　　　　D. 10

8. 在 Access 数据库中创建一个新表，应该使用的 SQL 语句是（　　）。

A. CREATE TABLE　　　　　　　　B. CREATE INDEX

C. ALTER TABLE　　　　　　　　　D. CREATE DATABASE

9．与下面这条查询语句

　　　　SELECT　TAB1.*　FROM　TAB1　WHERE　InStr([简历],"篮球")<> 0

功能等价的语句是（　　）。

　　A．SELECT TAB1.* FROM TAB1 WHERE TAB1.简历　Like "篮球"

　　B．SELECT TAB1.* FROM TAB1 WHERE TAB1.简历　Like "*篮球"

　　C．SELECT TAB1.* FROM TAB1 WHERE TAB1.简历　Like "*篮球*"

　　D．SELECT TAB1.* FROM TAB1 WHERE TAB1.简历　Like "篮球*"

10．在输入查询条件时，日期型数据应该使用适当的分隔符括起来，正确的分隔符是（　　）。

　　A．*　　　　　　　B．%　　　　　　　C．&　　　　　　　D．#

11．如果在查询条件中使用通配符"[]"，其含义是（　　）。

　　A．错误的使用方法　　　　　　B．通配任意长度的字符

　　C．通配不在括号内的任意字符　　D．通配方括号内任一单个字符

12．下列关于查询"设计视图"设计网格各行作用的叙述中，错误的是（　　）。

　　A．"总计"行是用于对查询的字段进行求和

　　B．"表"行设置字段所在的表或查询的名称

　　C．"字段"行表示可以在此输入或添加字段的名称

　　D．"条件"行用于输入一个条件来限定记录的选择

13．若在查询条件中使用了通配符"!"，它的含义是（　　）。

　　A．通配任意长度的字符　　　　B．通配不在括号内的任意字符

　　C．通配方括号内任一单个字符　　D．错误的使用方法

14．下面显示的是查询"设计视图"的设计网格部分，从所显示的内容中可以判断出该查询要查找的是（　　）。

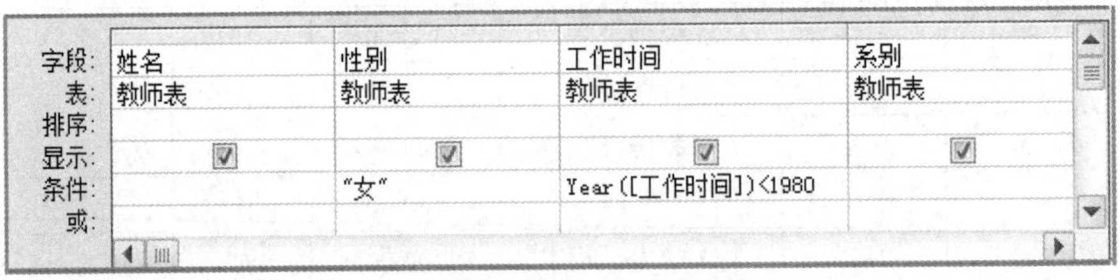

字段:	姓名	性别	工作时间	系别
表:	教师表	教师表	教师表	教师表
排序:				
显示:	☑	☑	☑	☑
条件:		"女"	Year([工作时间])<1980	
或:				

图 3-133　查询"设计视图"的"设计网络"部分

　　A．性别为"女"并且 1980 年以前参加工作的记录

　　B．性别为"女"并且 1980 年以后参加工作的记录

　　C．性别为"女"或者 1980 年以前参加工作的记录

　　D．性别为"女"或者 1980 年以后参加工作的记录

15．在成绩中要查找成绩≥80 且成绩≤90 的学生，正确的条件表达式是（　　）

　　A．成绩 Between　80　And　90　　B．成绩 Between　80　To　90

　　C．成绩 Between　79　And　91　　D．成绩 Between　79　To　91

16．在 Access 中已经建立了"学生"表，若查找"学号"是"S00001"或"S00002"的记录，应在查询"设计视图"的"条件"行中输入（　　）。

　　A．"S00001" and "S00002"　　　　B．not("S00001" and "S00002")

　　C．in("S00001" , "S00002")　　　　D．not in("S00001" , "S00002")

17. 如果在数据库中已有同名的表，要通过查询覆盖原来的表，应该使用的查询类型是（　　）。

　　A．删除　　　　　B．追加　　　　　C．生成表　　　　　D．更新

二、填空题

1. 使用查询向导查询"tCourse"表的"课程编号""课程名""学分"字段。查询向导在_____选项卡里。

2. 使用查询向导查询"tStud"表的"学号""姓名"字段，"tCourse"表的"课程名""课程类别"字段，"tScore"表的"成绩"字段。

　　（1）建立多表查询前先要做_____，再建立_____。

　　（2）建关系前先要建_____。

　　（3）"tStud"与"tScore"表的关系是_____关系，"tCourse"与"tScore"表的关系是_____关系。

3. 使用查询设计视图查询"tCourse"表的"课程编号""课程名""学分"字段。查询设计视图在_____选项组里。

4. 使用查询设计视图查询"tStud"表的"学号""姓名"字段，"tCourse"表的"课程名""课程类别"字段，"tScore"表的"成绩"字段。选取字段的方法有：_____，_____，_____。

5. 查询所有男生的"姓名""性别""课程名""成绩"字段。在_____字段下设置条件为_____。

6. 查询选修"高等数学"课程的学生的"学号""课程名""学分""成绩"字段，按成绩进行升序排序。

　　（1）在_____字段下设置条件为_____。

　　（2）在_____字段下设置排序为_____。

7. 查询并显示姓名是三个字的男女生各自的人数，字段标题为"性别"和"人数"。

　　（1）该查询需要用到_____功能，根据_____进行分组。

　　（2）在姓名字段下设置条件为_____。

　　（3）"人数"字段是对_____字段进行统计，用到的函数是_____。

8. 查询各门课程的平均成绩，显示"课程名"和"平均成绩"字段。该查询根据_____进行分组。

9. 使用生成表查询创建新表，要求把选修了"高等数学"的学生的基本信息保存到名为"高等数学选修表"的新表中。

　　（1）生成表查询的按钮在_____选项卡中。

　　（2）新表是否需要事先建立？_____。

10. 使用删除查询，从"tStud"中删除年龄低于 17 岁的学生的信息。

　　删除的条件是_____。

11. 使用更新查询，更新"tStud"表的性别，让每个性别后都增加一个"性"字，即"男性"或"女性"。

　　更新的条件是_____。

12. 创建一个追加查询，将年龄最大的 5 个学生的基本信息追加到"学生信息（top5）"

数据表中。

（1）“学生信息（top5）”数据表是否需要事先建立？__________

（2）“学生”表与“学生信息（top5）”表的字段间是什么关系？__________。

（3）怎么找年龄最大的 5 个学生？

____。

13．使用设计视图创建一个交叉表查询，统计并显示每个班每门课程的平均成绩（成绩保留 2 位小数），结果如图 3-134 所示。

查询1

班级编号	高等数学	计算机原理	专业英语
19991021	67.97	72.71	80.65
20001022	72.7	73.25	75.4
20011023	74.35	76.41	73.53
20041021			72.4
20051021			71
20061021			67.2

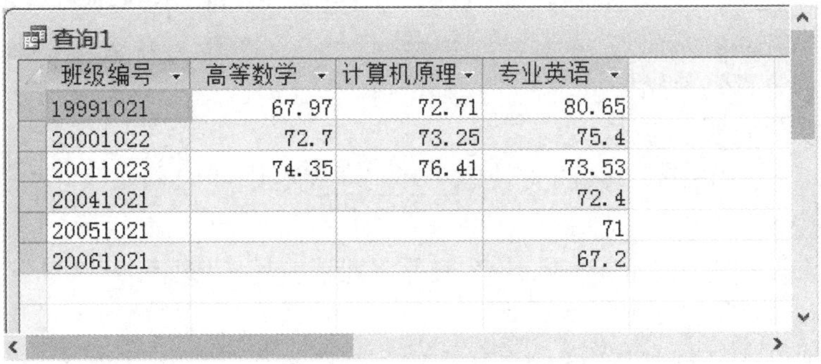

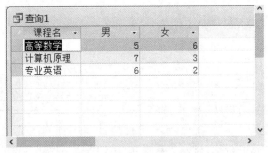

图 3-134　查询结果

（1）__________字段为行标题，__________字段为列标题，__________字段为值字段。

（2）怎么让平均成绩保留两位小数？__________。

14．使用设计视图创建一个交叉表查询，统计并显示每门课程男女生不及格的人数，结果如图 3-135 所示。

查询1

课程名	男	女
高等数学	5	6
计算机原理	7	3
专业英语	6	2

图 3-135　查询结果

（1）__________字段为行标题，__________字段为列标题，__________字段为值字段。

（2）__________字段的条件为__________。

15．创建一个参数查询，运行查询时，屏幕上显示提示信息：“请输入要比较的分数：”，输入要比较的分数后，查询平均成绩大于输入分数值的学生信息，要求显示“学号”“姓名”“平均成绩”字段。

“成绩”字段的条件是__________。

16．创建一个参数查询，运行查询时，屏幕上显示提示信息：“请输入课程名称：”，输入课程名称后，查询选择该课程的学生的基本信息，要求显示“学号”“姓名”“课程名”“成绩”字段。

“课程名”字段的条件是__________。

第4章 窗体的运用

教学目标

1. 了解窗体的分类及其组成结构
2. 掌握使用向导建立 Access 2010 窗体的方法
3. 掌握在窗体设计视图中完成各种设计的操作步骤
4. 掌握窗体中控件的使用方法
5. 掌握子窗体的设计方法
6. 掌握使用窗体处理数据的方法

4.1 窗体概述

窗体是 Access 中最重要的对象，主要用来展示数据。

4.1.1 窗体的功能

窗体是应用程序与用户之间的接口，是创建数据库应用系统最基本的对象。用户通过使用窗体来实现数据维护、程序流程控制等人机交互功能。简单来说，窗体的功能为：数据输入和编辑；信息显示和数据打印；程序流程控制。

4.1.2 窗体的视图

窗体的视图主要用来查看窗体的最终效果，Access 的窗体有 5 种视图，即"设计"视图、"窗体"视图、"数据表"视图、"数据透视表"视图和"数据透视图"视图。"设计"视图是用于创建窗体或修改窗体的窗口；"窗体"视图是显示记录数据的窗口，主要用来添加或修改表中的数据；"数据表"视图是以表格的形式显示表、查询或窗体数据的窗口。"数据透视表"视图使用"Office 数据透视表"组件，易于进行交互式数据分析；"数据透视图"视图使用"Office Chart 组件"，帮助用户创建动态的交互图表。

4.1.3 窗体的种类

窗体按表现形式可以分为纵栏式窗体、表格式窗体、数据表窗体、主/子窗体、数据透视表窗体、数据透视图窗体 6 种基本类型。

1. 纵栏式窗体

纵栏式窗体中一个记录按列分隔，每列左边显示字段，右边显示字段内容，如图 4-1 所示。

2. 表格式窗体

一个窗体通常只显示一个记录，如果一个记录的内容较少，就可以建立表格式窗体，可以在一个窗体中显示多条记录。如图 4-2 所示。

图 4-1　纵栏式窗体

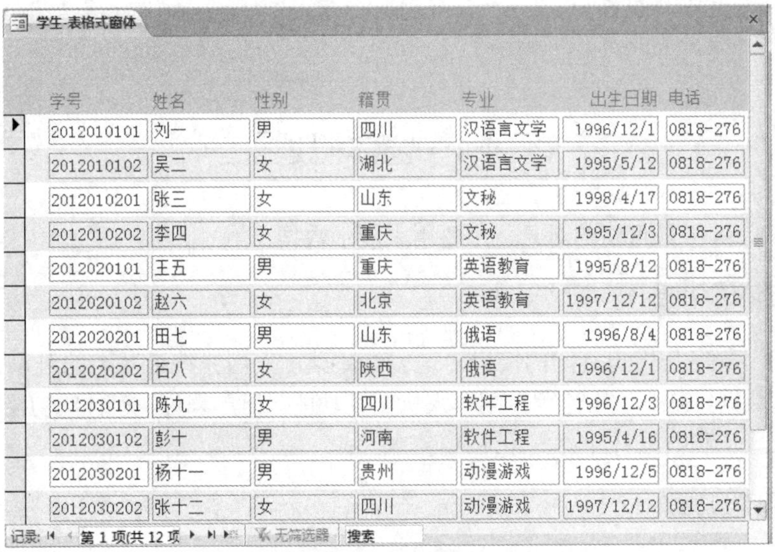

图 4-2　表格式窗体

3. 数据表窗体

从外观上看，数据表窗体与查询显示的界面相同，它的主要作用是作为一个窗体的子窗体，如图 4-3 所示。

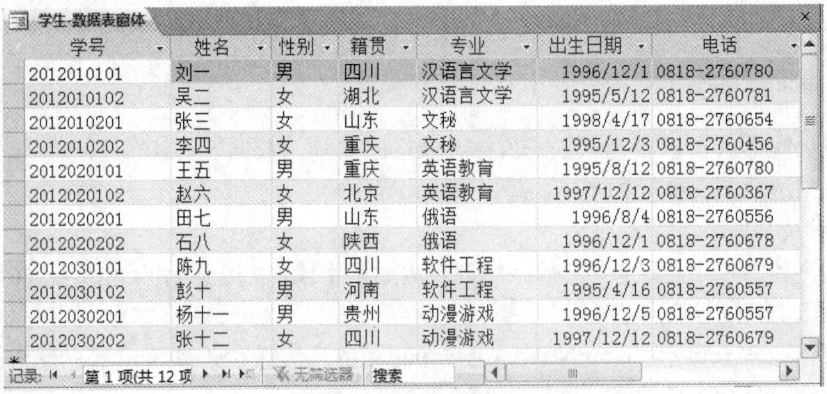

图 4-3　数据表窗体

4. 主/子窗体

窗体中的窗体称为子窗体，包含子窗体的基本窗体称为主窗体，主窗体和子窗体通常用来表示一对多的关系。用户还可以在子窗体中创建二级子窗体，即子窗体还可以包含子窗体。主窗体只能显示为纵栏式的窗体，子窗体可以显示为数据表窗体，也可以显示为表格式窗体，如图 4-4 所示。

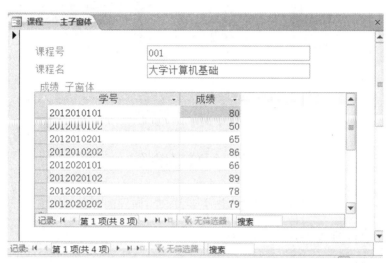

图 4-4　主/子窗体

注意：创建主/子窗体前要确定作为主窗体的数据源与作为子窗体的数据源之间存在着"一对多"的关系。

5. 数据透视表窗体

数据透视表是将数据表或查询转化为 Excel 的分析表，通过表格对数据进行操作，如图 4-5 所示。

姓名	大学计算机基础 成绩	大学体育 成绩	大学英语 成绩	数据结构 成绩	总计 无汇总信息
陈九		84	77	37	
李四	86	89	68		
刘一	80	88	92		
彭十		78	87	86	
石八	79	76	76		
田七	78	85	83		
王五	66	78	78		
吴二	50	56	45		
杨十一		91	80	87	
张三	65	88	35		
张十二		85	68	90	
赵六	89	90	85		
总计					

图 4-5　数据透视表窗体

6. 数据透视图窗体

数据透视图窗体用于显示数据表和数据的图形分析窗体，允许通过拖动字段和项，或通过显示和隐藏字段的下拉列表中的项，查看不同级别的详细信息或指定布局，如图 4-6 所示。

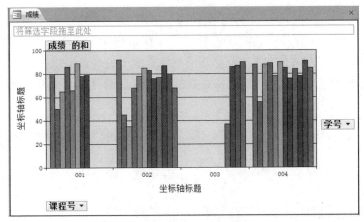

图 4-6　数据透视图窗体

4.2　窗体的创建

创建窗体的方法很多，但最常用的方法主要是使用向导创建和使用窗体设计器创建窗体。

4.2.1　使用向导创建窗体

窗体向导能够基于一个或多个表，或者基于查询创建窗体。向导会要求选择所需的数据源、字段、版式和格式信息。

例 4.1　在"教务管理"数据库中，使用"窗体向导"创建"学生"窗体。

【操作步骤】

（1）打开"教务管理"数据库→单击"创建"选项卡→"窗体"组→单击"窗体向导"按钮→打开"窗体向导"对话框，如图 4-7 所示。

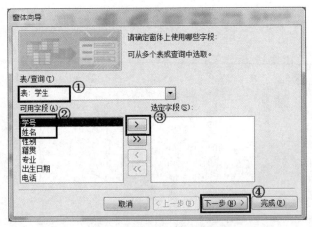

图 4-7　"窗体向导"对话框

（2）在"表/查询"下拉列表框中选择"表：学生"→在"可用字段"列表框中选择需要在窗体中显示的字段→使用"＞"按钮逐个添加字段，使用"＞＞"按钮添加全部字段到"选定字段"列表框中（"＜"与"＜＜"反向处理）→单击"下一步"按钮，如图 4-7 中①、②、③、④所示。

（3）选择窗体布局样式，这里选择"纵栏式"→单击"下一步"按钮，如图4-8中⑤、⑥所示。

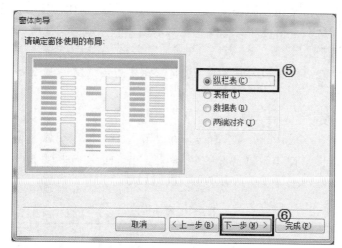

图 4-8　窗体布局选择

（4）指定窗体标题，单击"完成"按钮，如图4-9中⑦、⑧所示。

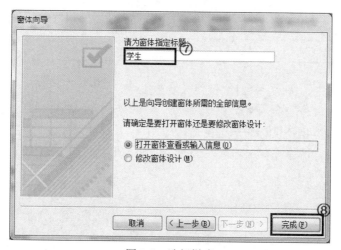

图 4-9　选择样式

（5）窗体结果如图4-10所示，保存修改。

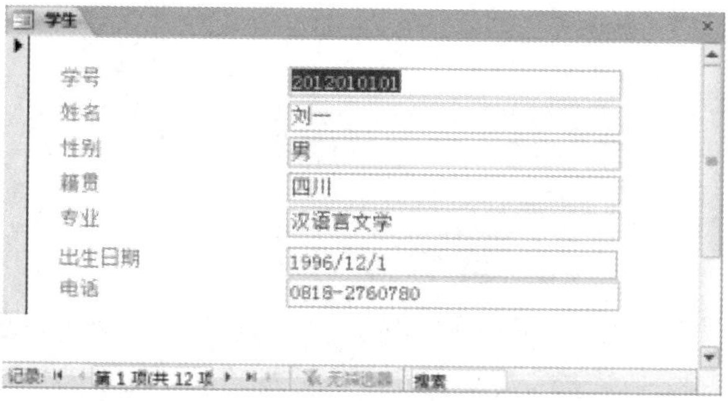

图 4-10　学生窗体

4.2.2　使用窗体设计视图创建窗体

虽然使用"窗体向导"可以方便地创建窗体，但这只能设计简单的窗体，不能满足复杂窗体的需要。对于用户的一些特殊要求或设置复杂窗体时，则需要使用设计视图创建窗体。

1．窗体设计视图

在导航窗格中，在"创建"选项卡的"窗体"组中单击"窗体设计"按钮 ，就会打开窗体的"设计视图"。

（1）窗体的组成

一个窗体由 5 部分构成，每个部分称为一个"节"，这 5 个节分别是窗体页眉、页面页眉、主体、页面页脚和窗体页脚，其功能如表 4-1 所示。页面页眉/页脚、窗体页眉/页脚可根据用户需要成对添加或删除，主体是窗体必不可少的组成部分。

表 4-1　窗体构成

名称	功能
窗体页眉	用于设置窗体的标题、使用说明或执行其他任务的命令按钮，一般位于窗体顶部
窗体页脚	用于显示内容、使用命令的操作说明或执行其他任务的命令按钮等，一般位于窗体底部
主　　体	通常用于显示记录数据，可以显示一条或多条数据
页面页眉	用于设置窗体打印时的页头信息，如标题、徽标等
页面页脚	用于显示打印时的页脚信息

注意：默认情况下，窗体"设计"视图只显示主体节，其他 4 个节需要选择右键快捷菜单下的"窗体页眉/页脚"命令和"页面页眉/页脚"命令，才能在窗体"设计视图"中显示出来。

窗体各个节的分界横条被称为节选择器，如图 4-11 所示。使用它可以选定节，上下拖动它可以调节节的高度，窗体的左上角最左侧的小方块，是"窗体选择器"按钮，单击它可以选择整个窗体。

图 4-11　窗体组成

注意："窗体页眉/页脚"和"页面页眉/页脚"只能成对地添加或删除。如果只需要页眉，可将页脚的高度设置为 0；如果只需要页脚，可将页眉的高度设置为 0。如果删除页眉、页脚，则其中包含的控件同时被删除。要先删除控件，才能把页眉、页脚的高度设置为 0。

（2）"窗体设计工具"选项卡

在打开"窗体设计"视图后，出现了"窗体设计工具"选项卡，这个选项卡由"设计""排列""格式"子选项卡组成，如图 4-12 至图 4-14 所示。

图 4-12　"设计"子选项卡

图 4-13　"排列"子选项卡

图 4-14　"格式"子选项卡

（3）"设计"选项卡

1）"视图"组

"视图"组只有一个下拉按钮，它是带有下拉菜单的按钮。在此可以选择相应视图，在窗体的不同视图之间切换。

2）"主题"组

主题是把 PowerPoint 所使用的主题概念应用到 Access，在这里特指 Access 数据库系统的视觉外观，主题决定整个系统的视觉样式，"主题"组中包括"主题""颜色""字体"三个按钮，单击每一个按钮都可以进一步打开相应的下拉列表。在列表中选择命令进行相应的设置都可以使窗体改变外观。

3）"控件"组

"控件"组是设计窗体的主要工具，由多个控件组成，如图 4-15 所示。单击"控件"组右侧下拉箭头可以打开控件对话框，对话框中显示了所有的控件。

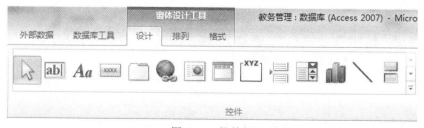

图 4-15　控件组

4）"页眉/页脚"组和"工具"组

用于设置窗体页眉和页脚，具体功能如表 4-2，表 4-3 所示。

表 4-2　页眉/页脚命令按钮

名称	按钮	功能
徽标	徽标	美化窗体的工具，用于具有公司徽标的个性化窗体
标题	标题	用于创建窗体标题，可以快速地完成标题创建
日期和时间	日期和时间	在窗体中插入日期

表 4-3　工具命令按钮

名称	按钮	功能
添加现有字段	添加现有字段	显示表的字段列表，可以添加到窗体中
属性表	属性表	显示窗体或窗体视图上某个对象的属性对话框
Tab 键次序	Tab 键次序	改变窗体上控件获得焦点的次序
新窗口中的子窗体	新窗口中的子窗体	在新窗口中添加子窗体
查看代码	查看代码	显示当前窗体的 VBA 代码
将窗体的宏转换为 Visual Basic 代码	将窗体的宏转换为 Visual Basic 代码	将窗体的宏转换为 VBA 代码

（4）"排列"选项卡

1）"表"组

表中包括网格线、堆积、表格和删除布局 4 个按钮，具体功能如表 4-4 所示。

表 4-4　表命令按钮

按钮名称	按钮	功能
网格线	网格线	用于设置窗体中数据表的网格线的形式，共有水平、垂直等 6 种类型
堆积	堆积	创建一个类似于纸质表单的布局，其中标签位于每个字段左列
表格	表格	创建一个类似于电子表格的布局，其中标签位于顶部，数据位于标签下面的列中
删除布局	删除布局	删除应用于控件的布局

2）"行/列"组

该组命令按钮的功能类似于 Word 表格中插入行列的命令按钮。

3）"合并/拆分"组

将所选的控件拆分和合并，拆分和合并是 Access 新增的功能，使用这个功能可以像 Word 里面拆分单元格一样拆分控件。

4）"移动"组

使用这个功能可以快速地移动控件在窗体之间的相对位置。

5）"位置"组

用于调整控件位置。

6）"调整大小和排序"组

用于调整控件的排列和所在的图层位置。

2. 使用设计视图创建窗体

不同窗体所包含的对象是不同的，其创建方法也不同，但步骤大体相同。使用设计视图创建窗体的步骤如下：

（1）打开窗体设计视图，在导航窗格中单击"创建"选项卡的"窗体"组中的"窗体设计"按钮 ，就会打开窗体的"设计视图"。

（2）确定数据源。要创建一个窗体，必须制定一个表或查询作为窗体的数据源。确定窗体的数据源有两种途径：

1）在图 4-7 所示的"窗体向导"对话框中的"表/查询"下拉列表框中选择一个表或查询。

2）在"窗体设计"选项卡的"记录源"下拉列表框中选择一个表或查询作为数据源。

（3）在窗体上添加控件并修改控件的属性。

4.3 窗体上的控件

控件是用于在窗体上显示数据、执行操作、装饰窗体的对象。

4.3.1 控件功能介绍

根据 Access 控件在窗体中作用的不同，可分为以下 3 种类型：绑定型、未绑定型与计算型。绑定型控件主要用于显示、输入、更新数据库中的字段；未绑定型控件没有数据源，可以用来显示信息、线条、矩形或图像；计算型控件用表达式作为数据源，表达式可以利用窗体或报表所引用的表或查询中的数据，也可以是窗体或报表上的其他控件中的数据。

1. 标签

标签主要是用来在窗体或报表上显示说明性的文本，例如窗体的标题信息（独立标签）。它没有数据源，不显示字段或表达式的值，显示的内容是固定不变的。在创建标签外的其他控件时，都将同时创建一个标签控件（称为附加标签），用以说明该控件的作用，标签上显示了与之相关联的字段标题的文本。图 4-16 中的"学号"即为标签控件。

2. 文本框

文本框主要是用来显示、输入、编辑数据，并显示计算结果，它是一种最常用的交互式控件。按照用途不同，可以将文本框分为 3 种类型：绑定型、未绑定型与计算型。

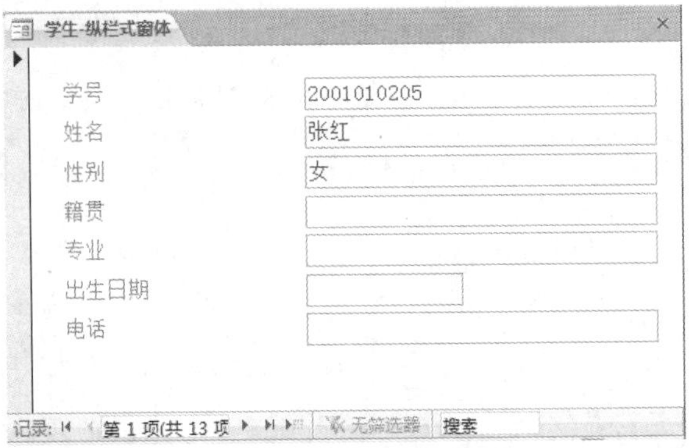

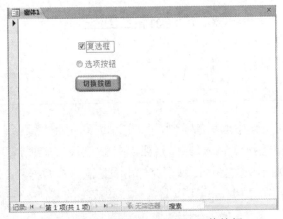

图 4-16　标签

绑定型文本框与表、查询中的字段相结合，用来显示字段的内容，在"设计视图"中，绑定型控件显示表或查询中的字段名称；未绑定型文本框没有和某一字段连接，一般可以用来显示提示信息或接收用户输入数据，在"设计视图"中以"未绑定"字样显示；计算型文本框用来放置和显示表达式的计算结果，当表达式发生变化时，数值就会被重新计算。图 4-16 中用来显示学号字段内容的控件即为文本框控件。

注意：标签控件和文本框控件是不同的。标签控件是静态的，一般用于显示说明性文本，在"窗体视图"中，文本内容是不可更改或输入的；而文本框控件是动态的，一般用来显示表、查询的某个字段或者表达式，在"窗体视图"中，文本内容是可更改或输入的。

3. 复选框、选项按钮、切换按钮控件

复选框、选项按钮、切换按钮均可用来表示表、查询中的"是"或者"否"两种状态。这些控件处于选中或按下时表示"是"，其值为 1，反之表示"否"，其值为 0，如图 4-17 所示。

图 4-17　复选框、选项按钮、切换按钮

4. 选项组

一个选项组由一个组框架及一组复选框、单选按钮或切换按钮组成，如图 4-18 所示。选项组的控件可以和数据源的字段绑定。

5. 列表框与组合框

列表框和组合框都提供一个选项列表，用户可以从中选择一个值。如果输入的数据总是取自固定的几个值或者取自某个字段，不会再有其他的值了，我们就可以使用组合框或列表框来完成。这样就可以保证输入数据的正确性，同时提高输入的速度。例如，输入学生基本信息

时，"性别"字段值采用列表框输入，"院系号"字段值采用组合框输入，如图 4-19 所示。列表框只能选择，组合框既可以选择，也可以输入。

图 4-18　选项组

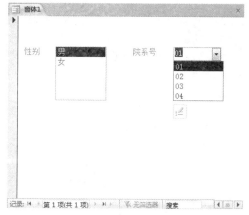

图 4-19　列表框和组合框

6. 命令按钮控件

在窗体中要执行某项操作或某些操作时，可以使用命令按钮来完成，如"确定""取消""关闭""查询"等操作功能。Access 为创建命令按钮提供了向导，向导中提供了多组常用的命令操作，如"记录导航""记录操作""窗体操作""报表操作""应用程序""杂项"6 大类共 30 多种不同类型的命令按钮等，如 4-20 至图 4-25 所示。

图 4-20　"命令按钮向导"记录导航类别

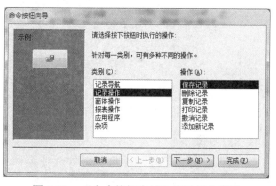

图 4-21　"命令按钮向导"记录操作类别

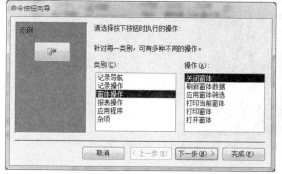

图 4-22　"命令按钮向导"窗体操作类别

图 4-23　"命令按钮向导"报表操作类别

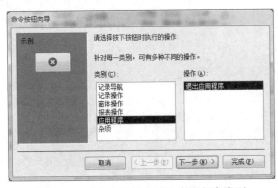

图 4-24　"命令按钮向导"应用程序类别　　　　图 4-25　"命令按钮向导"杂项类别

7. 选项卡

选项卡控件也称页，用于创建一个多页的选项窗体或选项卡对话框，这样可以在有限的空间内显示更多的内容或实现更多的功能，并且可以避免在不同窗口之间切换的麻烦。选项卡控件是一个容器控件，可以放置其他控件，也可以放置创建好的窗体。图 4-26、图 4-27 分别显示学生页面和成绩页面。

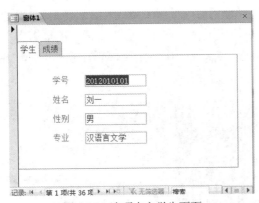

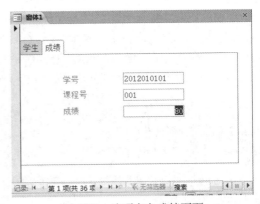

图 4-26　选项卡之学生页面　　　　图 4-27　选项卡之成绩页面

8. 图像

图像控件用于显示图形、图像，使窗体更加美观，如图 4-28 所示。

图 4-28　图像控件

9. 图表

图表控件利用 Microsoft Office 提供的 Microsoft Graph 程序以图表方式显示用户的数据，它的数据源可以是数据表，也可以是查询，这样在比较数据时显得更直观方便。在 Access 2003 里专门有一种图表窗体，用图表的方式显示用户的数据，而在 Access 2010 里不再有图表窗体，而是以图表控件的方式呈现，如图 4-29 所示。

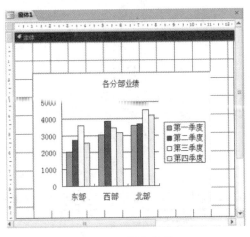

图 4-29　图表控件

4.3.2　控件的应用

1. 控件应用的步骤

在 Access 窗体的"设计视图"中，可以直接将一个或多个字段拖到主体节区域，Access 会自动为该字段选择合适的控件或结合用户指定的控件。

（1）单击"设计"选项卡下"工具"组的"添加现有字段"按钮，显示数据源的字段列表。

（2）从字段列表中拖动一个字段到主体节区域。

2. 创建文本框控件

例 4.2　创建绑定型文本框控件，添加"姓名"字段。

【操作步骤】

（1）打开窗体"设计视图"，右击窗体选择器，在弹出的快捷菜单中选择"属性"命令→弹出"属性表"对话框，确定所选内容的类型是窗体；单击"数据"选项卡→在"记录源"右侧下拉列表中选择"学生"→设置数据的来源表是"学生"，如图 4-30 中①、②所示。

（2）单击"窗体设计工具－设计"选项卡下"工具"组中的"添加现有字段"按钮→在"学生"字段列表中选择需要显示的字段，如选中"姓名"，不松开鼠标并拖动到"主体"节中，如图 4-31（a）中③所示，创建的绑定型文本框如图 4-31（b）所示。

2. 创建标签控件

如果希望在窗体中显示窗体标签，可以在窗体页眉处添加标签控件。

例 4.3　为"教务管理"数据库的"学生"窗体添加标题"学生基本信息"。

【操作步骤】

（1）打开"教务管理"数据库→打开"学生"窗体的设计视图→在窗体的"主体"节区右击→在弹出的快捷菜单中选择"窗体页眉/页脚"命令，如图 4-32 中①所示。

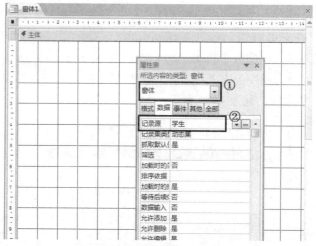

图 4-30　设置记录源

（a）拖动字段

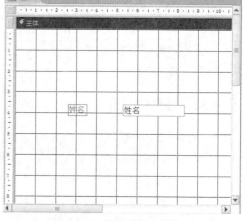

（b）绑定型文本框

图 4-31　创建文本框控件

（2）单击"窗体设计工具－设计"选项卡控件组中的"标签"按钮→在"窗体页眉"中创建标签，并输入文字"学生基本信息"，如图 4-33 中②所示，保存修改。

图 4-32　添加"窗体页眉"节

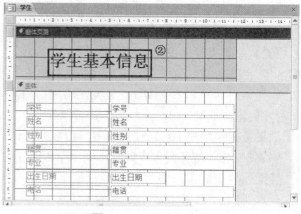

图 4-33　"学生"窗体

3. 创建选项组控件

例 4.4　在"教务管理"数据库中新建一个窗体"选项组",在其中添加默认值为"男"的选项组。

【操作步骤】

(1) 打开"教务管理"数据库,打开窗体"设计视图"。

(2) 单击"窗体设计工具－设计"选项卡下"控件"组中的"选项组"按钮→在窗体上合适位置拖动创建选项组→弹出"选项组向导"对话框→在"标签名称"栏中依次输入"男""女"→单击"下一步"按钮,如图 4-34 中①、②所示。

(3) 根据需要设置"男"为默认选项→单击"下一步"按钮,如图 4-35 中③、④、⑤所示。

图 4-34　设置选项卡标签

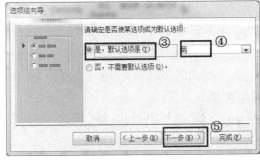

图 4-35　设置选项卡默认值

(4) 为每个选项赋值,这里使用系统默认的值,单击"下一步"按钮,如图 4-36 中⑥、⑦所示。

(5) 选择所建控件的类型为"选项按钮",并选定样式为"凸起"→单击"下一步"按钮,如图 4-37 中⑧、⑨、⑩所示。

图 4-36　设置选项卡的值

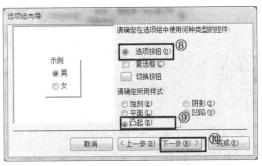

图 4-37　设置选项卡按钮类型

(6) 设置选项组的标题为"性别"→单击"完成"按钮,创建的选项组控件如图 4-38 所示,保存修改。

4. 创建绑定型组合框

例 4.5　在"教务管理"数据库中新建一个窗体"组合框",在其中添加"籍贯"的组合框。

【操作步骤】

(1) 打开"教务管理"数据库,打开窗体"设计视图"。

(2) 单击"窗体设计工具－设计"选项卡下"控件"组中的"组合"框按钮→在窗体上合适位置拖动创建组合框→弹出"组合框向导"对话框→选择"自行键入所需的值"单选按钮

→单击"下一步"按钮,如图 4-39 中①、②所示。

图 4-38　"性别"选项卡

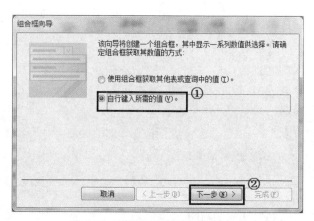

图 4-39　设置组合框获取值的方式

（3）键入组合框的值"四川""重庆""北京""上海"→单击"下一步"按钮,如图 4-40
中③、④所示。

（4）设置组合框的标题为"籍贯"→单击"完成"按钮,创建的组合框控件如图 4-41 所示。

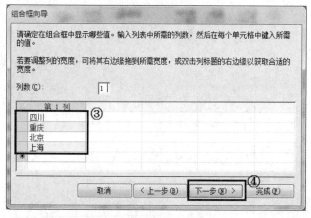

图 4-40　设置组合框的值

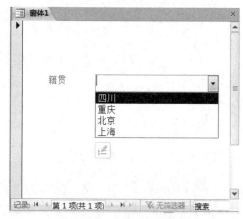

图 4-41　"籍贯"组合框

5. 创建绑定型列表框

例 4.6　在"教务管理"数据库中新建一个窗体"列表框",在其中添加"课程"的列表框。

【操作步骤】

（1）打开"教务管理"数据库,打开窗体"设计视图"。

（2）单击"窗体设计工具－设计"选项卡下"控件"组中的"列表框"按钮→在窗体上
的合适位置拖动创建例表框→弹出"列表框向导"对话框→选择"使用列表框获取其他表或查
询中的值"单选按钮→单击"下一步"按钮,如图 4-42 中①、②所示。

（3）选择列表框数据源为"表：课程"→单击"下一步"按钮,如图 4-43 中③、④所示。

（4）选择"课程号""课程名"字段→单击"下一步"按钮,如图 4-44 中⑤、⑥所示。

（5）在设置排序方式对话框中使用"课程号"升序排序→单击"下一步"按钮,如图 4-45
中⑦、⑧所示。

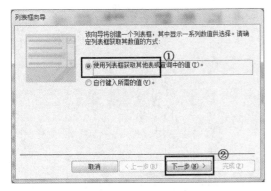

图 4-42　设置列表框获取值的方式

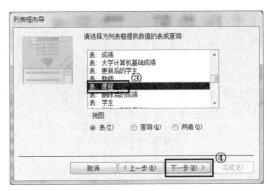

图 4-43　设置列表框提供值的表或查询

图 4-44　设置列表框所需字段

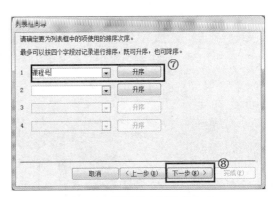

图 4-45　设置列表框排序方式

（6）取消勾选"隐藏键列"复选框，并调整列宽至合适宽度→单击"下一步"按钮，如图 4-46 中⑨、⑩所示。

（7）设置可用字段为"课程名"→单击"下一步"按钮，如图 4-47 中⑪、⑫所示。

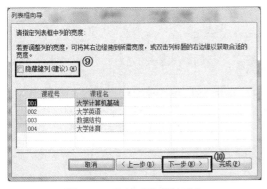

图 4-46　取消"隐藏键列"

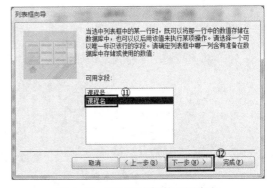

图 4-47　设置列表框的可用字段

（8）设置列表框的标题为"课程名"→单击"完成"按钮，创建的列表框控件如图 4-48 所示。

6. 创建命令按钮

例 4.7　为"教务管理"数据库的"学生"窗体添加"添加记录"命令按钮。

【操作步骤】

（1）打开"教务管理"数据库，打开"学生"窗体的设计视图。

（2）单击"窗体设计工具－设计"选项卡下"控件"组中的"按钮"控件→在窗体上的合适位置拖动创建命令按钮→弹出"命令按钮向导"对话框→选择"记录操作"类的"添加新记录"→单击"下一步"按钮，如图4-49中①、②、③所示。

图4-48   "课程名"列表框   图4-49   选择添加新记录

（3）在弹出的对话框中选择"文本"单选按钮，→单击"下一步"按钮，如图4-50中④、⑤所示。

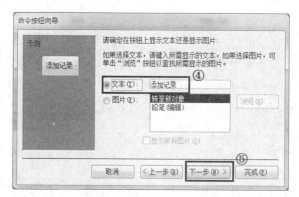

图4-50   选择按钮上的选择类型

（4）设置按钮的名称为"添加记录"→单击"完成"按钮，效果如图4-51所示，保存修改。

学生基本信息

学号	2012010101
姓名	刘一
性别	男
籍贯	四川
专业	汉语言文学
出生日期	1996/12/1
电话	0818-2760780

添加记录

记录: ◄ ◄ 第 1 项(共 12 项) ► ►► ► ▷ ▽ 无筛选器   搜索

图4-51   "添加记录"按钮

7. 创建选项卡

例 4.8 为"教务管理"数据库创建"学生成绩信息"窗体，添加一个选项卡，含有两页："学生信息"和"成绩信息"。

【操作步骤】

（1）打开"教务管理"数据库，打开窗体的设计视图。

（2）单击"窗体设计工具－设计"选项卡下"控件"组中的"选项卡"控件→在窗体上的合适位置拖动创建选项卡，如图 4-52 所示。

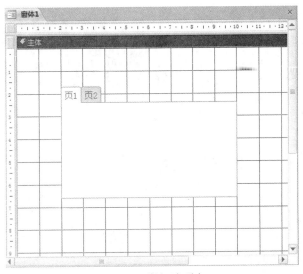

图 4-52　添加选项卡

（3）右击选项卡标签"页 1"→在弹出的快捷菜单中选择"属性"→弹出"属性表"→在"格式"选项卡中设置"标题"为"学生信息"，如图 4-53 中①、②、③所示。同法设置页 2 的"标题"为"成绩信息"。

（4）在"学生信息"选项卡中，按照例 4.6 的步骤添加列表框，显示学生信息，结果如图 4-54 所示，保存修改。

图 4-53　设置标题

图 4-54　学生信息选项页

8. 创建图像控件

例 4.9 为"教务管理"数据库创建一个显示"图像"的窗体。

【操作步骤】

（1）打开"教务管理"数据库，打开窗体的设计视图。

（2）单击"窗体设计工具－设计"选项卡下"控件"组中的"图像"控件→在窗体上的合适位置拖动创建图像框→弹出"插入图片"对话框→选择要插入的图片→单击"确定"按钮，如图 4-55 中①、②所示。

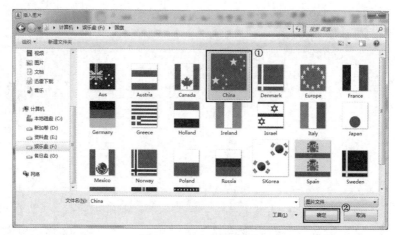

图 4-55　选择图像图片

（3）效果如图 4-56 所示，保存修改。

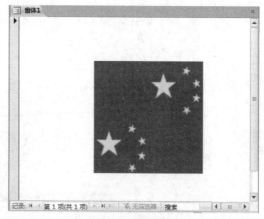

图 4-56　图像控件

9. 添加 ActiveX 控件

要在窗体中显示日历、时间、视频等组件，可以通过 ActiveX 控件来实现。

例 4.10 为"教务管理"数据库创建一个"ActiveX 窗体"。

【操作步骤】

（1）打开"教务管理"数据库，打开窗体的设计视图。

（2）单击"窗体设计工具－设计"选项卡下"控件"组中的"其他"按钮→单击"ActiveX 控件"按钮，如图 4-57 中①所示。

图 4-57 "ActiveX 控件"按钮

（3）在 ActiveX 控件列表中选择"Microsoft Web Browser"→单击"确定"按钮，如图 4-58 中②、③所示。

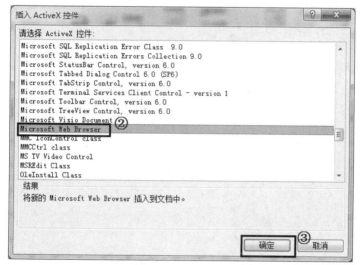

图 4-58 ActiveX 控件列表

（4）效果如图 4-59 所示，保存修改。

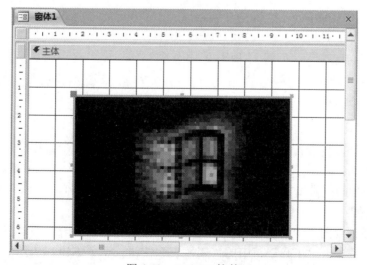

图 4-59 ActiveX 控件

10. 控件的基本操作

窗体的布局主要取决于窗体中的控件，窗体中每一个控件都是相互独立的，用户可以用鼠标选择控件，被选中控件的四周会出现小方块状的控制句柄。用户可以将鼠标指针放置在控制句柄上拖拽，以调整大小，也可以将鼠标放置在控件左上角的大句柄上拖拽来移动控件。若要改变控件的类型，则应先选择该控件，然后右击，在弹出的快捷菜单中选择"更改为"级联菜单中的新控件类型；若要删除某一控件，可以先选中控件，在快捷菜单中选择"删除"菜单命令，如图 4-60 所示。

图 4-60　控件编辑菜单

4.4　窗体和控件的属性

每个窗体控件都具有各自不同的属性，只有一个属性是每一个窗体控件都拥有且含义相同，该属性即为"名称"，其属性值是一个字符串，作用是在 VBA 程序中指定控件的标识符。下面将介绍窗体中一些常用控件的属性设置。

1. "属性表"

在窗体"设计视图"中，窗体和控件的属性都可以在"属性表"中设定。单击"窗体设计工具－设计"选项卡"工具"组中的"属性表"按钮，或右击，从弹出的快捷菜单中选择"属性"命令，打开"属性表"，如图 4-61 所示。

图 4-61　"属性表"

　　"属性表"左上方的下拉列表是当前窗体上所有对象的列表，从中可选择要设置属性的对象，也可直接在窗体上选中对象，列表框将显示被选中对象的控件名称。

　　"属性表"由标题栏、选项卡和属性列表 3 部分组成，各部分作用如下：

　　（1）标题栏

　　用于显示当前所选定对象的名称。

　　（2）选项卡

　　"属性表"包含 5 个选项卡，分别是格式、数据、事件、其他和全部，各部分作用如表 4-5 所示。

表 4-5　"属性表"的组成

选项卡	作用
格式	包含了窗体或控件的外观属性
数据	包含了与数据源、数据操作相关的属性
事件	包含了窗体或当前控件能够响应的事件
其他	包含了"名称""制表位"等其他属性
全部	列出对象的全部属性和事件

　　（3）属性列表

　　属性列表包括属性名称和属性框两列，属性框用来显示和设置属性值，设置属性值的方法如下：

　　①直接键入属性值，或键入以等号开头的表达式。

②如果属性框右侧显示"生成器"按钮，单击该按钮，显示一个生成器或显示一个可用以选择生成器的对话框，通过该生成器可以设置属性。

2．常用的属性格式

窗体及窗体中的每一个控件都有自己的属性，通过设置其属性，可以改变窗体及控件的外观，使窗体变得更美观。

例 4.11　将"教务管理"数据库的"学生"窗体的"姓名"标签对象的属性设置为 12 号隶书，凸起，背景色为浅蓝色，前景色为白色，大小为 2cm×0.6cm。

【操作步骤】

（1）打开"教务管理"数据库，打开"学生"窗体的"设计视图"→单击"姓名"标签对象，如图 4-62 中①所示。

（2）单击"窗体设计工具－设计"选项卡下"工具"组中的"属性表"按钮→打开"属性表"面板，选择"格式"选项卡，如图 4-63 中②所示。

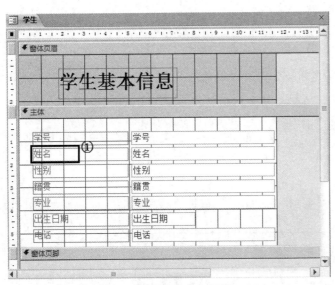

图 4-62　选择"姓名"标签　　　　　　　图 4-63　选择"格式"选项卡

（3）在"格式"选项卡中对各种属性进行设置，如下所示。

　　　宽度：2cm

　　　高度：0.6cm

　　　背景色：浅蓝色

　　　前景色：白色

　　　特殊效果：凸起

　　　字体名称：隶书

　　　字体大小：12

（4）设置完成后的效果如图 4-64 中③所示。

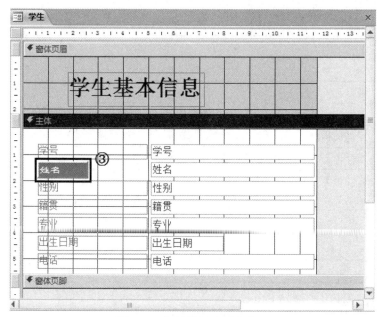

图 4-64　标签设置完后的效果

常用的窗体和控件属性如表 4-6 所示。

表 4-6　常用的窗体和控件属性

属性名称	功能
标题	窗体标题栏或者控件上显示的文字
特殊效果	用于设定控件的显示效果，如"平面""凸起""凹陷""蚀刻""阴影""凿痕"等
前景色	设置控件的文字颜色
背景色	设置控件的底色
默认视图	窗体的显示形式，分为"连续窗体""单一窗体""数据表""数据透视表""数据透视图""分割窗体" 6 种
滚动条	窗体中是否显示滚动条，有"两者均无""水平""垂直""水平和垂直" 4 个选项
记录选择器	值为"是"或"否"，拥有显示或隐藏分隔线
浏览按钮	窗体中是否显示浏览按钮
自动居中	值为"是"或"否"，用于设置窗体显示位置
控件提示文本	用于设置鼠标经过时显示的提示文本
模式	若被设置为"是"，则无法打开其他窗体

3. 常用的数据属性

数据属性决定了一个控件或窗体中的数据来自于何处，以及操作数据的规则，而这些数据都是绑定在窗体或控件上的数据。

窗体常用的数据属性有：记录源、排序依据、允许编辑、允许添加、允许删除、数据输入等，具体功能如表 4-7 所示。

控件的数据属性包括控件来源、输入掩码、有效性规则、有效性文本、默认值、是否有效、是否锁定等，具体功能如表 4-8 所示。

表 4-7　窗体数据属性

属性名称	功能
记录源	指定一个表、查询或 SQL 语句为窗体的记录源
排序依据	根据某个字段排序
允许编辑	属性值为"是"或"否"，确定窗体运行时是否允许接收编辑控件中显示的数据
允许添加	属性值为"是"或"否"，确定窗体运行时是否允许添加数据
允许删除	属性值为"是"或"否"，确定窗体运行时是否允许删除数据
数据输入	属性值为"是"或"否"，若为"是"，则窗体打开时只显示一条空记录，否则显示已有记录

表 4-8　控件数据属性

属性名称	功能
控件来源	指定一个字段或表达式作为数据源，若控件来源中是一个字段名，那么控件中显示的是该字段的值，对该控件的值进行的修改都将被写入数据库。若该控件来源是一个计算表达式，那么这个控件会显示计算的结果
输入掩码	指定控件的输入格式，该属性仅对文本型或日期型数据有效
有效性规则	设置在控件中输入数据时进行合法性检查的表达式，该表达式可以利用表达式生成器向导建立
有效性文本	指定当前输入的数据不符合有效性规则时显示的提示信息
默认值	指定计算型控件或非绑定型控件的初始值，可以利用表达式生成器向导建立
是否有效	指定控件是否能获得焦点
是否锁定	属性值为"是"或"否"，确定是否允许在窗体运行时接收编辑控件中显示的数据

例 4.12　将"教务管理"数据库的"学生"窗体中的"出生日期"改为"年龄"，年龄由"出生日期"计算得到（要求保留至整数）。

【操作步骤】

（1）打开"教务管理"数据库，打开"学生"窗体的设计视图→选中"出生日期"标签，将其改为"年龄"。

（2）删除"出生日期"文本框→再在原处创建一个文本框，名称为"年龄"。

（3）单击"属性表"中的"数据"选项卡→在"控件来源"栏输入计算年龄的公式"=Round((Date()-[出生日期])/365,0)"，结果如图 4-65 中①所示。

图 4-65　设置年龄

（4）结果如图 4-66 所示，保存修改。

图 4-66　显示年龄

4. 常用的其他属性

"其他"属性表示了控件的附加特征。包括名称、状态栏文字、自动 Tab 键、控件提示文本等。

窗体中的每一个对象都有一个名称，若在程序中指定或使用某一个对象，可以使用这个名称，名称是由"名称"属性来定义的，控件的名称必须是唯一的。

4.5　格式化窗体

在首次创建窗体之后，窗体的格式和布局等方面往往不能令人满意。为了让窗体更加美观和人性化，需要进一步对窗体加以修饰。

4.5.1　使用条件格式

除使用"属性表"设置控件的属性外，还可以根据控件的值，按照某个条件设置相应的格式。

例 4.13　在"教务管理"数据库的"成绩"窗体中应用条件格式，使窗体中"成绩"字段的值能用不同的颜色显示。80 分以下的（不含 80 分）用红色显示，80～90 分用蓝色显示，90 分以上（含 90）用绿色显示。

【操作步骤】

（1）打开"教务管理"数据库，打开"成绩"窗体的设计视图，选中"成绩"字段的文本框控件。

（2）选择"窗体设计工具－格式"选项卡下"控件格式"组中的"条件格式"按钮 → 打开"条件格式规则管理器"对话框，如图 4-67 所示。

（3）单击"新建规则"按钮→在弹出的对话框中设置字段的条件及满足条件时数据的显示格式→单击"确定"按钮，完成这个条件格式设置。同法设置第 2 个和第 3 个条件及条件格式→单击"确定"按钮，如图 4-68 中①、②所示。

图 4-67   条件格式规则管理器

图 4-68   条件及条件格式设置

（4）效果如图 4-69 所示。

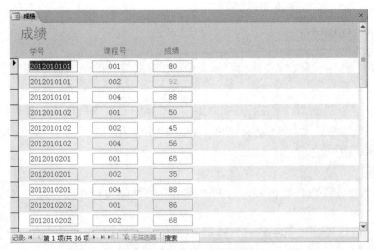

图 4-69   条件格式设置结果

4.5.2   添加当前日期和时间

在窗体上添加当前的日期和时间。

【操作步骤】

（1）在"设计视图"中打开要添加时间和日期的窗体→单击"窗体设计工具－设计"选项卡→在"页眉/页脚"组中单击"日期和时间"按钮。

（2）在打开的"时间和日期"对话框中选择要插入的时期、时间对象及格式→单击"确定"按钮，如图 4-70 中①、②、③所示。

图 4-70　"时间和日期"对话框

（3）保存窗体的修改。

4.5.3　对齐窗体中的控件

在窗体的最后布局阶段，应调整控件的大小、排列或对齐位置，使其能协调统一。

1. 改变控件大小和控件定位

控件的大小可以在控件的"属性表"中修改宽度和高度，也可以在"设计视图"中选中控件，然后用鼠标拖拽控件边框上的控制句柄。

控件的定位可在"属性表"中设置，也可以用鼠标拖动完成。方法是保持控件的选中状态，按住 Ctrl 键不放，然后按下方向箭头，移动控件到正确的位置。控件定位时，还可以用"标尺"和"网格"做参照，方法是选择"窗体设计工具－排列"选项卡下"调整大小和排序"组中"大小/空格"按钮下的"标尺"命令和"网格"命令。

2. 将多个控件设置为相同尺寸

当需要将多个控件设置为同一尺寸时，除了在"属性表"中设置外，还可用鼠标完成。

【操作步骤】

（1）按住 Shift 键，连续单击选中要设置的多个控件。

（2）在选中的控件上右击→在弹出的快捷菜单中选择"大小"命令→单击级联菜单中"至最短"或"至最窄"命令。

3. 将多个控件对齐

当要设置多个控件对齐时，也可用鼠标快捷完成。

【操作步骤】

（1）按住 Shift 键，连续单击选中要设置的多个控件。

（2）在选中的控件上右击，在弹出的快捷菜单中选择"对齐"命令→单击级联菜单中"靠左"或"靠右"命令，这样保证了控件之间垂直对齐；如果选择"靠上"或"靠下"命令，则保证水平对齐。

在水平对齐或垂直对齐的基础上，可进一步设置等间距。假设已经设定了多个控件垂直对齐，再单击"排列"/"调整大小和排序"/"大小/空格"/"垂直相等"命令即可。

上机操作

操作内容 1　用向导创建窗体

打开"学生管理.accdb"。

1. 使用窗体向导建立"tStud_纵栏式"窗体。

【操作提示】

（1）打开"学生管理"数据库。

（2）选择"创建"选项卡→单击"窗体"组中的"窗体向导"按钮，如图 4-71 所示。

图 4-71　"创建"选项卡"窗体"组

（3）在"窗体向导"对话框的"表/查询"下拉列表框中选择"表：tStud"→在"可用字段"列表框中选择要在窗体中显示的字段，添加到"选定字段"列表框中，如图 4-72 所示。

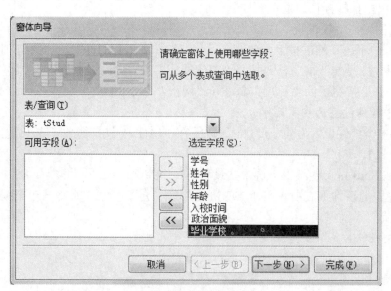

图 4-72　选定字段

（4）单击"下一步"按钮，进入如图 4-73 所示界面，选择"纵栏表"窗体布局。

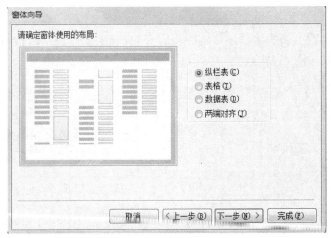

图 4-73　确定窗体使用的布局

（5）单击"下一步"按钮，进入如图 4-74 所示界面。输入窗体的标题"tStud_纵栏式"，其他设置默认→单击"完成"按钮，至此"tStud_纵栏式"窗体创建完成，效果如图 4-75 所示。

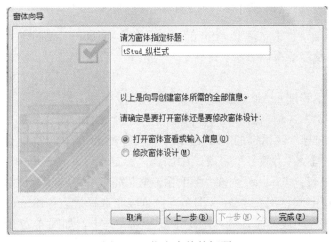

图 4-74　指定窗体的标题

图 4-75　"tStud_纵栏式"窗体效果

2. 使用窗体向导建立"tStud_表格式"窗体。

【操作提示】参照上例的步骤，只需在步骤（4）确定窗体使用的布局时，选择"表格"单选按钮即可，效果如图 4-76 所示。

tStud_表格式							✕

tStud_表格式

学号	姓名	性别	年龄	入校时间	政治面貌	毕业学校
1999102101	郝建设	男	19	1999/9/1	团员	北京五中
1999102102	李林	女	19	1999/9/1	团员	清华附中
1999102103	卢骏	女	19	1999/9/1	团员	北大附中
1999102104	肖丽	女	18	1999/9/1	团员	北京二中
1999102105	刘璇	女	19	1999/9/1	团员	北京五中

记录: ◄ 第1项(共 70 项) ► ►► ▸ 无筛选器 搜索   数字

图 4-76   "tStud_表格式"窗体效果

3. 使用"窗体向导"建立基于"tStud""tCourse""tScore"表的主/子窗体，主窗体显示"学号""姓名"字段，子窗体显示"课程名""成绩"字段。

【操作提示】

（1）打开"学生管理.accdb"数据库。

（2）选择"创建"选项卡→单击"窗体"组中的"窗体向导"按钮，如图 4-71 所示。

（3）在"窗体向导"对话框的"表/查询"下拉列表框中选择"表：tStud"→在"可用字段"列表框中选择"学号""姓名"字段，添加到"选定字段"列表框中→继续在"表/查询"下拉列表框中选择"表：tCourse"→在"可用字段"列表框中选择"课程名"字段，添加到"选定字段"列表框中→再次在"表/查询"下拉列表中选择"表：tScore"→在"可用字段"列表框中选择"成绩"字段，添加到"选定字段"列表框中，如图 4-77 所示。

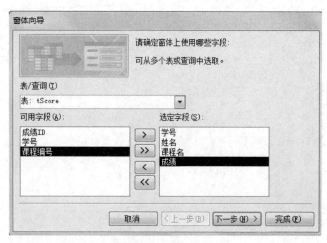

图 4-77   选定字段

（4）单击"下一步"按钮，确定查看数据的方式，保持默认设置，如图 4-78 所示。

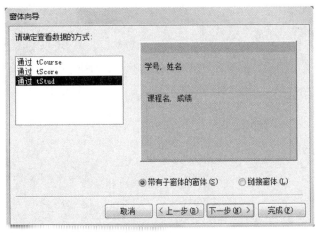

图 4-78 确定查看数据的方式

（5）单击"下一步"按钮，确定子窗体使用的布局，如图 4-79 所示，本例选择"数据表"式。

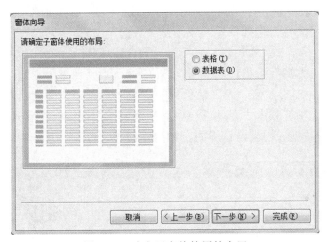

图 4-79 确定子窗体使用的布局

（6）单击"下一步"按钮，指定窗体标题，如图 4-80 所示。输入窗体的标题"tStud1"，其他设置不变→单击"完成"按钮，至此窗体创建完成，效果如图 4-81 所示。

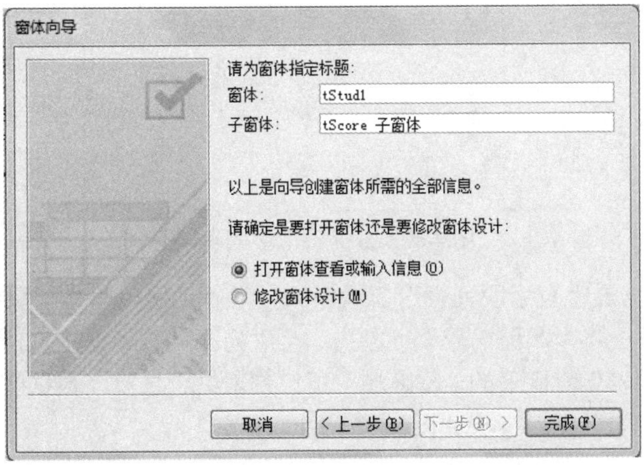

图 4-80 指定窗体标题

图 4-81　主/子窗体效果

4. 使用数据透视表向导创建"tScore"表的数据透视表，查看每名学生各门课的成绩，"学号"是行字段，"课程编号"是列字段，成绩是"数据"字段。

【操作提示】

（1）打开"学生管理"数据库。

（2）选择 Access 窗口左侧"表"对象列表中的"tScore"表。

（3）单击"创建"选项卡"窗体"组中"其他窗体"按钮→在展开的列表中选择"数据透视表"命令→进入数据透视表设计界面，如图 4-82 所示。

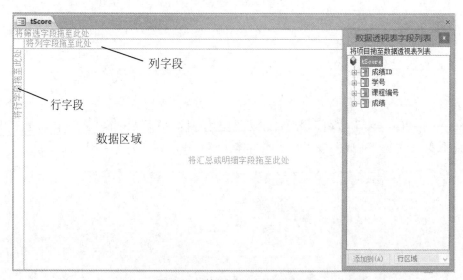

图 4-82　数据透视表设计界面

（4）选中"数据透视表字段列表"窗格中的"学号"字段→按住鼠标左键，拖动至"行区域"处→以同样方法将"课程编号"字段拖动至"列区域"处→然后选择"成绩"字段→在"数据透视表字段列表"窗格下的"行区域"下拉列表框中选择"数据区域"→最后单击"添加到"按钮，创建好的数据透视表如图 4-83 所示。

（5）保存设置。

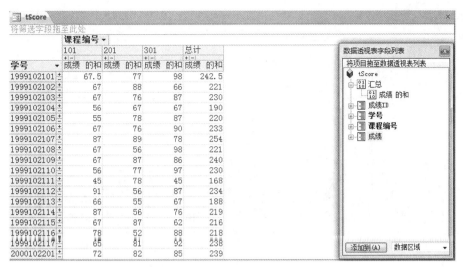

图 4-83　"tScore"表的数据透视表

5. 使用数据透视图向导创建"tStud"表的数据透视图，查看每个毕业学校的男女生人数，"毕业学校"是分类字段，"性别"是系列字段，"学号"是数据字段。

【操作提示】

（1）打开"学生管理"数据库。

（2）选择 Access 窗口左侧"表"对象列表中的"tStud"表。

（3）单击选择"创建"选项卡"窗体"组中"其他窗体"按钮→在展开的列表中选择"数据透视图"命令→进入数据透视图设计界面，如图 4-84 所示。

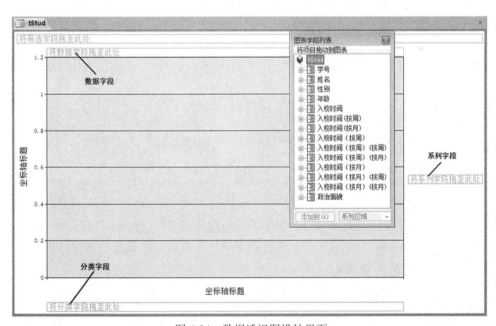

图 4-84　数据透视图设计界面

（4）选中图 4-84 所示的"图表字段列表"窗格中的"毕业学校"字段→拖动至"分类字段"处→将"性别"字段拖动至"系列字段"处→将"学号"字段拖动至"数据字段"处→创建好后的数据透视图如图 4-85 所示。

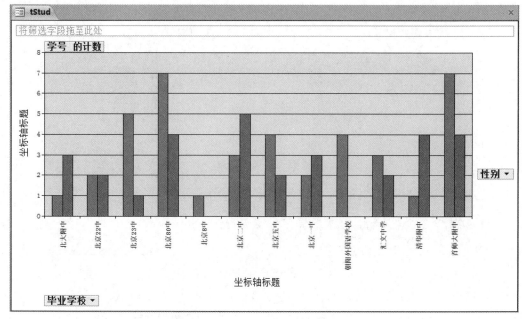

图 4-85   "tStud"表的数据透视图

（5）保存设置。

操作内容 2   用设计视图创建窗体

打开"学生管理.accdb"。

1．使用设计视图建立"学生"窗体，把"tStud"表的所有信息都显示出来。

【操作提示】

（1）打开"学生管理"数据库。

（2）选择"创建"选项卡→单击"窗体"组中"窗体设计"按钮，如图 4-86 所示。

图 4-86   "创建"选项卡"窗体"组

（3）单击"窗体设计工具－工具"组中的"添加现有字段"按钮，如图 4-87 所示→在弹出的"字段列表"中选择"tStud"表中的所有字段→并将这些字段拖动到窗体的主体节中，移动并调整布局后如图 4-88 所示。

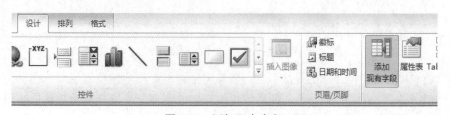

图 4-87   添加现有字段

（4）单击"保存"按钮→在弹出的"另存为"对话框中输入窗体的名称"学生"→单击"确定"按钮保存窗体。要查看设计的效果→选择"窗体设计工具－设计"选项卡"视图"组中"视图"下拉菜单中的"布局视图"命令，效果如图 4-89 所示。

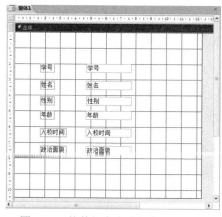

图 4-88　从数据表中选择字段到窗体

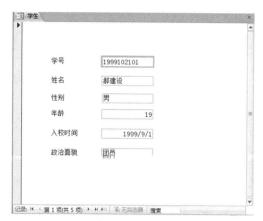

图 4-89　"学生"窗体效果

2．在"学生"窗体中把"性别"的数据控件更改为列表框，列表由"男""女"两项组成，默认值为"男"。

【操作提示】

（1）打开"学生"窗体的设计视图。

（2）在"性别"文本框上单击鼠标右键→在弹出的快捷菜单中依次选择"更改为"/"列表框"命令，如图 4-90 所示。

图 4-90　更改"文本框"为"列表框"菜单

（3）单击"窗体设计工具－设计"选项卡下"工具"组的"属性表"按钮，如图 4-91 所示，调出"性别"文本框的"属性表"，如图 4-92 所示。

（4）在图 4-92 所示的"属性表"中选择"数据"选项卡→在"行来源类型"后选择"值列表"→单击"行来源"后的 按钮→弹出"编辑列表项目"对话框，如图 4-93 所示，按照图示输入，在"默认值"下选择"男"，然后单击"确定"按钮。

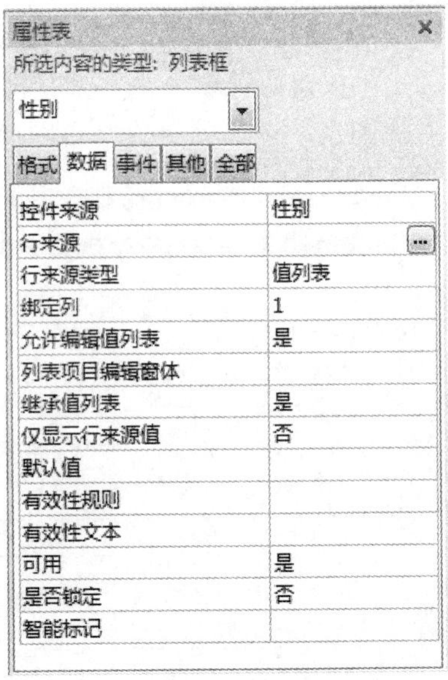

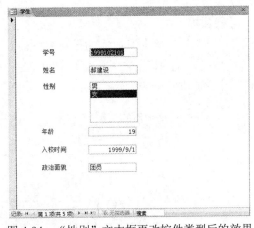

图 4-92　"性别"文本框的"属性表"

图 4-91　"窗体设计工具－设计"选项卡的"工具"组

（5）切换到窗体视图，效果如图 4-94 所示。

图 4-93　"编辑列表项目"对话框

图 4-94　"性别"文本框更改控件类型后的效果

（6）保存设置。

3. 在"学生"窗体中把"政治面貌"的数据控件改成组合框，组合框里的选项有"党员""团员""群众"，默认为"团员"。

【操作提示】

（1）打开"学生"窗体的设计视图。

（2）在"政治面貌"文本框上单击鼠标右键→在弹出的快捷菜单中依次选择"更改为"/"组合框"命令，如图 4-95 所示。

（3）单击"窗体设计工具－设计"选项卡下"工具"组中的"属性表"按钮，调出"政治面貌"文本框的"属性表"如图 4-96 所示。

（4）在图 4-96 所示的窗格中选择"数据"选项卡→在"行来源类型"后选择"值列表"。单击"行来源"后的 ··· 按钮→弹出"编辑列表项目"对话框，如图 4-97 所示，按照图示输入，在"默认值"下选择"团员"，然后单击"确定"按钮。

图 4-95　更改"文本框"为"组合框"菜单

图 4-96　"政治面貌"的"属性表"

图 4-97　"编辑列表项目"对话框

（5）切换到窗体视图，效果如图 4-98 所示。

图 4-98　"政治面貌"文本框更改控件类型后的效果

（6）保存设置。

4．在"学生"窗体的窗体页脚处添加"添加记录"的按钮。

【操作提示】

（1）打开"学生"窗体的设计视图。

（2）在主体节区空白处单击鼠标右键，在弹出的快捷菜单中选择"窗体页眉/页脚"命令，如图 4-99 所示。

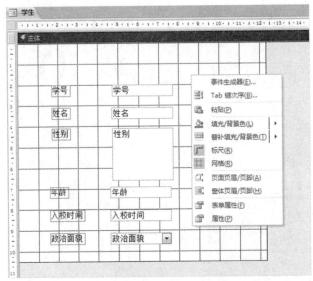

图 4-99　选择"窗体页眉/页脚"

（3）在窗体页脚区创建一命令按钮，弹出如图 4-100 所示对话框。

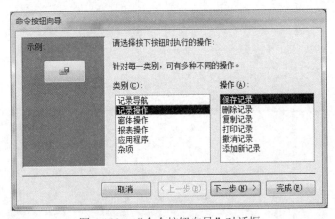

图 4-100　"命令按钮向导"对话框

（4）在"命令按钮向导"对话框中选择"记录操作"类别和"添加新记录"操作→然后单击"下一步"按钮，进入图 4-101。

（5）在图 4-101 所示对话框中选择"文本"单选按钮→在其后文本框中输入"添加记录"→单击"完成"按钮。

（6）保存设置。

6．创建"学生信息"窗体，在窗体的主体节区创建一选项卡控件，设置"选项卡"标题分别为"学生""成绩"，效果如图 4-102，图 4-103 所示。

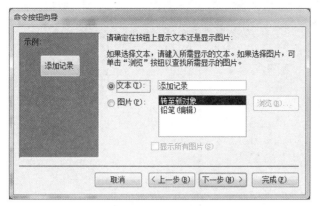

图 4-101　添加按钮上显示的内容

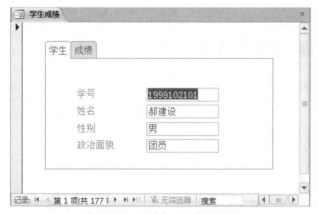

图 4-102　选项卡"学生"效果

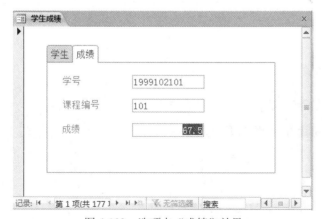

图 4-103　选项卡"成绩"效果

【操作提示】

（1）单击"创建"选项卡"窗体"组中的"窗体设计"命令。

（2）在窗体的主体节区中添加一个"选项卡"控件，如图 4-104 所示。

（3）单击"窗体设计工具－设计"选项卡下"工具"组中的"添加现有字段"按钮→在弹出的"字段列表"窗体中选择"显示所有表"命令→展开"Stud"表，将"学号""姓名""性别""政治面貌"字段拖至选项卡控件中的"页 1"上，如图 4-105 所示。

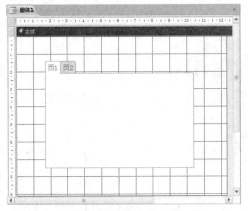

图 4-104　添加"选项卡"控件

图 4-105　"页 1"上添加字段

（4）按照步骤（3）的方式，将"tScore"表中的"学号""课程编号""成绩"添加至"页 2"上，如图 4-106 所示。

图 4-106　"页 2"上添加字段

（5）将"页 1"的标题设置为"学生"，将"页 2"的标题设置为"成绩"，保存窗体名称为"学生成绩"。

操作内容 3　属性设置

打开"学生管理.accdb"数据库

1. 将"tStud"窗体的"姓名"标签对象的属性设置为 12 号、隶书，凸起，背景色为浅蓝色，前景色为白色，大小为 2cm×0.6cm。

【操作提示】

（1）打开"tStud"窗体的设计视图。

（2）选择"姓名"标签控件→单击"窗体设计工具－设计"选项卡下"工具"组中的"属性表"命令，调出"姓名"标签的"属性表"。

（3）按题意要求设置，设置结果如图 4-107 所示。

图 4-107　"姓名"标签的"属性表"设置

（4）保存设置。

2. 取消"tStud"窗体的水平滚动条和垂直滚动条，取消窗体的最大化和最小化按钮。

【操作提示】

（1）打开"tStud"窗体的设计视图。

（2）按照上一题中的步骤调出"属性表"→在"属性表"下的组合框中选择"窗体"→如图 4-108 所示。

（3）选择"属性表"的"格式"选项卡→按题目要求设置→设置好后的"属性表"如图 4-109 所示。

图 4-108　选择"窗体"类型

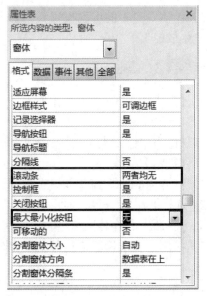

图 4-109　"窗体"属性表"格式"的设置

（4）保存设置。

3. 在"tStud"窗体的窗体页眉中距左边 0.5 厘米、上边 0.3 厘米处添加一个标签控件，控件名称为"Title"，标题为"学生信息"。在窗体页脚添加一个文本框，显示系统当前日期。

【操作提示】

（1）打开"tStud"窗体的设计视图。

（2）在窗体空白处单击鼠标右键→在弹出的快捷菜单中选择"窗体页眉/页脚"。

（3）在窗体页眉节中添加一个标签→在文本框中输入"学生信息"→在文本框上单击鼠标右键→在弹出的快捷菜单中选择"属性"命令→调出该标签的"属性表"。

（4）在标签"属性表"中"格式"选项卡的"上边距"处设置为"0.3cm"→在"左"处设置为"0.5cm"；选择"其他"选项卡→在"名称"处设置为"Title"。

（5）在窗体页脚节中添加一个文本框→在文本框中输入"=data()"→去掉文本框前的标签。

（6）保存设置。

4. 在"tStud"窗体上添加一个"退出"按钮（名称为"cmdquit"），将其上的文字颜色改为深棕色（深棕代码为 128）、字体粗细改为"加粗"，并给文字加上下划线。

【操作提示】（略）

5. 添加一个"学生成绩"的表格窗体，要求应用条件格式。80 分以下的（不含 80 分）用红色显示，80～90 分用蓝色显示，90 分以上（含 90）用绿色显示。

【操作提示】

（1）选择"创建"选项卡"窗体"组中的"窗体向导"命令，打开"窗体向导"对话框，如图 4-110 所示。

（2）在图 4-110 的"表/查询"下拉列表框选择"表：tScore"，将该表的所有字段加入"选定字段"列表框中→单击"下一步"按钮→进入确定窗体布局界面。

（3）在图 4-111 的确定窗体布局界面中选择"表格"单选按钮→单击"下一步"按钮。

（4）指定窗体名称为"学生成绩"→选择"修改窗体设计"单选按钮，并单击"完成"按钮，如图 4-112 所示。

图 4-110　选定字段

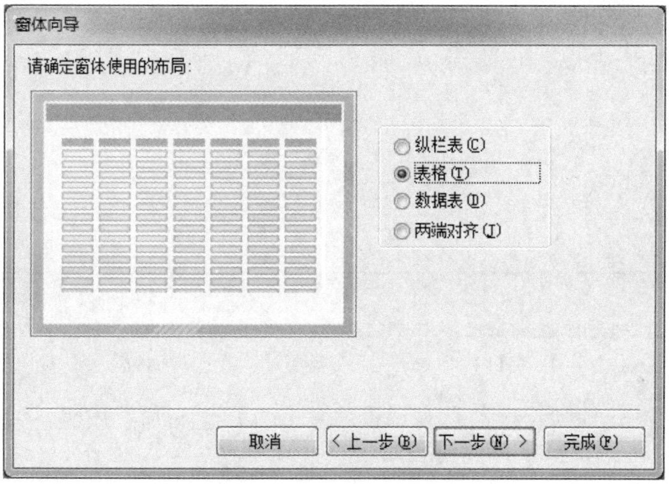

图 4-111　确定窗体布局

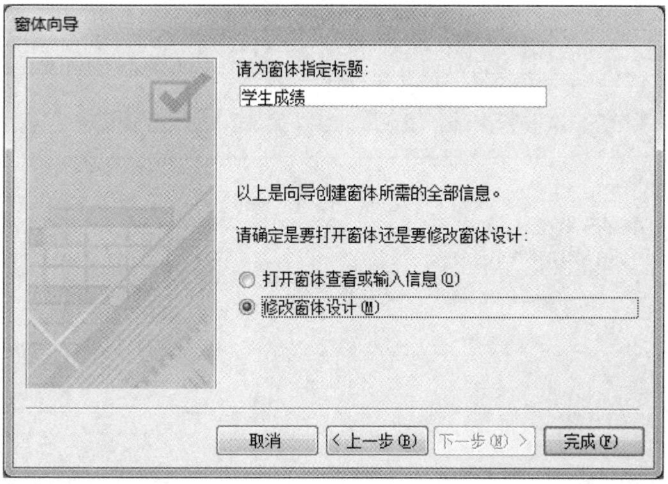

图 4-112　设置窗体名称

（5）选中"成绩"文本框→单击"窗体设计工具－格式"选项卡下"控件格式"组中的"条件格式"按钮，如图4-113所示→弹出如图4-114所示对话框。

图4-113 "窗体设计工具－格式"选项卡的"控件格式"组

图4-114 "条件格式规则管理器"对话框

（6）在"条件格式规则管理器"对话框中单击"新建规则"按钮→弹出如图4-115所示对话框，在"编辑规则描述"下按图设置→字体选择"绿色"→并单击"确定"按钮→添加条件后的"条件格式规则管理器"对话框如图4-116所示。按此方式继续新建新规则，新建完规则后如图4-117所示。

图4-115 "编辑格式规则"对话框

图 4-116 新建规则

图 4-117 设置完毕后的"条件格式规则管理器"

（7）保存设置。

6. 把操作内容 2 中用设计视图创建的窗体中没有对齐的控件对齐。

【操作提示】（略）

课后练习

一、单选题

1. 主窗体和子窗体通常用于显示多个表或查询中的数据，这些表或查询中的数据一般应该具有的关系是（　　）。

    A．一对一　　　　　B．一对多　　　　　C．多对多　　　　　D．关联

2. 在教师信息输入窗体中，为"职称"字段提供"教授""副教授""讲师"等选项供用户直接选择，最合适的控件是（　　）。

    A．标签　　　　　B．复选框　　　　　C．文本框　　　　　D．组合框

3. 在学生表中使用"照片"字段存放相片，当使用向导为该表创建窗体时，"照片"字

段使用的默认控件是（　　　）。

　　　　A．图形　　　　　　B．图像　　　　　C．绑定对象框　　　　D．未绑定对象框

　　4．下列关于对象"更新前"事件的叙述中，正确的是（　　　）。

　　　　A．在控件或记录的数据变化后发生的事件

　　　　B．在控件或记录的数据变化前发生的事件

　　　　C．当窗体或控件接收到焦点时发生的事件

　　　　D．当窗体或控件失去了焦点时发生的事件

　　5．若要使某命令按钮获得控制焦点，可使用的方法是（　　　）。

　　　　A．LostFocus　　　　B．SetFocus　　　　C．Point　　　　　　D．Value

　　6．下列属性中，属于窗体的"数据"类属性的是（　　　）。

　　　　A．记录源　　　　　　B．自动居中　　　　C．获得焦点　　　　D．记录选择器

　　7．窗体 Caption 属性的作用是（　　　）。

　　　　A．确定窗体的标题　　　　　　　　B．确定窗体的名称

　　　　C．确定窗体的边界类型　　　　　　D．确定窗体的字体

　　8．窗体中有 3 个命令按钮，分别命名为 Command1、Command2 和 Command3。当单击 Command1 按钮时，Command2 按钮变为可用，Command3 按钮变为不可见。下列 Command1 的单击事件过程中，正确的是（　　　）。

　　　　A．Private Sub Command1_Click()

　　　　　　　Command2.Visible = True

　　　　　　　Command3.Visible = False

　　　　　End Sub

　　　　B．Private Sub Command1_Click()

　　　　　　　Command2.Enabled = True

　　　　　　　Command3.Enabled = False

　　　　　End Sub

　　　　C．Private Sub Command1_Click()

　　　　　　　Command2.Enabled = True

　　　　　　　Command3.Visible = False

　　　　　End Sub

　　　　D．Private Sub Command1_Click()

　　　　　　　Command2.Visible = True

　　　　　　　Command3.Enabled = False

　　　　　End Sub

　　9．在代码中引用一个窗体控件时，应使用的控件属性是（　　　）。

　　　　A．Caption　　　　　　B．Name　　　　　　C．Text　　　　　　D．Index

　　10．若在"销售总数"窗体中有"订货总数"文本框控件，能够正确引用控件值的是（　　　）。

　　　　A．Forms.[销售总数].[订货总数]　　　　B．Forms![销售总数].[订货总数]

　　　　C．Forms.[销售总数]![订货总数]　　　　D．Forms![销售总数]![订货总数]

　　11．下列选项中，所有控件共有的属性是（　　　）。

　　　　A．Caption　　　　　　B．Value　　　　　　C．Text　　　　　　D．Name

12．能够接受数值型数据输入的窗体控件是（　　　）。

A．图形　　　　　　B．文本框　　　　　C．标签　　　　　　D．命令按钮

二、填空题

1．使用窗体向导建立"tCourse_纵栏式"窗体。窗体向导在_____选项卡里。

2．使用窗体向导建立"tCourse_表格式"窗体。可同时显示_____，用户可以十分方便地输入和编辑数据。

3．使用窗体向导建立基于"tCourse""tScore"的主/子窗体，主窗体显示"课程编号""课程名称"字段，子窗体显示"学号""成绩"字段。

该主/子窗体以_____方式查看。

4．使用"数据透视表向导"创建"tStud"表的数据透视表，查看各个学校毕业的男女生人数。

（1）在_____能找到数据透视表。

（2）_____是行字段，_____是列字段，_____是数据字段。

5．使用"数据透视图向导"创建"tScore"表的数据透视图，查看各门课每个学生的成绩，"课程编号"是行字段，"学号"是列字段，"成绩"是数据字段。

（1）在_____能找到数据透视图。

（2）_____是分类字段，_____是系列字段，_____是数据字段。

6．使用设计视图建立"tCourse"窗体，把"tCourse"表的所有信息都显示出来。

（1）如何设置窗体的数据源？_____。

（2）数据源的字段怎么放到窗体中？_____。

7．在"tCourse"窗体中把"学分"的数据控件更改成选项组，选项组里是 4、5 的两个单选按钮，默认是"4"选中。

（1）使用选项组控件事先要确定_____按钮被选中。

（2）如何添加选项组的控件？_____。

8．在"tCourse"窗体中把"课程类别"的数据控件更改成组合框，组合框里的选项有"必修课""选修课""限选课"。

如何将现有控件更改为组合框？_____。

9．创建一个"tScore"窗体，显示"学号""课程编号""成绩"，要求用列表框实现，效果如图 4-118 所示。列表框数据源应设置为_____。

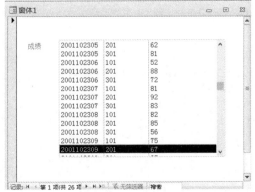

图 4-118　窗体效果

10．在"tCourse"窗体中添加选择"上一条记录""下一条记录"的按钮。

"上一条记录"在按钮的_____类别里。

11．将"tCourse"窗体的"课程编号"标签对象的属性设置为 15 号宋体，粗体，凸起，背景色为浅蓝色，前景色为白色，大小为 2.5cm×1cm，将窗体标题改为"课程基本信息"。

（1）"凸起"在标签的_____属性里。

（2）标签的大小修改_____属性和_____属性。

12．将"tCourse"窗体的边框改为"对话框边框"样式，取消窗体中的水平和垂直滚动条、记录选择器、导航按钮和分隔线。如何取消导航按钮？

_____。

13．将"tCourse"窗体的窗体页眉中距左边 1 厘米、上边 0.5 厘米处添加一个标签控件，控件名称为"Title"，标题为"课程信息"。在窗体页脚添加一个文本框，显示系统当前时间。在文本框里添加_____，可以显示系统当前时间。

14．在"tCourse"窗体上添加一个"保存"按钮（名称为"cmdSave"），将其上的文字颜色改为红色、字体粗细改为"加粗"，边框宽度为 5pt。修改按钮的_____属性可以修改文字颜色。

15．添加一个"学生"的表格窗体，要求应用条件格式。20 岁以上的（含 20 岁）用红色显示，18～19 岁用蓝色显示，17 岁以下的用绿色显示。条件格式在_____选项卡里。

16．在"学生"窗体中添加当前日期和时间。"日期和时间"按钮在_____选项卡中。

第 5 章　报表的使用

教学目标

1. 掌握报表的概念
2. 掌握报表的分类
3. 掌握常见报表的创建
4. 掌握记录分组与排序
5. 掌握高级报表的创建

5.1　报表概述

信息管理的最终目的是向用户提供信息化的报表，报表是 Access 2010 中非常重要的一个对象，主要用来显示和打印信息供用户分析或存档。报表不仅可以提供详细信息，还可以提供综合性信息、各种汇总信息等。

5.1.1　报表的概念

报表是以一定格式打印输出的表中数据的对象，报表对象用于将数据库中的数据以格式化的形式显示和打印输出。它和窗体是有区别的：报表专门用来打印输出，不能与用户交互；而窗体的主要功能是通过与用户的交互实现数据的浏览、插入、删除、更新、插入、统计和汇总。

5.1.2　报表的视图

在 Access 2010 中，报表视图有 4 种："报表视图""打印预览视图""布局视图"和"设计视图"。4 个视图可以通过"设计"选项卡下的"视图"工具按钮 ▦ 下的 4 个选项"报表视图""打印预览"、"布局视图""设计视图"，进行选择和切换，如图 5-1 所示。

"报表视图"用来显示报表，并用执行各种筛选数据和查看方式。

"打印预览视图"用来查看报表的页面数据打印效果。

"布局视图"的界面和报表视图差不多，只是该视图中各个控件的位置可以移动，用户可以重新布局。

"设计视图"用来创建报表或修改现有的报表。

图 5-1　报表视图

5.1.3　报表的组成

在 Access 中，报表是按节设计的，报表包括报表页眉节、页面页眉节、组页眉节、主体节、组页脚节、页面页脚节、报表页脚节，如图 5-2 所示。

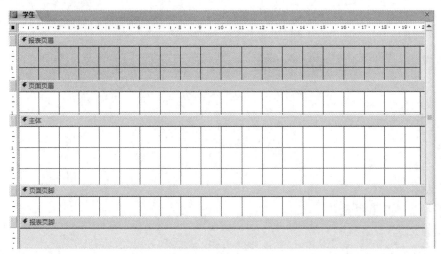

图 5-2　报表结构

各节的详细介绍如下：

1. 报表页眉

在报表的开始处，即报表的第一页打印一次。用来显示报表的标题、图形或说明性文字，每份报表只有一个报表页眉。一般来说，报表页眉主要用在封面上。

2. 页面页眉

页面页眉中的文字或控件一般输出显示在每页的顶端。通常，它用来显示数据的列标题。

可以给每个控件文本标题加上特殊的效果，如颜色、字体种类和字体大小等。

一般来说，会把报表的标题放在报表页眉中，该标题打印时在第一页的开始位置出现。如果将标题移动到页面页眉中，则该标题在每一页上都显示。

3. 组页眉

根据需要，在报表设计 5 个基本的"节"区域的基础上，还可以使用"分组和排序"命令来设置"组页眉/组页脚"区域，以实现报表的分组输出和分组统计。组页眉节主要安排文本框或其他类型控件显示分组字段等数据信息。

可以建立多层次的组页眉及组页脚，但不可分出太多的层（一般不超过 3～6 层）。

4. 主体

打印表或查询中的记录数据，是报表显示数据的主要区域。根据主体节内字段数据的显示位置，报表又划分为多种类型。

5. 组页脚

组页脚节内主要安排文本框或其他类型控件显示分组统计数据。打印输出时，其数据显示在每组结束位置。

在实际操作中，组页眉和组页脚可以从"报表布局工具－设计"选项卡中选择"分组和汇总"组"分组和排序"命令，根据需要单独设置使用。

6. 页面页脚

一般包含页码或控制项的合计内容，数据显示安排在文本框和其他一些类型控件中。在报表每页底部打印页码信息。

7. 报表页脚

该节区一般是在所有的主体和组页脚输出完成后才会打印在报表的最后面。通过在报表页脚区域安排文本框或其他一些类型控件，可以显示整个报表的计算汇总或其他的统计数字信息。

5.1.4　报表的类型

报表主要分为 4 种类型：纵栏式报表、表格式报表、图表报表和标签报表。下面分别进行说明。

（1）纵栏式报表

纵栏式报表（也称为窗体报表）一般是在一页的主体节内以垂直方式显示一条或多条记录。图 5-3 所示的是纵栏式报表。报表中的每一行显示一个字段，最左边为字段名。纵栏式报表的创建比较简单，它可以显示表或者查询对象中的所有字段和记录，适合字段少的情况。

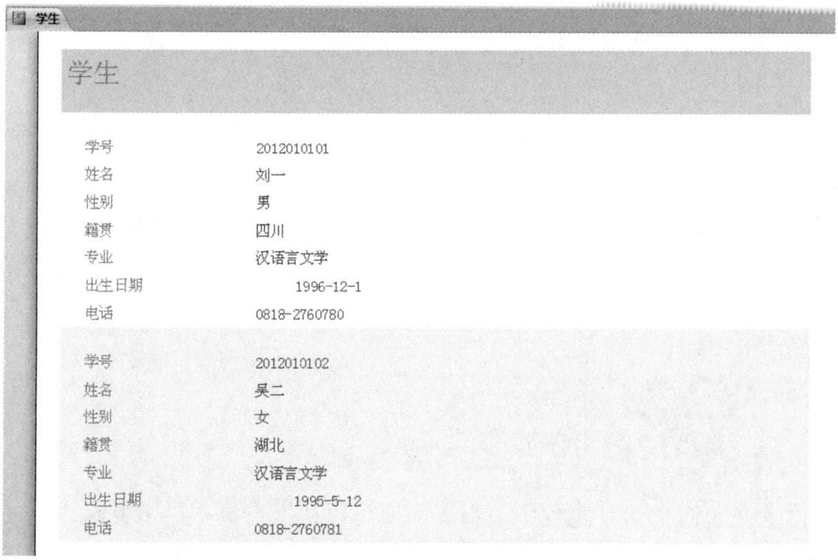

图 5-3　纵栏式报表

（2）表格式报表

图 5-4 所示的是表格式报表。表格式报表可以一次显示表或者查询对象的多个字段和记录，因此表格式报表一般用于浏览数据。在表格式报表中，字段名位于报表的顶端，每行显示一条记录的多个字段，适合记录多、字段少的情况。

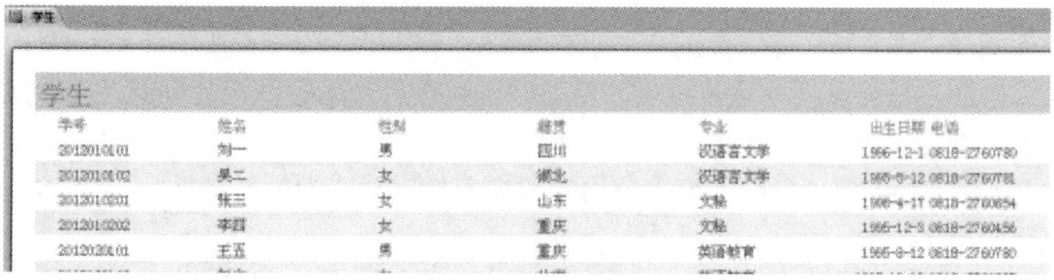

图 5-4　表格式报表

（3）图表报表

图表报表是用图形数据表来显示数据。Access 中可以显示折线图、柱形图、饼图、环形图、面积图、三维条形图等多种图表。图表报表使信息更直观，用户可以利用图表报表显示、打印或者对比数据。

（4）标签报表

标签报表是一种特殊类型的报表。在实际应用中，经常会用到标签，例如，物品标签、客户标签、学生准考证等。如图 5-5 所示。

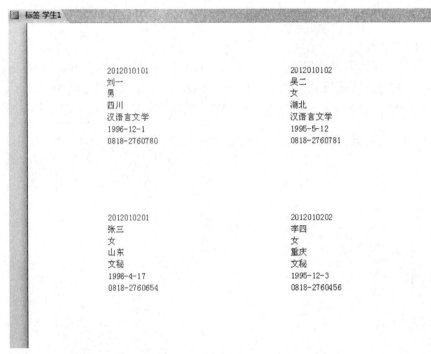

图 5-5　标签报表

在上述各种类型报表的设计过程中，根据需要可以在报表页中显示页码、报表日期甚至使用直线或方框等来分隔数据。此外，报表设计可以同窗体设计一样设置颜色和阴影等外观属性。

5.2　报表的创建

5.2.1　使用"报表"按钮创建报表

"报表"工具是一种快速创建报表的方式，它既不向用户提示信息，也不需要用户做任何其他操作就能立即生成报表。在创建的报表中将显示基础表或查询中的所有字段。尽管报表工具无法创建满足最终需要的完善报表，但对于迅速查看基础数据极其有用，在生成报表后，保存该报表，并在"布局视图"或"设计视图"中进行修改，以使报表更好地满足需求。

例 5.1　在"教务管理"数据库中使用"报表"按钮创建学生信息报表。

【操作步骤】

（1）在 Access 中打开数据库文件"教务管理"→在左侧"表"窗体中选中"表"下方的"学生"表对象。

（2）单击"创建"选项卡下的"报表"组下的"报表"按钮 。

（3）在工作区自动生成了"学生"报表，默认是"表格式报表"样式，如图 5-6 所示。

学生　2013年7月21日 16:22:11

学号	姓名	性别	籍贯	专业	出生日期
2012010101	刘一	男	四川	汉语言文学	1996-12-1
2012010102	吴二	女	湖北	汉语言文学	1995-5-12
2012010201	张三	女	山东	文秘	1998-4-17
2012010202	李四	女	重庆	文秘	1995-12-3
2012020101	王五	男	重庆	英语教育	1995-8-12
2012020102	赵六	女	北京	英语教育	1997-12-12
2012020201	田七	男	山东	俄语	1996-8-4
2012020202	石八	女	陕西	俄语	1996-12-1
2012030101	陈九	女	四川	软件工程	1996-12-3
2012030102	彭十	男	河南	软件工程	1995-4-16
2012030201	杨十一	男	贵州	动漫游戏	1996-12-5
2012030202	张十二	女	四川	动漫游戏	1997-12-12

12

共 1 页，第

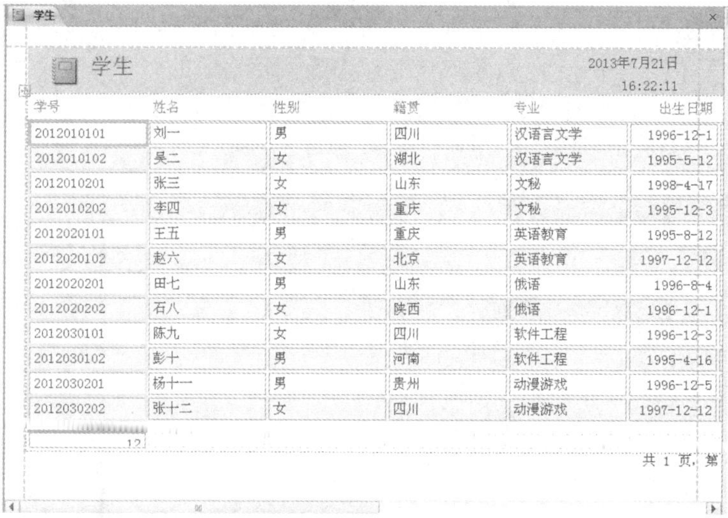

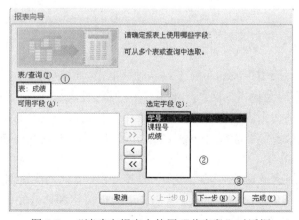

图 5-6　学生信息报表

（4）选择“文件”菜单中的“保存”命令，命名存储该报表。

5.2.2　使用“报表向导”创建报表

使用“报表”工具创建报表，能创建一种标准化的报表样式，虽然快捷，但是存在不足之处，尤其是不能选择出现在报表中的数据源字段。使用“报表向导”则提供了创建报表时选择字段的自由，除此之外，还可以指定数据的分组和排序方式，以及报表的布局样式。

例 5.2　以“教务管理”数据库文件中已存在的“成绩”表为基础，利用“报表向导”创建“按学号统计成绩信息”报表。

【操作步骤】

（1）在 Access 中打开数据库文件“教务管理”→在“导航”窗格中选择“成绩”表。

（2）在“创建”选项卡的“报表”组中单击“报表向导”按钮 报表向导→打开“服表向导”对话框之一——“请确定报表上使用哪些字段”对话框，这时数据源已经选定为“表：成绩”（在“表/查询”下拉列表框中也可以选择其他数据源）→在“可用字段”列表框中双击“学号”“课程号”“成绩”字段，它们出现在“选定字段”列表框中→然后单击“下一步”按钮。如图 5-7 所示。

图 5-7　“请确定报表上使用哪些字段”对话框

（3）在打开的"是否添加分组级别"对话框中，选择按"学号"字段分组→在左边列表框中选择"学号"字段，单击 > 按钮（或者双击左侧窗格中的"学号"字段）→将"学号"添加到分组级别中，然后单击"下一步"按钮。如图 5-8 所示。

图 5-8　"是否添加分组级别"对话框

（4）在打开的"请确定明细信息使用的排序次序和汇总信息"对话框中，确定报表记录的排序次序→选择按"成绩"升序排序→单击"下一步"按钮。如图 5-9 所示。

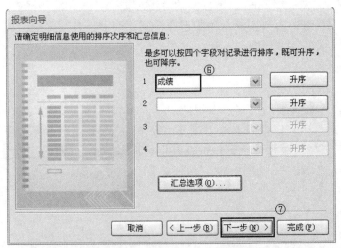

图 5-9　"请确定明细信息使用的排序次序和汇总信息"对话框

（5）在打开的"请确定报表的布局方式"对话框中，确定报表所采用的布局方式，这里选择"块"式布局，方向选择"纵向"→单击"下一步"按钮。如图 5-10 所示。

（6）在打开的"请为报表指定标题"对话框中，指定报表的标题，输入"按学号统计成绩信息"，选择"预览报表"单选按钮→单击"完成"按钮，如图 5-11 所示。最终的报表效果如图 5-12 所示。

使用"报表向导"创建报表虽然可以选择字段和分组，但只是快速创建了报表的基本框架，还存在不完美之处。为了创建更完美的报表，需要进一步美化和修改完善，这需要在报表的"设计视图"中进行相应的处理。

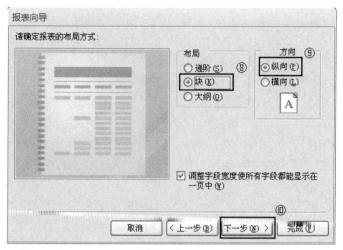

图 5-10　"请确定报表的布局方式"对话框

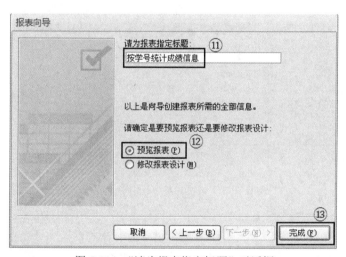

图 5-11　"请为报表指定标题"对话框

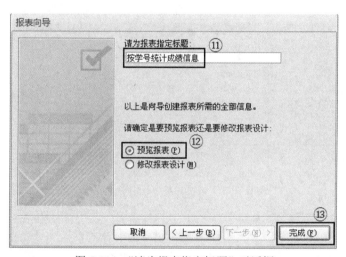

图 5-12　创建的报表

5.2.3　使用"标签"创建报表

在日常工作中，可能需要制作"学生家庭住址"和"学生信息"等标签。标签是一种类似名片的短信息载体，使用 Access 提供的"标签"功能，可以方便地创建各种各样的标签报表。

例 5.3　制作"学生信息"标签报表。

【操作步骤】

（1）在 Access 中打开数据库文件"教务管理"，在"导航"窗格中选择"成绩"表。

（2）在"创建"选项卡的"报表"组中，单击"标签"按钮 📋 标签 ，打开"标签向导"对话框之———"请指定标签尺寸"对话框→在其中指定一种尺寸（如果不能满足需要，可以单击"自定义"按钮自行创建），单击"下一步"按钮。如图 5-13 所示。

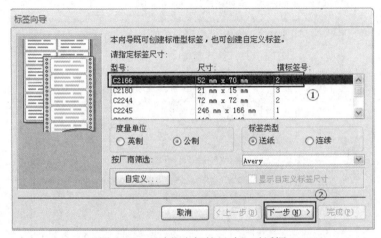

图 5-13　"请指定标签尺寸"对话框

（3）在打开的"请选择文本的字体和颜色"对话框中，可以根据需要选择标签文本的字体、字号和颜色等，这里选择"10"号字→单击"文本颜色"框右侧的 🔳 按钮，在打开的"颜色"调色板中选择"蓝色"→单击"确定"按钮→返回"请选择文本的字体和颜色"对话框，这时在示例窗格中显示设置的结果，单击"下一步"按钮。如图 5-14 所示。

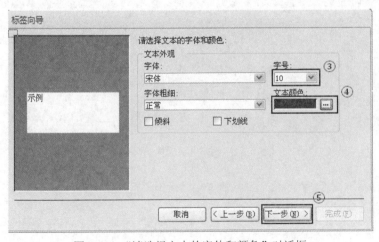

图 5-14　"请选择文本的字体和颜色"对话框

（4）在打开"请确定邮件标签的显示内容"对话框中，在"可用字段"列表框中，双击"姓名""学号"字段，它们出现在"原型标签"列表框中→用鼠标单击下一行，光标移动下一行→单击"性别""出生年月"字段→分别换行单击"籍贯"和"专业"字段。为了让标签意义更加明确，可在每个字段前面输入所需的文本→单击"下一步"按钮，如图 5-15 所示。

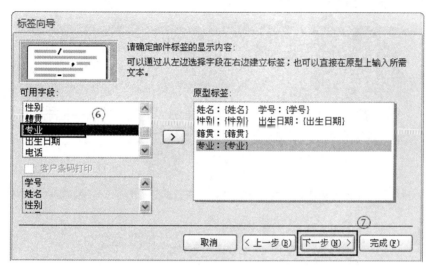

图 5-15　"请确定邮件标签的显示内容"对话框

"原型标签"列表框是个微型文本编辑器，在该列表框中可以对文字和添加的字段进行修改和删除等操作，如果想要删除输入的文本和字段，用 Backspace 键删除即可。

（5）在打开的"请确定按哪些字段排序"对话框中，在"可用字段"列表框中，双击"学号"字段，它们出现在"排序依据"列表框中，作为排序依据→单击"下一步"按钮，如图 5-16 所示。

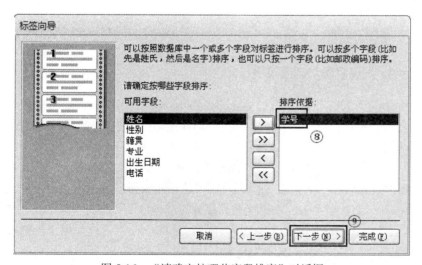

图 5-16　"请确定按哪些字段排序"对话框

（6）在打开的"请指定报表的名称"对话框中，输入"学生信息"作为报表名称，单击"完成"按钮，如图 5-17 所示。

至此完成标签的设计，设计效果如图 5-18 所示。

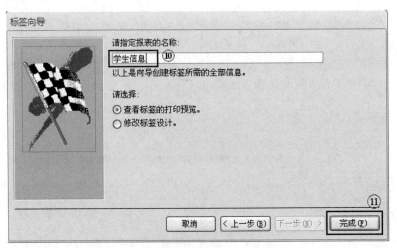

图 5-17 "请指定报表的名称"对话框

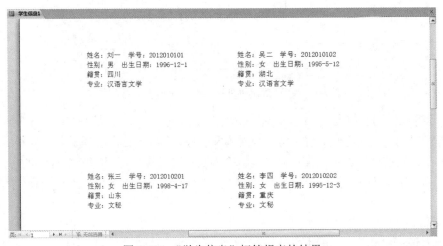

图 5-18 "学生信息"标签报表的结果

5.2.4 使用"图表向导"创建报表

使用"图表向导"创建报表,可以将 Access 中的数据以图的形式显示出来。

例 5.4 利用"教务管理"数据库文件中已存在的多张表,创建"学生成绩图表"报表。

【操作步骤】

(1)打开数据库文件"教务管理",选择"创建"选项卡。

(2)单击"报表"组的"报表设计"按钮(选择此按钮需要进入报表的"设计视图"才能进行后面的操作)或"空报表"按钮→在"设计"选项卡下"控件"组中单击"图表"按钮→在主体区适当位置拖动,弹出"图表向导"对话框→在"请选择用于创建图表的表或查询"对话框中选择"成绩"表→单击"下一步"按钮。如图 5-19 所示。

(3)在"请选择图表数据所在的字段"对话框中选择所需字段→单击"下一步"按钮,如图 5-20 所示。

(4)在"请选择图表类型"对话框中选择所需图表类型,如选择"三维柱形图",单击"下一步"按钮,如图 5-21 所示。

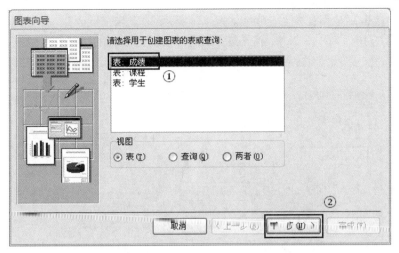

图 5-19　"请选择用于创建图表的表或查询"对话框

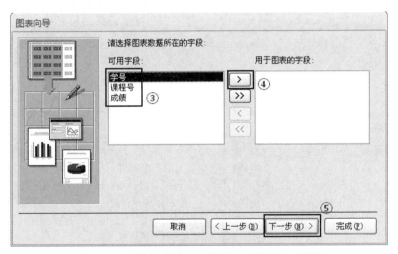

图 5-20　"请选择图表数据所在的字段"对话框

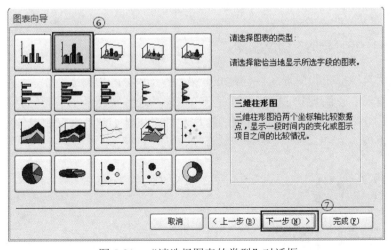

图 5-21　"请选择图表的类型"对话框

（5）在"请指定数据在图表中的布局方式"对话框中设置图表布局，如采用默认布局，单击"下一步"按钮，如图 5-22 所示→在弹出的"请指定图表的标题"对话框中设置好标题，单击"完成"按钮，结果如图 5-23 所示。

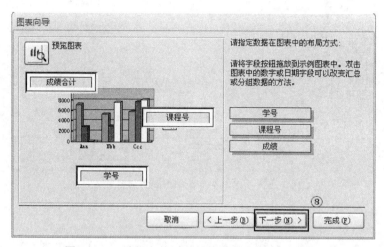

图 5-22 "请指定数据在图表中布局方式"对话框

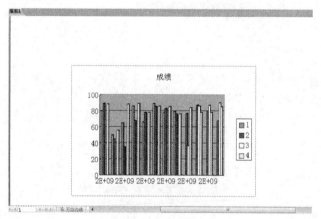

图 5-23 图表效果

5.2.5 使用"设计视图"创建报表

除可以使用自动报表和向导功能创建报表外，Access 中还可以利用"设计视图"从无到有创建一个新报表，主要操作过程有：创建空白报表并选择数据源；添加页眉页脚；布置控件显示数据、文本和各种统计信息；设置报表排序和分组属性；设置报表和控件外观格式、大小位置和对齐方式等。

5.3 自定义报表

5.3.1 编辑报表

对于一个新创建的报表，可以对其进行以下设置：设置报表格式、添加背景图案、添加日期和时间、添加分页符和页码、使用节、绘制线条和矩形。

1. 添加背景图案

为报表添加背景图案既可以起到美化的作用，又可以增强显示的效果。

例 5.5　为"学生信息"报表添加背景图片。

【操作步骤】

（1）在"设计视图"中打开"学生信息"报表。

（2）图 5-24 中左上角的■按钮为报表选择器，双击或单击鼠标右键选择快捷菜单"属性"命令，打开"属性表"→单击"格式"选项卡→单击"图片"属性旁边的 按钮，选择背景图片。添加好背景图片的最后效果如图 5-25 所示。

图 5-24　"属性表"

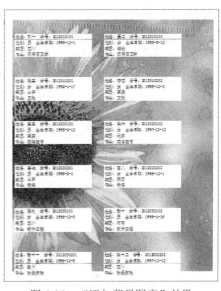

图 5-25　"添加背景图案"效果

2. 添加日期和时间

在报表中添加日期和时间有助于用户清楚地知道报表输出信息的时间。

例 5.6　为"学生成绩"报表添加日期和时间。

（1）打开要添加当前日期和时间的报表，切换到"设计视图"或"布局视图"。

（2）在"报表设计工具－设计"选项卡的"页眉/页脚"组中，单击"日期和时间"按钮 日期和时间，打开"日期和时间"对话框，如图 5-26 所示。

（3）根据需要选择日期或时间显示格式，单击"确定"按钮。

（4）切换到"打印预览"视图，生成显示日期和时间的报表，如图 5-27 所示。

图 5-26　"日期和时间"对话框

此外，也可以在报表上添加一个文本框，通过设置日期或时间的"控件源"属性为计算表达式（例如，=Date()或 =Time()等）来显示日期与时间。该控件位置可以安排在报表的任何节里。常用的日期和时间表达式如表 5-1 所示。

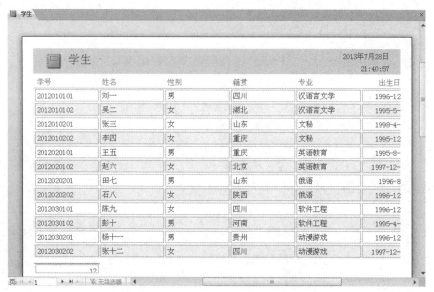

图 5-27　添加日期和时间的报表

表 5-1　日期、时间表达式及显示结果

序号	表达式	显示结果
1	=now()	显示当前日期和时间
2	=date()	显示当前日期
3	=time()	显示当前时间
4	=year(date())	显示年
5	=month(date())	显示月
6	=day(date())	显示日
7	= year(date())&"年"& month(date())&"月"& day(date())&"日"	显示某年某月某日

3．添加分页符和页码

（1）添加分页符

分页符用于标志另起一页。在报表中，可以通过添加分页符来控制报表的分页。

例 5.7　为"学生成绩"报表添加分页符。

【操作步骤】

1）在"设计视图"中打开"学生成绩"报表。

2）在"报表设计工具－设计"选项卡的"控件"组中单击"分页符"按钮，选择主体节中需要设置分页符的位置并单击，分页符以虚线形式出现，如图 5-28 所示。

3）切换至"打印预览"视图，如图 5-29 所示。

（2）添加页码

具体操作步骤如下：

1）打开要添加页码的报表，切换到"设计视图"或者"布局视图"。

2）在"报表设计工具－设计"选项卡的"页眉/页脚"组中，单击"页码"按钮，打开"页码"对话框。选择页码的位置及格式→单击"确定"按钮，如图 5-30 所示。

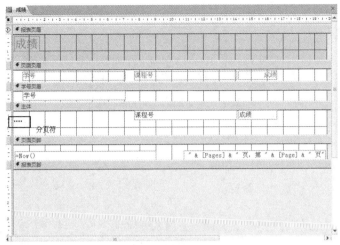

图 5-28　插入分页符

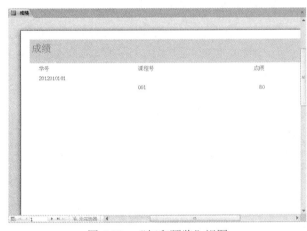

图 5-29　"打印预览"视图

图 5-30　"页码"对话框

此外，可以使用表达式创建页码。页码的常用表达式如表 5-2 所示。

表 5-2　页码表达式

表达式	显示文本
=[Page]	1
="Page"&[Page]	Page1
="第"&[Page]&"页"	第 1 页
=[Page]"/"[Pages]	1/15
="第"&[Page]&"页，共"&[Pages]&"页"	第 1 页，共 15 页

4. 使用节

报表中的内容是以节划分的。每一个节都有其特定的目的，而且按照一定的顺序打印在页面及报表上。

在"设计视图"中，节代表各个不同的带区，每一节只能被指定一次。在打印报表中，某些节可以指定很多次，通过放置控件来确定在节中显示内容的位置。

通过对属性值相等的记录进行分组，可以进行一些计算或简化报表使其易于阅读。

（1）添加或删除报表页眉、页脚和页面页眉、页脚

用户可以通过在报表"设计视图"中右击，在弹出的快捷菜单选中"报表页眉/页脚"或者"页面页眉/页脚"命令来添加和删除页眉页脚。页眉和页脚只能作为一对同时添加。如果不需要页眉或页脚，可以将不要的节的"可见性"属性设为"否"，或者删除该节的所有控件，然后将其大小设置为"0"或将其"高度"属性设置为"0"。如果删除页眉和页脚，Access 将同时删除页眉、页脚中的控件。

（2）改变报表的页眉、页脚或其他节的大小

报表上各个节的大小可以单独改变。但是，报表只有唯一的宽度，改变一个节的宽度将改变整个报表的宽度。

将鼠标放在节的底边（改变高度）或右边（改变宽度）上，上下拖动鼠标改变节的高度，或左右拖动鼠标改变节的宽度。将鼠标放在节的右下角上，然后沿对角线的方向拖动鼠标，同时改变高度和宽度。

（3）为报表中的节或控件创建自定义颜色

如果调色板中没有需要的颜色，用户可以利用节或控件的"属性表"中的"前景颜色"（对控件中的文本）、"背景颜色"或"边框颜色"等属性并配合"颜色"对话框来进行相应属性的颜色设置。

5．绘制线条和矩形

在报表设计中，经常还会通过添加线条或矩形来修饰版面，以达到更好的显示效果。

（1）在报表上绘制线条

1）使用"设计视图"打开报表→"报表设计工具－设计"选项卡的"控件"组→单击"直线"按钮＼。

2）单击报表的任意处，可以创建默认大小的线条，或通过单击并拖动的方式创建自定义大小的线条。如果要细微调整线条的长度或角度，可以单击线条，然后同时按下 Shift 键和方向键中的任意一个。如果要细微调整线条的位置，则同时按下 Ctrl 键和方向键中的任意一个。利用"报表设计工具－格式"选项卡下"控件格式"组中的"形状轮廓"按钮可以分别更改线条样式（实线、虚线和点划线）和边框样式。

（2）在报表上绘制矩形

1）使用"设计视图"打开报表→"报表设计工具－设计"选项卡的"控件"组→单击"矩形"按钮□。

2）单击报表的任意处，可以创建默认大小的矩形，或通过单击并拖动的方式创建自定义大小的矩形。利用"报表设计工具－格式"选项卡下"控件格式"组中的"形状轮廓"按钮可以分别更改线条样式（实线、虚线和点划线）和边框样式。

5.3.2　报表的排序和分组

在默认情况下，报表中的记录是按照自然顺序，即数据输入的先后顺序来排列显示的。但在实际应用过程中，经常需要按照某个指定的顺序来排列记录，例如，按照年龄从小到大排列等，称为报表"排序"操作。此外，报表设计时还经常需要就某个字段按照其值的相等与否划分成组来进行一些统计操作并输出统计信息，这就是报表的"分组"操作。

1．记录排序

记录排序是将记录按照一定的规则进行排序，报表不仅能对字段排序，也能对表达式排序。实际上，一个报表可以按照 10 个字段或表达式进行排序。

例 5.8　将"学生信息"报表按照"出生日期"从早到晚进行排序。

（1）在"设计视图"中打开"学生信息"报表。

（2）在报表设计区右击，在弹出的快捷菜单中选择"排序和分组"命令，打开"分组、排序和汇总"对话框（在"设计视图"下方显示）→单击"添加排序"按钮，设定排序字段和次序，如图 5-31 所示。

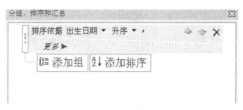

图 5-31　"分组、排序与汇总"窗口

（3）关闭"分组、排序与汇总"对话框，切换至"打印预览视图"，排序结果如图 5-32 所示。

学号	姓名	性别	籍贯	专业	出生日期	电话
2012030102	彭十	男	河南	软件工程	1995-4-16	0818-2760557
2012010102	吴二	女	湖北	汉语言文学	1995-5-12	0818-2760781
2012020101	王五	男	重庆	英语教育	1995-8-12	0818-2760780
2012010202	李四	女	重庆	文秘	1995-12-3	0818-2760456
2012020201	田七	男	山东	俄语	1996-8-4	0818-2760556
2012020202	石八	女	陕西	俄语	1996-12-1	0818-2760678
2012010101	刘一	男	四川	汉语言文学	1996-12-1	0818-2760780
2012030101	陈九	女	四川	软件工程	1996-12-3	0818-2760679
2012030201	杨十一	男	贵州	动漫游戏	1996-12-5	0818-2760557
2012030202	张十二	女	四川	动漫游戏	1997-12-12	0818-2760679
2012020102	赵六	女	北京	英语教育	1997-12-12	0818-2760367
2012010201	张三	女	山东	文秘	1998-4-17	0818-2760654

学生信息　2013年8月1日　17:58:15

共 1 页，第 1 页

图 5-32　排序结果

2．记录分组

分组是指报表设计时按选定的某个（或几个）字段值是否相等而将记录划分成组的过程。操作时，先选定分组字段，这些字段上字段值相等的记录归为同一组，字段值不等的记录归为不同组。通过分组，可以实现汇总和输出，能增强报表的可读性。

例 5.9　将"学生信息"报表按照"性别"字段进行分组。

（1）在"设计视图"中打开"学生信息"报表。

（2）在报表设计区右击，在弹出的快捷菜单中选择"排序和分组"命令，打开"分组、排序与汇总"对话框（在"设计视图"下方显示）→单击"添加组"按钮，选择分组字段为"性别"，设定分组次序，如图 5-33 所示。

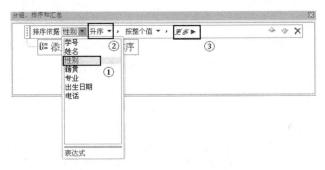

图 5-33　"分组、排序与汇总"对话框

（3）在"分组、排序与汇总"对话框单击"更多"按钮，该对话框将会出现"有标题"及页眉和页脚的设置，在其中选择"有页眉节"，如图 5-34 所示。

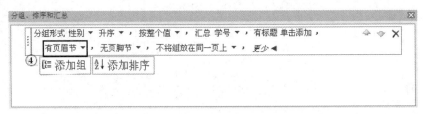

图 5-34　设置组属性

（4）此时"学生信息"报表"设计视图"中出现"性别页眉"节→单击"主体"节"性别"字段文本框，当光标变成手形时→将其拖动到"性别页眉"节中，调整文本框位置。

（5）关闭"分组、排序与汇总"对话框，在"视图"功能区选择"打印预览"命令，分组结果如图 5-35 所示。

图 5-35　报表分组结果

5.3.3　使用计算控件

在报表的实际应用中，经常需要对报表中的数据进行一些计算。例如，可以对记录的数据进行分类汇总；计算某个字段的总计或平均分；在组页眉或组页脚建立计算文本框、输入计算表达式等。计算表达式常常要使用一些函数，如计算函数 Count()、求和函数 Sum()、求平

均值函数 Avg()等，函数括号"()"内要输入分组汇总的字段。在 Access 中有两种方法可以实现上述汇总和计算：一是在查询中进行汇总统计；二是在报表输出时进行汇总统计。与查询相比，报表可以实现更为复杂的分组汇总。

1. 报表中添加计算控件

计算控件的控件源是计算表达式，当表达式的值发生变化时，会重新计算结果并输出显示。文本框是最常用的计算控件。

例 5.10 在"学生信息"报表中，根据学生的出生日期计算学生年龄。

【操作步骤】

（1）在报表"设计视图"中打开"学生信息"报表。

（2）在"页面页眉"节内，将"出生日期"标签标题更改为"年龄"→选中"主体"节内的"出生日期"文本框，打开其"属性表"并选择"全部"选项卡→将"名称"属性设置为"年龄"，设置"控件来源"为表达式"=Year(Date())-Year([出生日期])"，如图 5-36 和图 5-37所示。

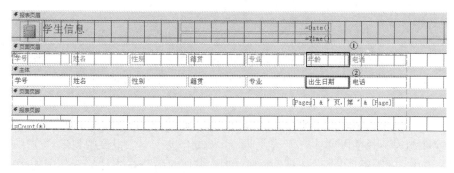

图 5-36 修改显示项

图 5-37 设置属性项

（3）在"视图"功能区选择"打印预览"命令，报表效果如图 5-38 所示。

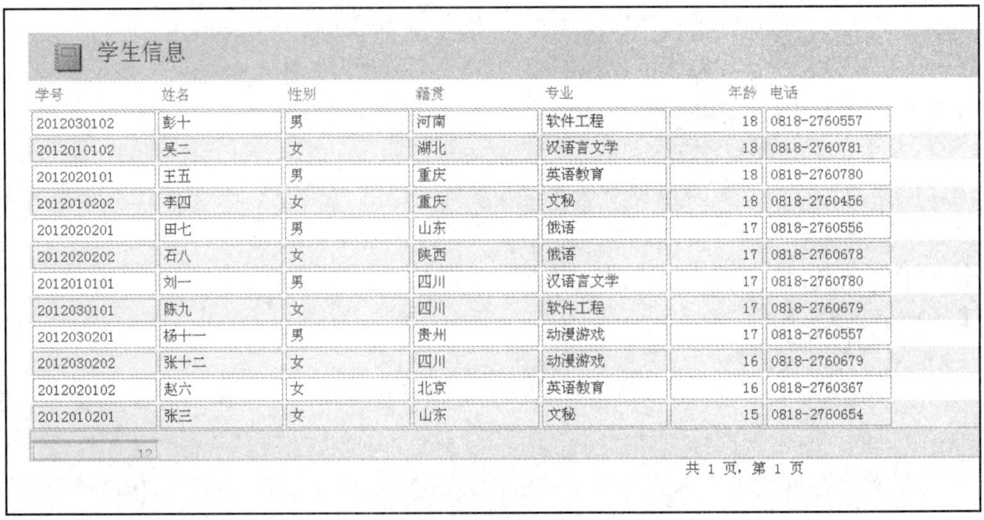

学生信息

学号	姓名	性别	籍贯	专业	年龄	电话
2012030102	彭十	男	河南	软件工程	18	0818-2760557
2012010102	吴二	女	湖北	汉语言文学	18	0818-2760781
2012020101	王五	男	重庆	英语教育	18	0818-2760780
2012010202	李四	女	重庆	文秘	18	0818-2760456
2012020201	田七	男	山东	俄语	17	0818-2760556
2012020202	石八	女	陕西	俄语	17	0818-2760678
2012010101	刘一	男	四川	汉语言文学	17	0818-2760780
2012030101	陈九	女	四川	软件工程	17	0818-2760679
2012030201	杨十一	男	贵州	动漫游戏	17	0818-2760557
2012030202	张十二	女	四川	动漫游戏	16	0818-2760679
2012020102	赵六	女	北京	英语教育	16	0818-2760367
2012010201	张三	女	山东	文秘	15	0818-2760654

12

共 1 页，第 1 页

图 5-38　报表效果

2. 报表统计计算

报表设计中，可以根据需要进行各种类型统计计算并输出显示，操作方法就是使用计算控件设置其控件源为合适的统计计算表达式。

在 Access 中利用计算控件进行统计计算并输出结果主要有两种形式。

（1）主体节内添加计算控件

在主体节内添加计算控件对每条记录的若干字段值进行求和或求平均值时，只要设置计算控件的控件源为不同字段的计算表达式即可。例如，当在一个报表中列出学生 3 门课“大学计算机基础”“大学英语”“大学体育”的成绩时，若要对每位学生计算 3 门课的平均成绩，只要设置新添计算控件的控件源为“=([大学计算机基础] + [大学英语] + [大学体育])/3”即可。

这种形式的计算还可以前移到查询设计中，以改善报表操作性能。若报表数据源为表对象，则可以创建一个选择查询，添加计算字段完成计算；若报表数据源为查询对象，则可以再添加计算字段完成计算。

（2）在组页眉/组页脚节内或报表页眉/报表页脚节内添加计算字段

在组页眉/组页脚节内或报表页眉/报表页脚节内添加计算字段对某些字段的一组记录或所有记录进行求和或求平均值时，这种形式的统计计算一般是对报表字段列的纵向记录数据进行统计，而且要使用 Access 提供的内置统计函数（Count 函数完成计数，Sum 函数完成求和，Avg 函数完成求平均）来完成相应计算操作。例如，要计算上述报表中所有学生的“大学英语”课程的平均分，需要在报表页脚节内对应“英语”字段列的位置添加一个文本框计算控件，设置其控件源属性为“=Avg([大学英语])”即可。

如果是进行分组统计并输出，则统计计算控件应该布置在“组页眉/组页脚”节内相应位置，然后使用统计函数设置控件源即可。

例 5.11　根据“课程”报表，添加计算控件统计所有课程的总学分。

（1）在报表“设计视图”中打开“课程”报表。

（2）在报表页脚节中添加文本框→在文本标签中输入“总学分”，在文本框中输入“=Sum([学分])”，如图 5-39 所示。

（3）在“视图”功能区选择“打印预览”命令，报表效果如图 5-40 所示。

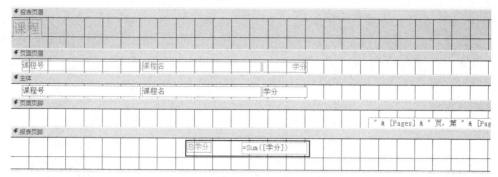

图 5-39　设置"总学分"文本框

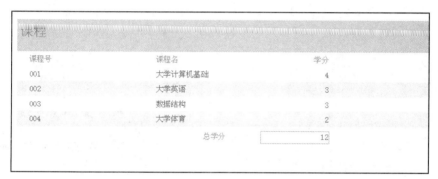

图 5-40　报表预览

3. 报表常用函数

报表常用函数见表 5-3。

表 5-3　报表常用函数

函数	功能
Avg	在指定的范围内，计算指定字段的平均值
Count	计算指定范围内记录个数
First	返回指定范围内多条记录中的第一条记录指定的字段值
Last	返回指定范围内多条记录中的最后一条记录指定的字段值
Max	返回指定范围内多条记录中的最大值
Min	返回指定范围内多条记录中的最小值
Sum	计算指定范围内的多条记录指定字段值的和
Date	当前日期
Now	当前日期和时间
Time	当前时间
Year	当前年

5.3.4　创建子报表

子报表是出现在另一个报表内部的报表，包含子报表的报表称为主报表。主报表中包含的是一对多关系中的"一"，而子报表则显示"多"的相关记录。

1. 在已有的报表中创建子报表

在创建子报表之前，首先要确保主报表和子报表之间已经建立了正确的联系，这样才能保证子报表中的记录与主报表中的记录之间有正确的对应关系。

例 5.12　向"学生"报表中添加"成绩"子报表。

【操作步骤】

（1）在"设计视图"中打开"学生"报表，并在主体节的主体表下面预留子报表的位置。

（2）在"报表设计工具－设计"选项卡的"控件"组中单击"子窗体/子报表"按钮→在报表主体节中单击，打开"子报表向导"对话框→在"请选择将用于子窗体或子报表的数据来源"区域中选择"使用现有的报表和窗体"单选按钮，在下方的列表框选择"成绩"窗体→单击"下一步"按钮。如图 5-41 所示。

（3）进入如图 5-42 所示的对话框，对默认设置不做修改→单击"下一步"按钮。

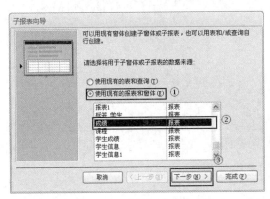
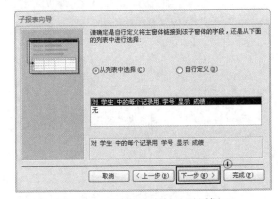

图 5-41　"子报表向导"对话框一　　　　图 5-42　"子报表向导"对话框二

（4）进入如图 5-43 所示的对话框，在"请指定子窗体或子报表的名称"文本框中输入"成绩"，单击"完成"按钮。

图 5-43　"子报表向导"对话框三

（5）适当调整子报表窗体的大小位置，单击"视图"功能区中的"打印预览"按钮，创建子报表，如图 5-44 所示。

（6）单击"文件"选项卡，选择"对象另存为"命令，将报表命名为"学生成绩子报表"进行保存，单击"确定"按钮，如图 5-45 所示。

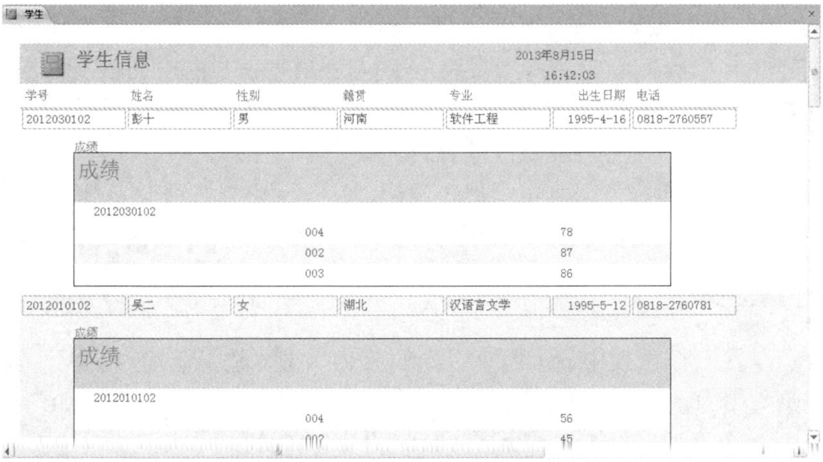

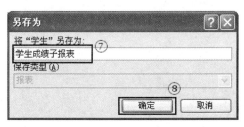

图 5-44　创建生成的子报表

图 5-45　"另存为"对话框

2. 将已有的报表添加到其他已有报表中建立子报表

例 5.13　将"课程"报表添加到"学生"报表中作为子报表。

【操作步骤】

（1）在"设计视图"中打开"学生－使用向导创建"报表。

（2）在窗口左侧导航窗格中，选中"学生"报表，将"学生"报表拖动至"学生－使用向导创建"报表主体节。

（3）调整位置，切换至"打印预览"视图，创建的子报表如图 5-46 所示。

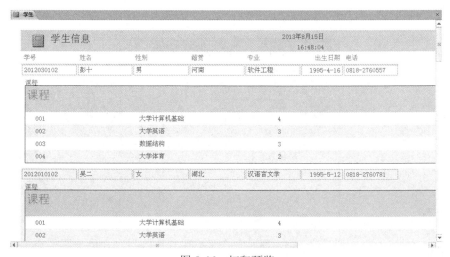

图 5-46　打印预览

3. 链接主报表和子报表

子报表创建好后，Access 自动将主报表与子报表相链接，用户同时还可以修改已经创建好的链接，其基本步骤如下：

（1）在"设计视图"中打开要修改的报表。

（2）单击选中子报表控件，单击"报表设计工具－设计"选项卡下"工具"组中的"属性表"按钮→在出现的"属性表"的"数据"选项卡中设置链接子字段、主字段。

5.3.5 创建多列报表

多列报表就是在一个报表中显示两列以上的信息，主要适用于信息量少、宽度较小的记录。多列报表最常用的是标签报表形式。

例 5.14 创建"课程"报表，使报表以两列格式打印输出。

【操作步骤】

（1）以"课程"表为数据源，创建"课程"报表。

（2）在"设计视图"中打开"课程"报表，按图 5-47 调整布局。

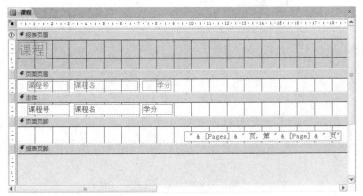

图 5-47　设计视图

（3）在"报表设计工具－页面设置"选项卡的"页面布局"组中单击"列"按钮→在弹出的"页面设置"对话框的"网格设置"区域的"列数"文本框中输入列数，此处设置 2 列→单击"确定"按钮，如图 5-48 所示。

图 5-48　"页面设置"对话框

（4）切换至"打印预览"视图，效果如图 5-49 所示。

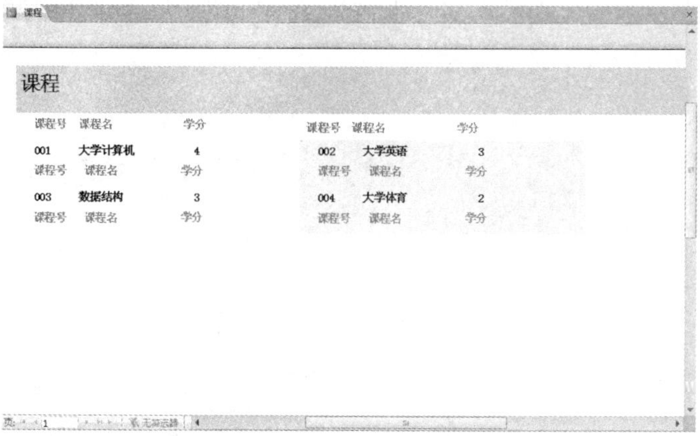

图 5-49　预览报表

5.3.6　设计复杂报表

设计报表时，正确而灵活地使用"报表属性""控件属性""节属性"等，可以设计出更加精美丰富的报表。

1. 报表属性

单击"报表设计工具－设计"选项卡下"工具"组中的"属性表"按钮，或按 F4 键，可以显示"属性表"，如图 5-50 所示。

下面简单介绍报表中的几个常用属性。

① 记录源：属性值必须是数据库中的数据表名或查询名，它将报表与某一数据表或查询绑定起来。

② 筛选：属性值必须是合法的表达式，根据指定的条件报表只输出符合要求的记录子集。

③ 允许筛选：属性值为"是"或"否"，确定筛选条件是否生效。

例如，要使"成绩"报表中只输出不及格学生的成绩，"成绩"报表的"属性表"设置如图 5-51 所示。

④ 排序依据：属性值必须是合法的表达式，它用来指定报表中记录的排序条件。

⑤ 启动排序：属性值为"是"或"否"，确定排序依据是否有效。

图 5-50　"属性表"

⑥ 记录锁定：用于禁止其他用户修改报表所需要的数据，可以设定在生成报表的所有页之前。

⑦ 页面页眉：是否在所有的页上显示页标题。

⑧ 页面页脚：是否在所有的页上显示页脚注。

⑨ 打开：位于"事件"选项卡。用于指定在"打印"时会挂靠该宏的宏的名称。可以通过"表达式生成器"或"代码生成器"完成相关的代码设计。

⑩ 关闭：位于"事件"选项卡。可以指定宏的名称。用于指定在"打印"完毕后会执行该宏的宏的名称。可以通过"表达式生成器"或"代码生成器"完成相关的代码设计。

2. 节属性

节的"属性表"如图 5-52 所示。

图 5-51　设置筛选条件并允许筛选　　　　　图 5-52　节"属性表"

上机操作

操作内容 1　报表的基本操作

打开"学生管理.accdb"。

1. 使用报表按钮建立"学生"报表，数据源为"tStud"表。

【操作提示】

（1）打开"学生管理"数据库。

（2）选择"所有 Access 对象"中的表"tStud"→选择"创建"选项卡→单击"报表"组中的"报表"按钮，如图 5-53 所示，系统自动创建报表如图 5-54 所示。

图 5-53　"创建"选项卡"报表"组

（3）调整好各字段的位置→单击"保存"按钮→在弹出的"另存为"对话框中输入报表的名称"学生"→单击"确定"按钮保存即可。

图 5-54　自动创建报表

2．使用报表向导建立"按学号统计学生成绩信息"报表，数据源为"tScore"表。

【操作提示】

（1）打开"学生管理"数据库。

（2）单击"创建"选项卡→单击"报表"组中的"报表向导"按钮，如图 5-55 所示，打开报表向导。

图 5-55　"创建"选项卡"报表"组

（3）在"报表向导"对话框的"表/查询"中选择"表：tScore"，在"可用字段"列表框中选择"学号"和"成绩"字段，如图 5-56 所示。

图 5-56　选择字段

（4）单击"下一步"按钮→在打开的"是否添加分组级别"对话框的列表框中选择"学号"选项→单击 > 按钮将其添加到右侧的列表框中，效果如图 5-57 所示，也可以单击 < 按钮删除已经添加的分组级别。

图 5-57　报表的分组

（5）单击"下一步"按钮→进入到对记录进行排序和汇总的对话框，如图 5-58 所示，最多可以按四个字段对记录进行排序→如果需要汇总，单击"汇总选项"按钮，打开"汇总选项"对话框，可设置"成绩"字段的四种汇总方式，本例选择"汇总"和"平均"，如图 5-59 所示→单击"确定"按钮，返回到"报表向导"对话框。

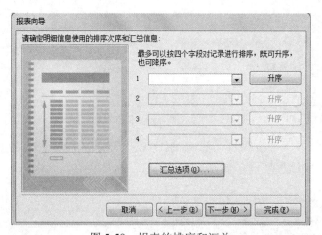

图 5-58　报表的排序和汇总

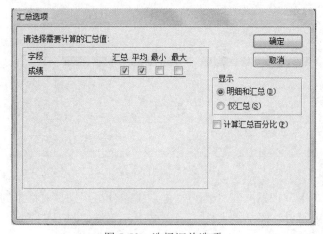

图 5-59　选择汇总选项

（6）单击"下一步"按钮→在打开的对话框中设置报表的布局，这里保持默认设置，效果如图 5-60 所示。

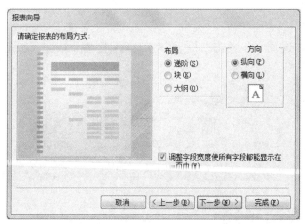

图 5-60　确定报表的布局方式

（7）单击"下一步"按钮→在打开的对话框中设置报表的标题为"按学号统计学生成绩信息"，如图 5-61 所示→单击"完成"按钮。报表显示结果如图 5-62 所示。

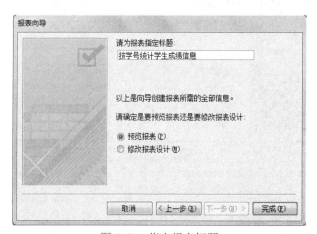

图 5-61　指定报表标题

图 5-62　报表显示结果

3. 使用标签按钮建立基于"tStud"表的"学生信息"标签报表，显示"学号""姓名""性别""政治面貌""毕业学校"。

【操作提示】

（1）打开"学生管理"数据库，选中"所有 Access 对象"中的表 tStud。

（2）单击"创建"选项卡→单击"报表"组中的"标签"按钮，如图 5-63 所示，打开"标签向导"对话框。

图 5-63　标签向导

（3）在弹出的对话框中指定标签的尺寸，如图 5-64 所示。

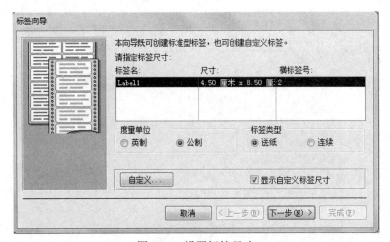

图 5-64　设置标签尺寸

（4）可以选择已有的标签尺寸，本例选择默认（见图 5-64）；也可以单击"自定义"按钮→打开"新建标签尺寸"对话框，如图 5-65 所示→单击"编辑"按钮，打开"编辑标签"对话框，如图 5-66 所示，可以修改标签尺寸，修改好后，单击"确定"按钮返回到"新建标签尺寸"对话框→单击"关闭"按钮返回到"标签向导"对话框。

图 5-65　"新建标签尺寸"对话框

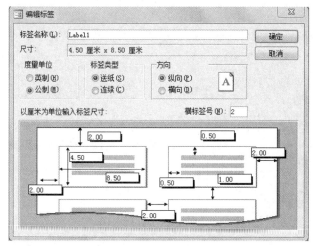

图 5-66 "编辑标签"对话框

（5）单击"下一步"按钮→在"标签向导"对话框中可设置文本的字体、字号、字体粗细与颜色等，如图 5-67 所示，保持默认设置→单击"下一步"按钮。

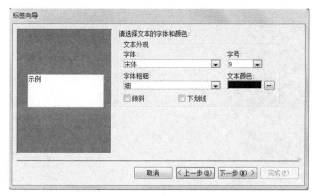

图 5-67 设置文本格式

（6）如图 5-68 所示，在"原型标签"中输入"学号："，在"可用字段"中双击"学号"或选中"学号"→单击 [>] 按钮，将该字段添加到"原型标签"中→按回车键（Enter 键）产生换行。同样的方法在"原型标签"中完成"姓名""性别""政治面貌""毕业学校"字段的设置。

图 5-68 确定标签显示内容

（7）单击"下一步"按钮→如图 5-69 所示，双击"学号"字段或选中"学号"字段→单击 [>] 按钮，将该字段添加到"排序依据"列表框中，单击"下一步"按钮。

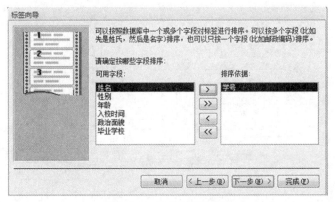

图 5-69　设置排序依据

（8）在打开的对话框中设置报表的名称为"学生信息"，如图 5-70 所示→单击"完成"按钮。报表显示结果如图 5-71 所示。

图 5-70　指定报表的名称

图 5-71　标签显示结果

4．使用报表设计视图创建基于"tScore"表的"学生成绩"报表，显示"tScore"表的所有字段。

【操作提示】

（1）打开"学生管理.accdb"数据库。

（2）选择"创建"选项卡→单击"报表设计"按钮，如图 5-72 所示。

图 5-72　"创建"选项卡

（3）单击"报表设计工具－工具"组中的"添加现有字段"按钮，如图 5-73 所示→在弹出的"字段列表"中，选择"tScore"表中的所有字段，并将这些字段拖动到报表的主体节中→移动并调整布局后如图 5-74 所示。

图 5-73　"报表设计"选项卡

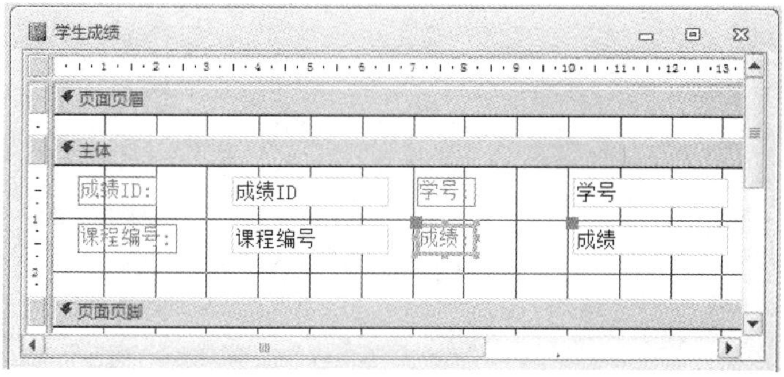

图 5-74　从数据表中选择字段到报表

（4）单击"保存"按钮→在弹出的"另存为"对话框中输入报表的名称"学生成绩"→单击"确定"按钮保存报表。要查看设计的效果，可单击"视图"按钮，在下拉菜单中选择"报表视图"，效果如图 5-75 所示。如果觉得效果不满意，可以单击"视图"按钮，在下拉菜单中选择"设计视图"，重新调整布局及显示效果。

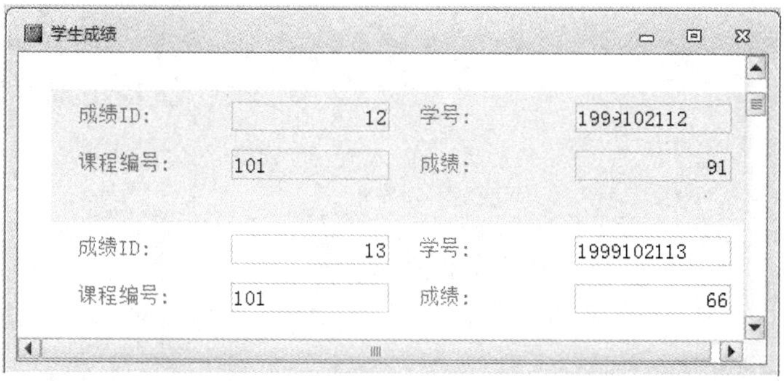

图 5-75　"学生成绩"报表效果

5. 修改"学生成绩"报表的样式为表格式报表。

【操作提示】

（1）选择上例的"学生成绩"报表。

（2）单击"视图"按钮→在下拉菜单中选择"设计视图"→将"主体"节中的"成绩ID:""课程编号:""学号:""成绩:"移动到"页面页眉"节中，并调整相应的位置，如图5-76所示。

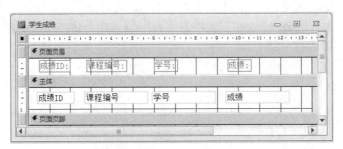

图 5-76   "学生成绩"设计视图

（3）单击"视图"按钮→在下拉菜单中选择"报表视图"，查看设计效果，如图5-77所示。

图 5-77   "学生成绩"表格式报表

6. 为"学生成绩"报表添加背景图片。

【操作提示】

（1）选择上例的"学生成绩"报表。

（2）单击"视图"按钮→在下拉菜单中选择"设计视图"→单击"报表设计工具－设计"选项卡"工具"组中的"属性表"按钮，如图5-78所示，打开"报表"的属性表，如图5-79所示。

图 5-78   "报表设计工具－设计"选项卡

图 5-79   "报表"的属性表

（3）在"格式"选项卡中，可设置报表的各种格式，本例在"图片"中选择一张准备好的图片作为背景→单击"视图"按钮→在下拉菜单中选择"报表视图"查看效果，如图 5-80 所示；也可以在"所选内容的类型"中选择其他对象，并设置它们的格式。

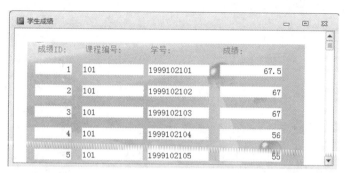

图 5-80　"学生成绩"表格式报表加上背景的效果

7. 在"学生成绩"报表的页眉处添加一个标签，标签上的文字是"学生成绩"，标签用一个矩形框框住，另利用"日期和时间"按钮添加一个日期和时间；在页脚处添加一个页码，页码的格式为"Page　N"。

【操作提示】

（1）选择上例的"学生成绩"报表。

（2）单击"视图"按钮→在下拉菜单中选择"设计视图"→单击"报表设计工具－设计"选项卡"页眉/页脚"组中的"标题"按钮，如图 5-81 所示；在报表页眉节的标签中输入"学生成绩"→双击"学生成绩"打开"属性表"，如图 5-82 所示；在"格式"选项卡中设置"边框样式""边框颜色""特殊效果"等格式后切换到"报表视图"查看效果。

图 5-81　设置标题

图 5-82　"标题"属性表

（3）单击"视图"按钮→在下拉菜单中选择"设计视图"，单击"报表设计工具－设计"选项卡"页眉/页脚"中的"日期和时间"按钮，如图 5-83 所示→在弹出的"日期和时间"对话框中设置日期和时间的格式，如图 5-84 所示；设置好格式后，调整日期和时间的布局，并切换到"报表视图"查看效果，如图 5-85 所示。

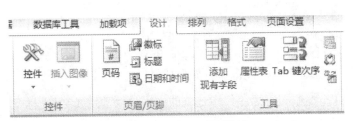

图 5-83　设置"日期和时间"　　　　图 5-84　"日期和时间"对话框

图 5-85　添加了标题和日期时间的报表

（4）单击"视图"按钮→在下拉菜单中选择"设计视图"→单击"报表设计工具－设计"选项卡"页眉/页脚"组中的"页码"按钮，如图 5-86 所示→在弹出的"页码"对话框中设置页码的格式、位置和对齐方式，如图 5-87 所示→单击"确定"按钮，将"页面页脚"中的"=" 页" & [Page]"修改为"=" Page " & [Page]"，修改后，切换到"打印预览"视图查看效果，如图 5-88 所示。

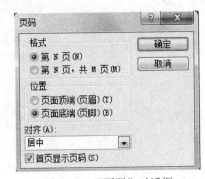

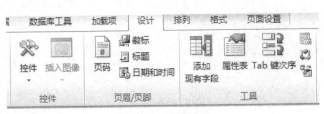

图 5-86　插入页码　　　　　　　　　图 5-87　"页码"对话框

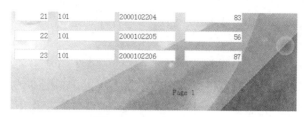

图 5-88　"页码"效果

操作内容 2　报表的复杂操作

打开"学生管理.accdb"。

1．把"学生"报表按"学号"字段排序。

【操作提示】

（1）选择操作内容 1 中创建的"学生"报表。

（2）单击"视图"按钮→在下拉菜单中选择"设计视图"→在页面页眉节中的"学号"字段上单击右键→在弹出的快捷菜单中选择"升序排序"，切换到"报表视图"查看效果。

2．将"学生"报表按"性别"字段分组。

【操作提示】

（1）选择操作内容 1 中创建的"学生"报表。

（2）单击"视图"按钮→在下拉菜单中选择"设计视图"→在"分组和汇总"组中单击"分组和排序"按钮，如图 5-89 所示→在"分组、排序和汇总"中单击"添加组"，选择字段"性别"即可，可在"性别页眉"节中加入相应的页眉信息，如图 5-90 所示。切换到"报表视图"查看效果，如图 5-91 所示。上例中的排序也可按此方法添加排序。

图 5-89　"分组和排序"按钮

图 5-90　添加组和排序

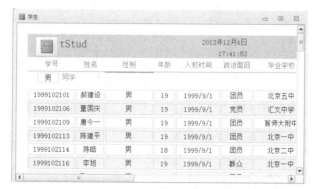

图 5-91　按学号升序和按性别分组的报表效果

3．统计"学生"报表中男女人数。

【操作提示】

在上例图 5-91 中，单击"分组形式"后面的"更多"→单击"汇总"下拉列表，设置内容如图 5-92 所示→设置好后切换到"报表视图"查看效果，如图 5-93 所示。

图 5-92　设置汇总

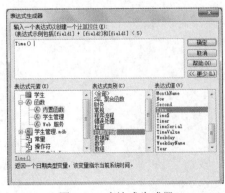

图 5-93　汇总效果

4．在页面页脚节中添加一个计算控件，用于显示当前时间。

【操作提示】

（1）选择操作内容 1 中创建的"学生"报表。

（2）单击"视图"按钮→在下拉菜单中选择"设计视图"→在"控件"组中的"控件"下拉菜单中选择"文本框"控件→在页面页脚节空白处单击，产生一个标签控件和一个文本框控件→双击标签控件，打开其"属性表"→在"全部"选项卡中，设置标题为"当前时间："；双击文本框控件，打开其"属性表"→在"全部"选项卡中→单击"控件来源"后的按钮，打开"表达式生成器"对话框，按图 5-94 选择相应的时间函数→单击"确定"按钮，效果如图 5-95 所示；可切换到"报表视图"查看效果。

图 5-94　表达式生成器

图 5-95　添加文本框效果

课后练习

1．若要在报表每一页底部都输出信息，需要设置的是（　　　）。

  A．页面页脚　　　　B．报表页脚　　　　C．页面页眉　　　　D．报表页眉

2．在关于报表数据源设置的叙述中，以下正确的是（　　　）。

  A．可以是任意对象　　　　　　　　B．只能是表对象

  C．只能是查询对象　　　　　　　　D．可以是表对象或查询对象

3．在"报表设计工具"选项卡中，用于修饰版面以达到更好显示效果的控件是（　　　）。

  A．直线和矩形　　　B．直线和圆形　　C．直线和多边形　　D．矩形和圆形

4．要实现报表的分组统计，其操作区域是（　　　）。

  A．报表页眉或报表页脚区域　　　　B．页面页眉或页面页脚区域

  C．主体区域　　　　　　　　　　　D．组页眉或组页脚区域

5．在使用报表设计器设计报表时，如果要统计报表中某个字段的全部数据，应将计算表达式放在（　　　）。

  A．组页眉/组页脚　　　　　　　　B．页面页眉/页面页脚

  C．报表页眉/报表页脚　　　　　　D．主体

6．下列关于报表的叙述中，错误的是（　　　）。

  A．报表是 Access 中以一定输出格式表现数据的一种对象

  B．报表主要用于对数据库中的数据进行打印输出，不能进行数据的分组、计算和汇总

  C．报表是 Access 数据库的对象之一

  D．在报表中可以包含子报表或子窗体

7．用于查看报表的版面设置的视图是（　　　）。

  A．设计视图　　　B．打印预览　　　C．版面预览　　　D．版面视图

8．在报表的开始处，用来显示报表的标题、图表或说明文字的是（　　　）。

  A．分组页眉　　　B．页面页眉　　　C．报表页眉　　　D．报表标题栏

9．在报表的设计视图中，区段被表示成带状形式，称之为（　　　）。

  A．页　　　　　　B．段　　　　　　C．节　　　　　　D．区

10．在报表设计区中，（　　　）通常用来显示数据的列标题。

  A．组页眉　　　　B．页面页眉　　　C．报表页眉　　　D．报表列标题

11．使用（　　　），可以一次性更改报表中所有文本的字体、字号及线条粗细等外观属性。

  A．自定义格式　　　　　　　　　　B．自动报表

  C．自动套用格式　　　　　　　　　D．使用线条和矩形

12．在 Access 报表中，分页符会以（　　　）标志出现在报表的左边界上。

  A．矩形　　　　　B．线条　　　　　C．"分页"字符串　　D．短虚线

13．当在一个报表中列出学生的英语成绩、数学成绩、计算机成绩 3 项成绩时，要求计算每个学生的平均成绩，只要添加一个计算控件，其控件来源为（　　　）。

  A．avg([英语成绩]+[数学成绩]+[计算机成绩])

  B．([英语成绩]+[数学成绩]+[计算机成绩])/3

  C．= avg([英语成绩]+[数学成绩]+[计算机成绩])

D．=([英语成绩]+[数学成绩]+[计算机成绩])/3

14．要显示格式为"页码/总页码"的页码时，应当设计计算控件的控件来源为（　　　）。

A．[page]/[pages]　　　　　　　　B．=[page]/[pages]

C．[page] &"/"& [pages]　　　　　　D．=[page] &"/"& [pages]

15．某节中包含有多个控件，但又想"打印预览"视图中看不到此节，下列实现中正确的是（　　　）。

A．将此节的高度属性值设为 0　　　　B．将此节的大小设置为 0

C．将此节的可见性属性设为否　　　　D．将此节的是否可用属性设为否

二、填空题

1．使用"报表"命令创建"课程"报表，数据源为"tCourse"表。"报表"命令在_____选项卡里。

2．使用"报表向导"创建"按毕业学校统计学生成绩信息"报表，数据源为"tScore"表。按_____查看成绩。

3．使用"标签"命令创建基于"tCourse"表的"课程信息"标签报表，显示"课程编号""课程名""学分"。"标签"命令在_____选项卡里。

4．使用报表"设计视图"创建基于"tStud"表的"tStud"报表，显示"tStud"表的所有字段。如何把数据源的字段放到报表中？

_____

5．修改"tStud"报表的样式为表格式报表。如何把现有报表改为表格式报表？

_____

6．为"tStud"报表添加背景图片。如何设置背景图片？

_____

7．在"tStud"报表的页眉处添加一个标签，标签上的文字是"学生基本信息"，标签用一个矩形框框住，另利用"日期和时间"按钮添加一个日期和时间；在页脚处添加一个页码，页码的格式为_____

（1）如何添加"页眉/页脚"？_____

（2）"日期和时间"按钮在_____

（3）"第 N 页，共 M 页"的表达式：_____

8．把"成绩"报表按"学号"字段排序。排序字段在_____添加。

9．将"成绩"报表按"学号"字段分组。分组字段在_____添加。

10．在"学生"报表中添加一个"班级"字段，显示每个学生所在的班级，如 1999 级 2 班。怎么计算学生所在的班级？_____

11．统计"成绩"报表中每个学生的总成绩和平均成绩。

（1）总成绩放在_____

（2）总成绩的计算表达式：_____

（3）平均成绩的计算表达式：_____

12．向"课程"报表添加"学生成绩"子报表。如何添加子报表？

_____

第 6 章 宏的应用

教学目标

1. 了解宏的概念、格式
2. 掌握常见宏的创建和设计方法
3. 掌握运行宏和调试宏的方法
4. 掌握宏的编辑方法

6.1 宏

在 Access 中，宏是五大对象之一，它可以在不编写任何代码的情况之下帮助用户自动完成一些任务。灵活地使用宏能够将查询、窗体等对象有机地组合起来，形成性能完善、操作简单的系统。

6.1.1 宏的基本概念

宏是一个或者多个操作命令组成的集合，其中每个操作执行特定的功能。例如，打开某个窗体或打印某个报表。宏可以使某些普通的任务自动完成。在 Access 中共定义了近 50 种这样的基本操作，也叫宏命令。

宏是由宏名、条件、操作和操作参数四部分组成。其中宏名就是宏的名称；条件是指在执行宏操作之前必须满足的某些标准或限制，可以使用计算结果等于 True/False 或"是/否"的任何表达式；操作用来定义或选择宏要进行的操作；参数就是执行宏所需要的数据。

6.1.2 宏的分类

Access 中的宏可以分为：操作系列宏、宏组和含有条件操作的条件宏。

1. 操作系列宏

操作系列宏是指按顺序执行一系列操作的宏。

2. 宏组

宏组是共同存储存在一个宏名下的相关宏的集合。如果有多个宏，最好把相关的宏分到不同的宏组，这样便于管理。

3. 条件宏

在一定条件下才执行的宏叫条件宏。即执行宏的过程中按照一定的逻辑条件来决定执行哪些宏命令。

6.1.3 常见宏介绍

使用宏操作执行任何重复任务或一系列任务时，可以节约时间，提高效率。宏的创建过程简单，不需要编程，不需要记住各种复杂的语法。即可实现某些特定的自动处理功能。

宏操作是宏最基本的内容。Access 提供了大量的宏操作命令，常用的宏操作如表 6-1 所示。

表 6-1　常用的宏操作

宏操作	功能
OpenTable	打开表
OpenForm	打开窗体
OpenReport	打开报表
OpenQuery	打开查询
Save	保存当前对象
Close	关闭指定对象
Beep	使计算机发出"嘟嘟"声
MessageBox	弹出消息框

6.2　宏设计器介绍

Access 中宏或宏组的建立和编辑都是在"宏"设计窗口中进行的。

如图 6-1 所示，在 Access 的"创建"选项卡的"宏与代码"组中，单击"宏"按钮，打开宏设计界面，如图 6-2 所示。打开"宏工具－设计"选项卡，该选项卡共有三个组，如图 6-3 所示，分别是"工具""折叠/展开""显示/隐藏"。

图 6-1　"创建"选项卡

图 6-2　宏设计界面

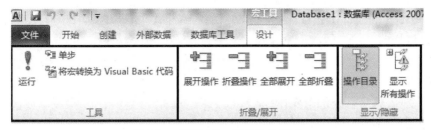

图 6-3　"宏工具－设计"选项卡

（1）"工具"组包含运行、单步调试和将宏转换为 Visual Basic 代码 3 个命令按钮。

（2）"折叠/展开"组提供浏览宏代码的几种方式：展开操作、折叠操作、全部展开和全部折叠，展开操作可以详细地查看每个操作的细节和每个参数的具体内容。而折叠操作则只显示操作的名称，不显示操作的参数等详细内容。

（3）"显示/隐藏"组主要是控制操作目录的隐藏和显示。

进入宏设计界面后，Access 窗口的下部分为三个窗口：左侧导航栏、中间宏设计器和右侧"操作目录"窗格，如图 6-4 所示。"操作目录"窗格也由三部分组成："程序流程"部分、"操作"部分和"在此数据库中"部分。

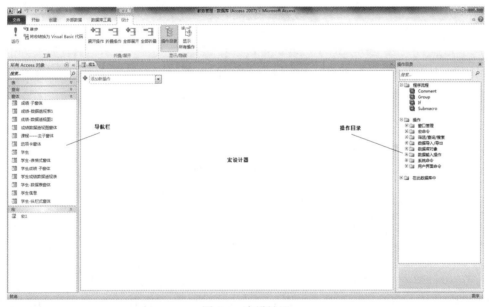

图 6-4　宏设计器

1）"程序流程"部分

包括注释（Comment）、组（Group）、条件（If）和子宏（Submacro）。

2）"操作"部分

把宏操作按操作性质分成 8 组，共 60 多种操作。单击 ⊞ 展开每个组，可以显示出该组中的所有内容。

3）"在此数据库中"部分

列出了当前数据库中的所有宏，以便用户可以重复使用所创建的宏和事件过程代码，展开"在此数据库中"，通常显示下一级列表"报表""窗体"和"宏"。当没有建立任何内容时，这部分默认是不显示的。

Access 2010 重新设计了宏设计器，与以前的版本相比，Access 2010 的宏设计器十分类似于 VBA 事件过程的开发界面，使用其开发宏更为方便。

当创建一个宏后，在宏设计器中，出现一个组合框，组合框中显示添加新操作的占位符，组合框前面有个绿色的展开/折叠按钮 ╬ 添加新操作   ▼ 。

有如下三种方式可以添加新操作：

（1）直接在组合框中输入操作符。

（2）单击组合框的下拉箭头，在打开的列表中选择操作，如图 6-5 所示。

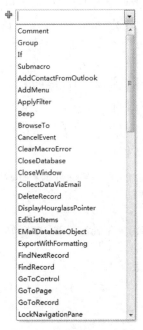

图 6-5　操作选择组合框

（3）从"操作目录"窗格中把某个操作拖拽到组合框中。

6.3　宏的创建

用户可以创建宏，用以执行某个特定的操作，也可以创建一个宏组执行一系列操作。在 Access 中创建宏比较简单，不需要设计代码，只要在宏的操作列表中安排一些简单的选择即可。

6.3.1　创建独立宏

例 6.1　创建宏"打开窗体"，用来打开"显示信息"窗体。

【操作步骤】

（1）打开"教务管理"数据库→在"创建"选项卡的"宏与代码"组中单击"宏"按钮，打开"宏设计器"。

（2）在宏设计器的操作选择组合框中选择"OpenForm"或者直接在组合框中输入"OpenForm"→单击"窗体名称"组合框右侧下拉箭头→在下拉列表中选择"显示信息"→其他参数默认，如图 6-6 所示。

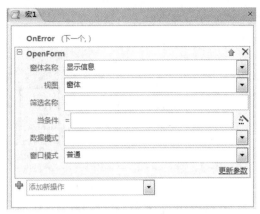

图 6-6 "宏设计器"界面

（3）保存宏，并命名为"显示信息"。

例 6.2 创建"独立宏"，运行该宏时，弹出消息框显示"我们正在学习 Access 对象——宏！"。

（1）打开"教务管理"数据库→在"创建"选项卡的"宏与代码"组中→单击"宏"按钮→打开"宏设计器"。

（2）在宏设计器的操作选择组合框中选择"MessageBox"或者直接在组合框中输入"MessageBox"→在"消息"文本框中输入"我们正在学习 Access 对象——宏！"，其他参数默认，如图 6-7 所示。

（3）单击■按钮，保存该宏并命名为"独立宏"。

（4）单击"宏工具－设计"选项卡中"工具"组的!按钮，运行效果如图 6-8 所示。

图 6-7 "MessageBox"操作参数设置

图 6-8 效果图

在 Access 中，AutoExec 为自动运行宏，当创建的宏以 AutoExec 命名后，每当打开数据库，该宏都将自动运行。AutoExec 是一个典型的独立宏。

6.3.2 创建条件宏

某些情况下，希望当且仅当特定条件为真时，允许宏执行一个或多个操作。如当运行某宏时，弹出"输入口令"对话框，要求用户输入密码，当输入正确时，显示另一界面，否则不显示，这里就可以使用条件来控制执行的流程。

下面我们来看一个类似 QQ 登录界面的例子，通过这个例子来学习条件宏的创建。

例 6.3 创建一个宏，实现在"登录窗体"的"密码"文本框内输入正确密码"123"后，单击"登录"命令按钮，才能打开"学生"窗体，否则给出"密码错误，请重新输入！"的提示。

（1）打开"教务管理"数据库→在"创建"选项卡的"窗体"组中→单击"窗体设计"按钮→打开窗体的"设计视图"，如图 6-9 中①所示。

图 6-9　窗体的"设计视图"

（2）在窗体中添加一个带有标签的文本框→在标签中输入"密码"→用鼠标右键单击文本框→在弹出的快捷菜单中选择"属性"命令→在"属性表"中选择"其他"选项卡→将"名称"改为"Text1"，如图 6-10 中②所示。

（3）在窗体中再添加一个"命令按钮"→用鼠标右键单击"命令按钮"→在弹出的菜单中选择"属性"命令→在"全部"选项卡的"标题"文本框中输入"登录"，"名称"文本框中输入"bOk"，如图 6-11 中③、④所示。保存当前窗体，并将其命名为"登录窗体"。

图 6-10　"文本框"的"属性表"

图 6-11　"命令按钮"的"属性表"

（4）在图 6-11 的"事件"选项卡中单击"单击"事件列表框右侧的 按钮→打开"选择生成器"对话框→选择"宏生成器"→单击"确定"按钮，进入到"宏"设计视图。

（5）在"添加新操作"组合框中输入"IF"并回车→单击"添加新操作"组合框右侧的表达式生成器按钮 →在弹出的"表达式生成器"对话框的"表达式元素"区域展开"教务管理"/"Forms"/"所有窗体"→双击"登录窗体"→在"表达式类别"区域中双击"Text1"→这时在输入表达式框中出现"[Text1]"→在其后输入"=123"，步骤如图 6-12 中⑤～⑨所示。

（6）在"添加新操作"中输入"OpenForm"，如图 6-13 中⑩所示→按回车键。在图 6-14 的"窗体名称"文本框输入"学生"。

图 6-12　"表达式生成器"对话框

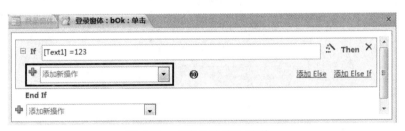

图 6-13　"宏设计器"界面一

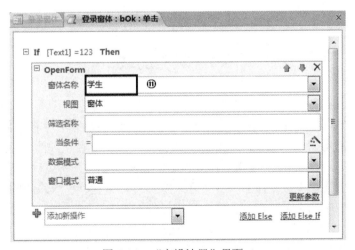

图 6-14　"宏设计器"界面二

（7）如图 6-14 所示，单击"添加 Else"命令→在 Else 下的"添加新操作"后的列表框中输入"MessageBox"并回车→然后在"消息"文本框中输入"密码错误，请重新输入！"。如图 6-15 中⑫所示。

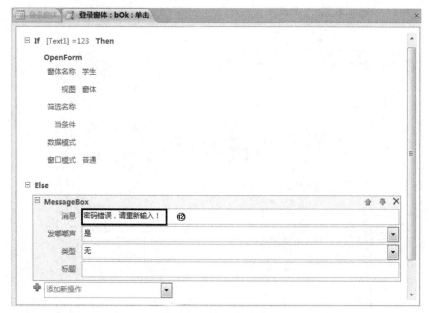

图 6-15　"宏设计器"界面三

（8）保存当前设置，并关闭"宏设计器"→切换到"登录窗体"的窗体视图下，在窗体中的密码文本框内输入错误密码时，系统将弹出如图 6-16 所示的提示。当输入正确密码时，便能打开"学生"窗体。

图 6-16　密码错误提示

6.4　宏的加载

通常数据库会用宏来对数据库中的对象进行管理，一般是在窗体中添加一个命令按钮，然后将命令按钮"属性表"的"事件"选项卡中的某一事件和特定功能的宏进行关联。

例 6.4　在"教务管理"数据库中有"关闭窗体"宏，能实现关闭"登录窗体"的功能，现要求在"登录窗体"中添加"取消"命令按钮，使其实现关闭本窗体的功能。

（1）在"教务管理"数据库中打开"登录窗体"，并切换到"设计视图"。

（2）在窗体中添加一个"命令按钮"→用鼠标右键单击已添加的"命令按钮"→在弹出的菜单中选择"属性"命令→在"全部"选项卡的"标题"文本框中输入"退出"→"名称"文本框中输入"bQuit"，如图 6-17 中①、②所示。

（3）选择"事件"选项卡→单击"单击"事件组合框后的按钮 → 在下拉列表中选择"关闭窗体"宏，如图 6-18 中③所示。

（4）保存当前设置。

图 6-17　"命令按钮"属性表一　　　　图 6-18　"命令按钮"属性表二

6.5　宏的运行和调试

宏有多种运行方式。可直接运行某个宏，可运行宏组里的宏，也可通过相应窗体、报表及其控件中的事件来运行宏。

6.5.1　运行宏

独立宏可以用下列任何一种方式来运行：从导航窗格中直接运行、在宏组中运行、从另一宏中运行、从 VBA 模块中运行或者是对于窗体、报表或控件，由某个事件的响应而运行。

嵌入在窗体、报表、控件的宏可以在设计视图中，单击功能区的"运行"命令，或者在与它关联的事件被触发时自动运行。

1. 直接运行宏

方法一：以"设计视图"打开宏→在"设计"选项卡"工具"组中单击运行命令。

方法二：在数据库导航窗格中→单击"宏"对象选项→双击相应的宏名。

方法三：在"数据库工具"选项卡中选择"宏"组→单击"运行宏"命令→选择或输入要运行的宏名称。

2. 通过窗体或报表上的控件按钮来执行宏

在实际应用时，并不是直接运行宏，而是通过窗体或报表对象中控件的一个触发事件来执行宏，最常见的是使用窗体上的命令按钮来执行宏。

6.5.2　调试宏

创建宏之后，使用宏之前要先进行调试，以保证宏运行的结果与设计时的要求一致，调试无误后就可以运行宏。

宏的调试是创建宏后必须进行的一项工作，尤其是对于由多个操作组成的复杂宏，更是需要进行反复调试，以观察宏的流程和每一个操作的结果，排除导致错误或产生非预期结果的操作。

通过 Access 提供的"单步"执行的功能对宏进行调试。"单步"执行一次只运行宏的一个操作，这时可以观察宏的运行流程和运行结果，从而找到宏中的错误，并排除错误。对于独立宏，可以直接在宏设计器中进行宏的调试；而对于嵌入宏，则要在嵌入的窗体或报表对象中进行调试。

例 6.5　调试"教务管理"数据库中的"多操作宏"。

（1）打开"教务管理"数据库，用"设计视图"打开"多操作宏"。

（2）在"设计"选项卡的"工具"组中单击"单步"命令电单步→单击!命令。

（3）打开"单步执行宏"对话框→系统进入调试状态→在"单步执行宏"对话框中显示出当前正在运行的宏名、条件、操作名称和参数等信息，如图 6-19 所示。如果执行正确，可以单击"单步执行"按钮继续以单步的形式执行宏。如果发现错误，可以单击"停止所有宏"按钮，停止宏的执行，并返回"宏"的设计视图，修改宏的设计，单击"继续"按钮，继续运行该宏的下一个操作，直到全部操作执行完毕。

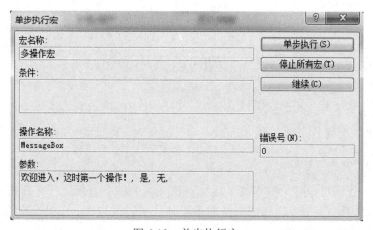

图 6-19　单步执行宏

在单步执行宏时，如果某个操作有错，Access 会显示警告信息，并给出该错误的简单原因。

上机操作

操作内容 1　简单宏的创建和操作

打开"Samp1.accdb"。

1. 创建宏"打开窗体"，用来打开"登录窗体"。

【操作提示】

（1）单击"创建"选项卡"宏与代码"组中的"宏"按钮，如图 6-20 所示，打开图 6-21 所示的宏设计器。

图 6-20　"创建"选项卡"宏与代码"组

图 6-21　宏设计器

（2）在宏设计器的"添加新操作"组合框  中输入"OpenForm"命令，然后按回车键。

（3）在如图 6-22 所示的"窗体名称"处输入或直接选择"登录窗体"。

（4）单击 Access 窗口左上角的"保存"按钮，在弹出的"另存为"对话框中输入"打开窗体"，如图 6-23 所示，单击"确定"按钮。

图 6-22　宏设计器的"OpenForm"操作　　　　图 6-23　"另存为"对话框

2．创建独立宏"消息框"，用以显示消息框"我们正在学习 Access 对象——宏！"

【操作提示】

（1）单击"创建"选项卡"宏与代码"组中的"宏"按钮→打开宏设计器。

（2）在宏设计器的"添加新操作"组合框中输入"MessageBox"命令，然后按回车键。

（3）在如图 6-24 所示的"消息"后输入"我们正在学习 Access 对象——宏！"。

（4）保存宏，在"另存为"对话框中输入"消息框"→将宏命名为"消息框"→单击"确定"按钮。

3．在"实验一"／"Samp1.accdb"中"窗体 1"的窗体页脚区添加一个命令按钮，标题为"运行嵌入宏"，通过创建嵌入宏，使得单击按钮"运行嵌入宏"时，便能显示消息框"您现在运行的就是嵌入宏！"

图 6-24　宏设计器的"MessageBox"操作

【操作提示】

（1）打开"窗体 1"的设计视图。

（2）在"窗体 1"的窗体页脚节中添加命令按钮→标题设置为"运行嵌入宏"→名称为"bRun"，如图 6-25 所示。

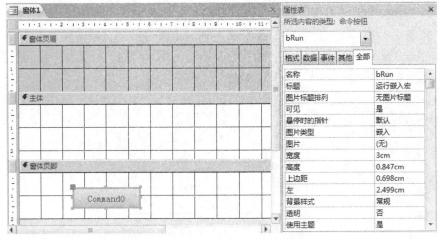

图 6-25　"窗体 1"命令按钮的设置

（3）在如图 6-25 所示的"属性表"中选择该按钮的"事件"选项卡→"单击"事件组合框后单击 按钮，如图 6-26 所示，弹出图 6-27 所示的对话框。

图 6-26　命令按钮"属性表"的"事件"选项卡一

图 6-27　选择生成器

（4）在弹出的对话框中选择"宏生成器"→单击"确定"按钮→进入宏生成器界面。

（5）在宏生成器界面下选择"MessageBox"操作→在"消息"参数中输入"您现在运行的就是嵌入宏!"，保存设置。

（6）将"窗体1"切换到窗体视图→单击"运行嵌入宏"按钮，观察结果。

（7）查看宏对象，查看刚建立的嵌入宏是否存在于宏对象之中，如果不在，思考为什么？

嵌入宏：Access 2010 中的嵌入宏和独立宏不同，因为它们存储在窗体、报表或控件的事件属性中。与其他宏不同的是，嵌入宏并不作为对象显示在"导航窗格"中的"宏"对象中。嵌入宏可以使数据库更易于管理，因为不必跟踪包含窗体或报表的宏的各个宏对象。而且，在每次复制、导入或导出窗体或报表时，嵌入宏仍附于窗体或报表中，这样就不会出现在生成的新 Access 2010 数据库中还要再创建一遍宏的问题。

4. 在"实验一"/"Samp1.accdb"中"窗体2"的窗体页脚区添加一个命令按钮，标题设置为"运行宏"，名称为"bOk"。要求实现当单击该按钮时，能够运行宏"消息框"。

【操作提示】

（1）打开"窗体2"的设计视图。

（2）在"窗体2"的窗体页脚中添加命令按钮→标题设置为"运行宏"→名称为"bOk"。

（3）在"属性表"中选择该按钮的"事件"选项卡→在"单击"事件组合框后的下拉列表中选择"消息框"，如图 6-28 所示。

图 6-28　命令按钮"属性表"的"事件"选项卡二

（4）保存设置。

操作内容 2　条件宏的创建和操作

1. 在"登录窗体"的主体节中添加一文本框，文本框的标签标题设置为"密码"，标签名称设置为"Text1"。

【操作提示】

（1）打开"登录窗体"的设计视图。

（2）在窗体的主体节中添加一文本框，文本框的标签的标题设置为"密码"，名称设置为"Lable1"；文本框的名称设置为"Text1"，如图 6-29、图 6-30 所示。

图 6-29　标签的"属性表"　　　　　　　　图 6-30　文本框的"属性表"

（3）保存设置。

2．在"登录窗体"的窗体页脚添节加一个命令按钮，按钮的标题设置为"登录"，名称为"bOk"。实现在"密码"后的文本框中输入正确的密码"123"，然后单击"登录"按钮，便能打开"学生"窗体，否则，显示"密码错误，请重新输入！"。

【操作提示】

（1）打开"登录窗体"的设计视图。

（2）在窗体的窗体页脚节添加一个命令按钮→按钮的标题设置为"登录"→名称设置为"bOk"。

（3）打开"登录"按钮的"属性表"→选择"事件"选项卡下的"单击"事件→单击其后的 … 按钮→在弹出的对话框中选择"宏生成器"→进入宏设计器界面，如图 6-31 所示。

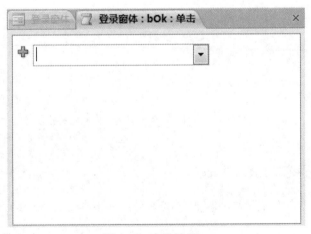

图 6-31　宏设计器一

（4）在"添加新操作"组合框 中输入"IF"并按回车键→单击"添加新操作"组合框右侧的"表达式生成器"按钮 →在弹出的"表达式生成器"对话框的"表达式元素"部分展开"教务管理"/"Forms"/"所有窗体"，双击"登录窗体"→然后在"表达式类别"中双击"Text1",这时在输入表达式框中出现"[Text1]"→在其后输入"=123";或者直接在"表达式生成器"对话框的文本框中输入"Forms![登录窗体]![Text1]=123"。单击"确定"按钮,如图 6-32 所示。

图 6-32　表达式生成器

（5）在 IF 下的"添加新操作"组合框中输入"OpenForm"→按回车键→在展开的参数列表的"窗体名称"组合框中输入"学生",如图 6-33 所示。

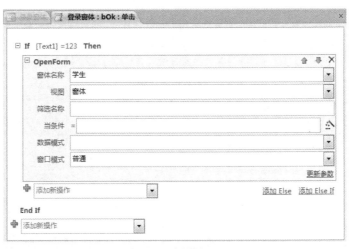

图 6-33　宏设计器二

（6）如图 6-33 所示,单击"添加 Else"命令→在 Else 下的"添加新操作"后的列表框中输入"MessageBox"并按回车键→然后在"消息"后的文本框中输入"密码错误,请重新输入!",如图 6-34 所示。

（7）保存当前设置→关闭"宏设计器"→切换到"登录窗体"的窗体视图下→在窗体中的"密码"文本框内输入错误密码→单击"登录"按钮,观察运行结果;当输入正确密码"123"→单击"登录"按钮,再观察运行结果。

图 6-34　宏设计器三

3．关闭当前数据库"Samp2.accdb"后，重新打开，观察与平时打开是否有不同。

4．将宏"打开窗体"重命名为"AutoExec"，关闭数据库，然后再重新打开，观察发生的变化。

【操作提示】

（1）在"宏"对象列表的"打开窗体"上单击鼠标右键，在弹出的快捷菜单上选择"重命名"命令，将"打开窗体"重命名为"AutoExec"。

（2）关闭 Access 窗口。

（3）重新启动数据库"Samp2"，观察发生的变化。

*5．调试并运行宏 AutoExec。（本题作为了解）

课后练习

一、单选题

1．下列操作中，适合使用宏的是（　　）。

　　A．修改数据表结构　　　　　　　　B．创建自定义过程

　　C．打开或关闭报表对象　　　　　　D．处理报表中的错误

2．在宏的参数中，要引用窗体 F1 上的 Text1 文本框的值，应该使用的表达式是（　　）。

　　A．[Forms]![F1]![Text1]　　　　　B．Text1

　　C．[F1].[Text1]　　　　　　　　　D．[Forms]_[F1]_[Text1]

3．下列叙述中，错误的是（　　）。

　　A．宏能够一次完成多个操作　　　　B．可以将多个宏组成一个宏组

　　C．可以用编程的方法来实现宏　　　D．宏命令一般由动作名和操作参数组成

4. 在设计条件宏时，对于连续重复的条件，要代替重复条件表达式可以使用符号（ ）。

    A. …   B. :   C. !   D. =

5. 在宏表达式中要引用 Form1 窗体中的 text1 控件的值，正确的引用方法是（ ）。

    A. Form1!Text1   B. Text1

    C. Form1!Form!Text1   D. Forms!Text1

6. 要限制宏命令的操作范围，在创建宏时应定义的是（ ）。

    A. 宏操作对象   B. 宏操作目标

    C. 宏条件表达式   D. 窗体或报表控件属性

7. 对象可以识别和响应的行为称为（ ）。

    A. 属性   B. 方法   C. 继承   D. 事件

8. 在运行宏的过程中，宏不能修改的是（ ）。

    A. 窗体   B. 数据库   C. 报表   D. 宏本身

9. 下列属于通知或警告用户的命令是（ ）。

    A. PrintOut   B. OutputTo   C. MessageBox   D. RunWarnings

10. 为窗体或报表的控件设置属性值的正确宏操作命令是（ ）。

    A. Set   B. SetData   C. SetValue   D. SetWarnings

二、判断题

1. 条件宏中，当条件为真时，执行其后的操作。   （ ）

2. 条件宏中只能设置一个操作。   （ ）

3. 自动运行宏会不定时地自动运行。   （ ）

4. "MessageBox" 操作的功能是弹出消息框。   （ ）

5. Access 2010 中宏对象是没有参数的。   （ ）

6. 操作名如 "OpenForm" 等是可由用户自己定义的。   （ ）

7. "OpenForm" 操作是打开报表，"OpenTable" 操作是打开表。   （ ）

8. 宏就是编程。   （ ）

9. 在运行宏的过程中，宏不能修改窗体。   （ ）

10. 宏能够将查询、窗体等对象有机地组合起来，形成性能完善、操作简单的系统。

                                                                   （ ）

11. 打开和关闭窗体或报表对象时，可以使用宏。   （ ）

12. 嵌入宏不保存在宏对象下。   （ ）

三、填空题

1. 自动运行宏是_____。

2. 打开窗体的操作是_____，打开表的操作是_____。

3. 条件宏的操作是_____。

4. 在宏的参数中，要引用窗体 F1 上的 Text1 文本框的值，应该使用的表达式是_____。

5. 能够将查询、窗体等对象有机地组合起来，形成性能完善、操作简单的系统的 Access 对象是_____。

第 7 章　VBA 编程

教学目标

1. 了解 VBA 及编程环境
2. 掌握面向对象程序设计的基本概念
3. 掌握 VBA 的基础语法
4. 掌握 VBA 流程控制
5. 掌握模块和子过程的概念
6. 掌握程序的编写和调试方法
7. 理解过程调用和参数传递

在 Access 中可以借助宏完成事件的响应处理。但宏有一定的局限性，一是它只能处理一些简单的操作，对复杂的循环结构则无能为力；二是宏对数据库对象的处理能力也较弱，例如，表对象或查询对象的处理。因此，Access 中，编程是通过模块对象实现的。利用模块可以将各种数据库对象连接起来，从而形成一个完整的系统。

7.1　过程与模块

在 Access 中对一些复杂的操作一般使用模块或过程来进行处理的。

7.1.1　过程

过程是 VBA（Visual Basic for Applications）编程的最小组成单元，是一段相对独立的、能完成特定操作的 VBA 程序代码。它可以分为事件过程和通用过程两大类。

事件过程是一种特殊的 Sub 过程，用于窗体事件、控件事件及报表事件等事件的处理。它通常只附属于某个控件的某一个事件，必须依附于窗体或报表，不能独立存在，事件过程名由指定控件名、下划线后接事件名和一对圆括号组成，如 MyButton_Click()。

通用过程是一个独立存在的过程，可以被其他过程调用。它可以分为 Sub 过程和 Function 过程两类。

1. Sub 过程

Sub 过程是一系列操作代码的集合，没有返回值，一般定义形式为：

```
[ Private ] | [ Public ]   Sub   过程名( )
    [VBA 程序代码]
    [Exit   Sub ]
    [VBA 程序代码]
End Sub
```

Private：表示 Sub 过程是私有的，只能由同一模块内的其他过程调用。

Public：表示 Sub 过程是公有的，可以被所有模块中的过程调用。

如果没有显式地指定 Private 或 Public，则默认为 Public。"Exit Sub"语句的作用是直接退出过程，不再执行该语句后面的代码。

2. Function 过程

Function 过程又称函数，是一种能够返回具体值的过程，和 Sub 过程一样，是一系列操作代码的集合。其返回的值可以在表达式中使用。定义格式如下：

> [Private] | [Public]　Function　函数名称([形式参数列表])　[As 数据类型]
> [VBA 程序代码]
> [该过程名=<表达式>]
> [Exit　Function]
> [VBA 程序代码]
> End Function

函数的返回值由赋值给函数名的表达式确定，若无此赋值语句，则函数的返回值为一个默认值，通常是 0 或空字符串。

"As 数据类型"用于声明函数返回值的数据类型，若无此语句，则由返回值的赋值表达式确定。

对于返回值的概念，我们使用一个生活中的小例子给大家简单解释一下。某一个单位的领导让办事人员去办一件差事，如果办事人员将事情办完后不需要向领导回复办事的结果，只是去执行即可，这种情况就相当于无返回值；如果办事人员办完事情需要向领导报告办事结果，这种情况就相当于有返回值，而办事人员就相当于一个过程，办事结果即为返回值。

7.1.2　模块

模块是 VBA 声明和过程的集合。一般来说，我们首先要创建一个模块，然后在模块中创建过程。

1. 模块的分类

（1）类模块

模块是 Access 的重要对象之一，可分为类模块和标准模块两种类型。类模块是指包含新对象定义的模块，又可以分为窗体模块、报表模块和自定义类模块 3 类。顾名思义，窗体模块是指与特定的窗体相关联的类模块。报表模块是指与特定报表相关联的模块。

当为窗体、报表及其他控件创建第一个事件过程时，Access 将自动创建与之关联的类模块，但与嵌入宏一样，它们不会出现在导航窗格的"模块"对象中。另外，这两种类模块都具有局限性，其作用范围局限在所属窗体或报表内部，而生命周期则是伴随着窗体或报表的打开而开始、关闭而结束。

除上述两种类模块以外，还有一种不依附于任何窗体和报表而独立存在的模块为自定义类模块。可用它来定义一个类并创建对象，在过程中可以方便使用，这种类模块能够出现在导航窗格的"模块"对象中。

（2）标准模块

标准模块是指存放通用过程的模块，一般用于存放供其他 Access 数据库对象使用的公共过程，它可以在数据库中的任意位置运行，能够出现在导航窗格的"模块"对象中。标准模块中的公共变量和公共过程具有全局特性，其作用范围是整个应用程序，生命周期是伴随着应用程序的运行而开始、关闭而结束。

概而言之，类模块和标准模块的主要区别在于作用域和生命周期，参见表 7-1。我们需了解一下作用域和生命周期两个概念。通常来说，一段程序代码中所用到的名字并不总是有效和可用的，而限定这个名字的可用性的代码范围就是这个名字的作用域。比如团长的指挥范围是整个团，而连长的作用范围仅仅是某一个连。生命周期指的是该事物可被使用的一个时间段，在这个时间段内该事物是有效的，一旦超出这个时间段就会失效。比如一个人从出生到死亡的整个生命时间段就是这个人的生命周期。

表 7-1　模块的作用域与生命周期

模块类别	作用域	生命周期
类模块	局限在所属窗体或报表内部	伴随着窗体或报表的打开而开始、关闭而结束
标准模块	在整个应用程序里	伴随着应用程序的运行而开始、关闭而结束

2．模块的创建

（1）类模块的创建

在为窗体、报表及其他控件创建第一个事件过程时，Access 将自动创建与之关联的类模块。以窗体模块为例，首先为窗体创建事件过程。

1）单击窗体或某个控件"属性表"中某个事件的生成器按钮 **[...]**，如图 7-1 所示。

2）在弹出的"选择生成器"对话框中选择"代码生成器"，如图 7-2 所示。

图 7-1　"属性表"

图 7-2　选择生成器

3）单击"确定"按钮，打开 VBA 编辑器，这时就自动为该窗体创建了一个窗体模块，具体如图 7-3 所示。然后就是在自动生成的事件过程框架中，输入实现特定功能的 VBA 代码保存即可。

（3）标准模块的创建

标准模块的创建有下列 3 种方法：

1）打开数据库窗口，进入"创建"选项卡，找到"宏与代码"组，如图 7-4 所示。单击"模块"按钮可以创建标准模块；类似地，单击"类模块"或"Visual Basic"按钮可以创建独立的类模块。

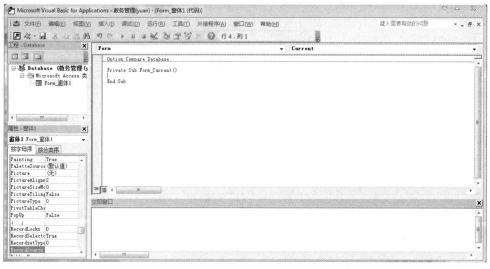

图 7-3　VBA 编辑器中的窗体模块

图 7-4　"宏与代码"组

2）在 VBA 编辑器的"工程管理器窗口"的任意区域，右击后选择"插入"子菜单中的模块，也能实现标准模块的创建，如图 7-5 所示。

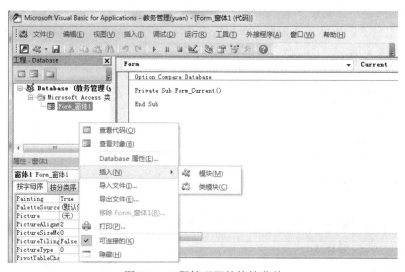

图 7-5　工程管理器的快捷菜单

3）打开数据库窗口，进入"数据库工具"选项卡，找到"宏"组，如图 7-6 所示。单击"Visual Basic"可打开 VBA 编辑器，在 VBA 编辑器的"插入"菜单中选择"模块"菜单项，也能实现标准模块的创建，如图 7-7 所示。同理，单击"类模块"菜单项可以创建独立的类模块。

图 7-6　数据库工具的"宏"组　　　　　　　　图 7-7　VBA 编辑器的"插入"菜单

7.2　认识 VBA

Access 是一种面向对象的数据库，它支持面向对象的程序开发技术。Access 的面向对象开发技术就是通过 VBA 编程来实现的。

7.2.1　面向对象概述

面向对象（Object Oriented，OO）的主要思想是从现实世界中客观存在的事物（即对象）出发来构造软件系统，并在系统构造中尽可能运用人类的自然思维方式，强调直接以问题域（现实世界）中的事物为中心来思考问题，认识问题，并根据这些事物的本质特点，把它们抽象地表示为系统中的对象，作为系统的基本构成单位。这可以使系统直接地映射问题域，保持问题域中事物及其相互关系的本来面貌。面向对象的概念和应用已超越了程序设计和软件开发，扩展到很宽的范围。如数据库系统、交互式界面、分布式系统、网络管理结构、CAD 技术、人工智能等领域。

简单来说，面向对象是使计算机用对象的方法来解决实际中的问题。在 VBA 程序设计中，世界上的任何事物都可以被看作对象，比如一张桌子、一台电脑、一间教室包括我们自己都是对象。每一个对象都有自己的属性、方法和事件。用户是通过属性、方法和事件来处理对象的。

属性描述了对象的性质。比如一个人的肤色、身高、体重等就是这个人的属性。方法描述了对象的行为。比如一个人能跑、能说话等功能就是这个人的行为。在 Visual Basic 中可以使用以下方式来引用对象的属性和方法：

对象名.属性

对象名.方法[参数名表]

例 7.1　Label1.Caption="学生成绩表"，表示给 Label1 的 Caption（标题）属性赋值为"学生成绩表"。

例 7.2　Text1.SetFocus，表示调用 Text1 的 SetFocus（聚焦）方法。

7.2.2　VBA 的编程环境

VBA 的编程环境叫 VBE，即 Visual Basic Environment，在 Access 2010 中集成了 VBE。

1. 直接进入到 VBE

单击 Access 2010 的功能区的"数据库工具"选项卡"宏"组中的 Visual Basic 按钮（见图 7-8），即可进入 VBA 的编程环境。

图 7-8　直接进入到 VBE

2. 创建一个模块进入 VBE

单击 Access 2010 的功能区的"创建"选项卡中"宏与代码"组中的"模块"（见图 7-9）按钮，新建一个模块，并可以进入 VBE。

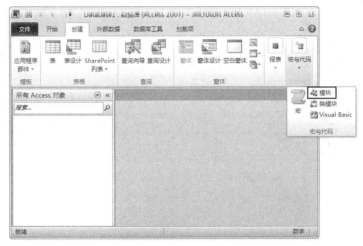

图 7-9　创建一个模块进入 VBE

3. 新建用于响应窗体、报表或控件的事件过程进入 VBE

在控件的"属性表"中，切换到"事件"选项卡，在"事件"下拉列表框中选择"事件过程"选项，再单击后面的省略号按钮，为这个事件添加事件过程，即可进入到 VBE。如图 7-10 所示。

图 7-10　新建事件过程进入 VBE

4．按 Alt+F11 快捷键，也可以进入到 VBE

使用以上任意一种方法都可进入到 VBE，VBE 界面如图 7-11 所示。

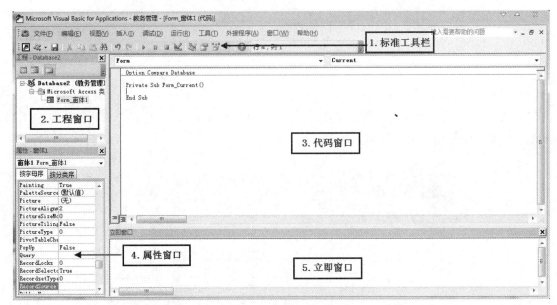

图 7-11　VBE 界面

VBE 的界面（见图 7-11）主要由标准工具栏、工程窗口、属性窗口、代码窗口和立即窗口等组成，各个部分的功能如下：

（1）标准工具栏

标准工具栏位于菜单栏下方，工具栏上以图标的方式显示了最常用的操作命令。用户进行一些常用操作是可以不通过菜单栏的，可以直接单击工具栏上的图标来执行命令，从而加快操作的速度。

（2）工程窗口

显示工程中用树状结构显示数据库中的所有工程模块，通过该窗口可以对工程进行管理。

（3）属性窗口

属性窗口显示出所选对象的属性，在设计状态可以通过属性窗口查看、修改、编辑这些属性。

（4）代码窗口

代码窗口用来编写、显示及编辑 VBA 代码，在该窗口中实现 VBA 代码的输入和显示。

（5）立即窗口

在代码窗口中编写的代码如果需要输出运行的结果，可以使用 Debug.Print 语句将要输出的结果输出到立即窗口中。

7.3　VBA 程序基础

每一种语言都有自己的语法和书写规则，有自己的关键字、语句和对象，下面我们就来详细地介绍一下 VBA 的语法规则。

7.3.1　VBA 的数据类型

我们在数据库里可以存储各式各样的数据，比如数字、字符、图片、声音等。每一种数据都有一个数据类型与之相对应。使用变量来存储这些各式各样的数据之前必须为这个变量设置合适的数据类型，然后再按照各自所属的类型一一存储。

1. 标准数据类型

标准数据类型是系统定义的，包括 6 种：数值型、字符串型、日期型、布尔型、变体型和对象型。常用标准数据类型见表 7-2。

表 7-2　VBA 的标准数据类型

数据类型	类型标识	符号	字段类型	取值范围
字节型	Byte		字节/整数	0～255
整数	Integer	%	字节/整数/是/否	-32768～32767
长整数	Long	&	长整数/自动编号	-2147483648～2147483647
单精度数	Single	!	单精度数	负数-3.402823E38～-1.401288E-45 正数 1.401288E-45～3.402823E38
双精度数	Double	#	双精度数	负数-1.78768313486232E308～-4.84065645841247E-324 正数 4.84065645841247E-324～1.78768313486232E308
货币	Currency	@	货币	-822337203685477.5808～822337203685477.5807
字符串	String	$	文本	双引号引起的字符串，其中区分大小写
布尔型	Boolean		逻辑值	True 或 False，分别对应-1 和 0
日期型	Date		日期/时间	100 年 1 月 1 日～8888 年 12 月 31 日
变体型	Variant		任何	January 1/10000（日期） 数字和双精度相同，文本和字符串相同
对象型	Object		对象引用	占 4 字节，存储对象变量

布尔型数据（Boolean）：布尔型数据只有 True 和 False 两个值。

日期型数据（Date）：日期型数据类型是用来存储文本型日期的。注意，使用"时间/日期"类型数据时必须前后用"#"号封住，例如#2011/11/11#。

变体类型数据（Variant）：变体类型是一种除了定长字符串类型及用户定义类型外，可以包含其他任何类型的数据。

对象型数据（Object）：表示任何对象引用的数据类型，VBA 的常见对象数据类型如表 7-3所示。

表 7-3　VBA 的对象数据类型

对象数据类型	对象库	对应的数据库对象类型
数据库（Database）	DAO 3.6	使用 DAO 时用 Jet 数据库引擎打开的数据库
连接（Connection）	ADO 2.1	ADO 取代了 DAO 的数据库连接对象
窗体（Form）	Access 8.0	窗体，包括子窗体
报表（Report）	Access 8.0	报表，包括子报表

对象数据类型	对象库	对应的数据库对象类型
控件（Control）	Access 8.0	窗体和报表上的控件
查询（QueryDef）	DAO 3.6	查询
表（TableDef）	DAO 3.6	数据表
命令（Command）	ADO 2.1	ADO 取代 DAO.QueryDef 对象
结果集（DAO.Recordset）	DAO 3.6	表的虚拟表示或 DAO 创建的查询结果
结果集（ADO.Recordset）	ADO 2.1	ADO 取代 DAO.Recordset 对象

2. 用户定义数据类型

除了系统为我们提供的数据类型外，我们还可以根据实际开发的需要，应用过程创建包含一个或多个 VBA 标准数据类型的数据类型，这就是用户定义数据类型。用户定义数据类型可以在 Type…End Type 关键字间定义，定义格式如下：

```
[Private][Public] Type [数据类型名]
    <域名> As <数据类型>
    <域名> As <数据类型>
    ……
End Type
```

例 7.3　定义一个汽车信息数据类型。

```
Type Car
carType     As String *8    '类型，8 位定长字符串
carColor    As String       '颜色，变长字符串
carSize     As Single       '尺寸，单精度数
End Type
```

上例定义了一个由 carType（类型）、carColor（颜色）、carSize（尺寸）3 个分量组成的名为 Car 的类型。用户定义数据类型的取值，可以指明变量名及分量名，两者之间用句点分隔，例如操作上述定义变量的分量：

```
Dim NewCar as Car
NewCar.carType="bmw"
NewCar.carColor ="red"
NewCar.carSize =5.2
```

还可以用关键字 With 简化程序中重复的部分。如上例可以如下表示：

```
With NewCar
    .carType="bmw"
    .carColor ="red"
    .carSize =5.2
End With
```

7.3.2　变量与常量

1. 变量

编写程序时，常常需要将数据存储在内存中，以方便使用这个数据或者修改这个数据的值。通常使用变量来存储数据。使用变量可以引用存储在内存中的数据，并随时根据需要显示数据或操纵数据。

变量的类型决定了变量占用的内存大小，对变量的操作，等同于对变量所在的内存操作。变量在使用之前必须进行声明，声明之后才能够使用。

（1）变量的命名

变量的命名就类似给房间起个名字一样。变量命名具有以下规则：

① 不能包含空格，或除了下划线字符（_）外的任何其他标点符号；

② 其长度不得超过 255 个字符；

③ 变量命名不能使用 VBA 的关键字；

④ VBA 的变量命名通常采用大写与小写字母相结合的方式，以使其更具可读性。

注意：在 VBA 中变量命名不区分大小写，即"NewVar 和"newvar"代表的是同一个变量。

（2）变量的声明

变量声明就是使系统为变量分配存储空间，并定义该变量的名称及数据类型。VBA 声明变量有两种方法：显式声明和隐含声明。

① 显式声明：变量先定义后使用。一般形式为：

Dim 变量名 [As 数据类型]

其中在 As 之后指明数据类型，或在变量名称之后附加类型说明字符来指明变量的数据类型。

例 7.4

Dim a As Integer　　　　　　　　'定义 a 为整型变量

② 隐含声明：不在变量声明的时候指定数据类型，而是根据赋的值来确定该变量是什么类型的数据，默认为 Variant 数据类型。

例 7.5

Dim m, n　　　　　　　　　'm、n 为显式声明的变量

b=432　　　　　　　　　　'b 为 Variant 类型变量，值是 432

③ 强制声明：VBA 默认允许在代码中使用未声明的变量，如果强制要求所有的变量必须先定义才能使用，则需要在模块设计窗口的顶部"通用声明"区域中加入如下语句：

Option Explicit

（3）变量的作用域

作用域的概念在前面已经详细讲解过了，这里我们看一下变量作用域的 3 个层次。

① 局部范围：变量定义在模块的过程内部。作用范围为子过程或函数过程中。使用 Dim、Static …As 关键字说明的变量就是局部范围的。

② 模块范围：变量定义在模块的所有过程之外的起始位置，作用范围为模块包含的所有子过程和函数过程。用 Dim、Static、Private…As 关键字定义的变量作用域都是模块范围。

③ 全局范围：变量定义在标准模块的所有过程之外的起始位置，作用范围为所有类模块和标准模块的所有子过程与函数过程。用 Public…As 关键字说明的变量就属于全局的范围。

（4）Static 关键字

使用 Static 修饰的变量称为静态变量，静态变量的持续时间是整个模块执行的时间，但它的有效作用范围是由其定义位置决定的。也就是说这个由 Static 修饰的变量可能已经不再起作用但是它依然存在而并没有被系统释放掉。

（5）数据库对象变量

Access 建立的数据库对象及其属性，均可被看成是 VBA 程序代码中的变量及其指定的值

来加以引用。如窗体与报表对象的引用格式为：

Forms！窗体名称！控件名称［.属性名称］或 Reports！报表名称！控件名称［.属性名称］

关键字 Forms 或 Reports 分别表示窗体或报表对象集合。感叹号"！"分隔对象名称与控件名称。"属性名称"部分缺省，则为控件基本属性。

2．常量

常量是在程序中保持不变的量。在 VBA 中有 3 种常量：直接常量、符号常量和系统常量。

（1）直接常量。比如数字 125、-34。

（2）符号常量。在 VBA 编程中，为了提高编程效率，对于一些经常使用的常量，可以用符号常量的形式来代替。符号常量使用关键字 Const 来定义，格式如下：

Const 符号常量名称=常量值

例 7.6

Const PI=3.14   '定义了一个符号常量 PI

这样在该程序中任何位置出现的 PI 都代表 3.14，不会在中途发生变化。

我们可以在 Const 之前加上 Global 或 Public 关键字，将其建立成一个所有模块都可使用的全局符号常量。这一符号常量会涵盖全局或模块级的范围。

例 7.7

Global Const PI=3.14

（3）系统常量。Access 系统内部包含有若干个启动时就建立的系统常量，有 True、False、Yes、No、On 和 Null 等。用户不能将这些常量的名字用作用户自定义常量或变量的名字。

7.3.3 运算符和表达式

1．运算符

（1）算术运算符：用于算术运算，主要有∧、-、*、/、\、Mod、+、-等 8 种运算符，如表 7-4 所示。

表 7-4 算术运算符

算术运算符	含义	示例
+	加	2+3=5
-	减	3-2=1
*	乘	3*2=6
/	浮点除	3/2=1.5
\	整除	3\2=1
MOD	取余	5 MOD 2=1
∧	取幂	3^2=9

注意：对于整数除法（\）运算，如果操作数有小数部分，系统在运算和结果中都会将小数部分舍去。对于求模运算（Mod），如果操作数是小数，系统会四舍五入变成整数后再运算；余数的正负和被除数有关，如果被除数是负数，余数也是负数；反之，如果被除数是正数，余数则为正数。

（2）关系运算符：用来表示两个及以上的值或表达式之间的大小关系，有相等（=）、不等（<>）、小于（<）、大于（>）、小于等于（<=）和大于相等（>=）等 6 个运算符。

（3）逻辑运算符：用于逻辑运算，包括与（And）、或（Or）和非（Not）3 个运算符。运算过程见图 7-12。

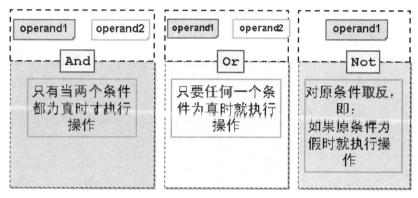

图 7-12　逻辑运算符

（4）连接运算符：用于将字符串和字符串，以及字符串和其他类型的数据连结，有"&"和"+"两个运算符。"&"用来连接字符串和字符串或者字符串和其他类型的数据；而"+"运算符是当两个表达式均为字符串数据时，才将两个字符串连接成一个新字符串。

2. 表达式

表达式由操作数和运算符组合而成，表达式中的操作数可以是变量、常量或者子表达式。当一个表达式由多个运算符连接在一起时，运算的先后顺序是由运算符的优先级决定的。运算时按从左到右的顺序处理，括号优先级最高。运算符的优先级顺序如下：

算术运算符>连接运算符>比较运算符>逻辑运算符

7.3.4　VBA 流程控制

1. 赋值语句

一个语句就是能够完成某项操作的一条命令。赋值语句是为变量指定一个值或表达式，通常以等号（=）连接，Let 为可选项。使用格式为：

[Let] 变量名=值或表达式

例 7.8

```
Dim a As Integer
a=432                          '首先定义一个变量 a，然后对其赋值 432。
```

注意：赋值语句的运算顺序是从右到左，所以 a=432 的正确读法是：将 432 赋给变量 a，而不能够读成 a 等于 432。

2. 条件语句

在日常生活中，我们经常需要经过判断才能够决定是否做某件事情。例如，如果我考试得了 90 分以上，爸爸就奖励我一个 iPhone5；如果我中了 500 万大奖，我就去环游世界，吃尽天下美食，看尽天下美景。条件语句就是需要根据不同条件进行判断，然后执行不同的操作，主要有以下几种形式。

（1）If-Then 语句（单分支结构）

语句结构为：

    If   条件表达式   Then

    语句组

    End If

其功能是先计算条件表达式，如果条件表达式为真，If 语句执行一个语句或一组语句；如果条件为假，则执行 If 语句后面的语句（如果有）。

例 7.9　编写一个程序，输入本次"计算机基础"课程的期末考试成绩，如果成绩大于等于 60 分则显示"考试终于及格了，可以好好放松一下了！"。

例题解析：

编程就是一个翻译的过程，是将我们大脑中所想出的解决问题的方法翻译成计算机语言的一个过程，转换过程如下：

人类思维语言	VB 语言
如果　考试成绩>=60 分　那么 　显示　"考试终于及格了，可以好好放松一下了！" 结束	**If**　成绩> = 60　**Then** 　　**MsgBox** "考试终于及格了，可以好好放松一下了！" **End If**

经过简单的翻译，这个程序的主体部分已经完成了，接下来我们将这个程序补充完整：

```
Private Sub test1()
    Dim x As Integer,
    x = InputBox("请输入考试分数")
    If   x>=60   Then
        MsgBox "考试终于及格了，可以好好放松一下了！"
    End If
End Sub
```

（2）If-Then-Else 语句（双分支结构）

在上个例子中，我们输入了考试成绩，如果大于等于 60 分我们自然很高兴，但是如果成绩小于 60 分又该怎么办呢？显然使用"单分支结构"无法解决这个问题，要解决这个问题就必须使用"双分支结构"。

语句结构为：

    If   条件表达式   Then

    语句组 1

    Else

    语句组 2

    End If

例 7.10　编写一个程序，输入本次等级考试的成绩，如果成绩大于等于 60 分则显示"考试终于及格了，可以好好放松一下了！"，如果成绩小于 60 分，则显示"继续努力，争取下次过关"。

例题解析：

人类思维语言	VB 语言

如果　考试成绩>=60 分　那么
　　显示"考试终于及格了，可以好好放松一下了！"
否则
　　显示"继续努力，争取下次过关！"
结束
	If　成绩> = 60 Then
	　　MsgBox "考试终于及格了，可以好好放松一下了！"
	Else
	　　MsgBox "继续努力，争取下次过关"
	End If

程序的完整代码如下：

```
Private Sub test1()
    Dim x As Integer
    x = InputBox("请输入考试分数")
    If x> = 60 Then
        MsgBox "考试终于及格了，可以好好放松一下了！"
    Else
        MsgBox "继续努力，争取下次过关"
    End If
End Sub
```

经验总结：在学习编程的初期，拿到一个题目，先不要着急写代码，最好先按照我们上面所讲的方法"翻译"一下，经过一段时间的训练，大家自然就会养成良好的编程习惯和较好的编程感觉，从而能够尽早地跨过编程这道门槛。

（3）If-Then-ElseIf 语句（多分支结构）

上述问题比较简单，现实生活中还有更为复杂的情况，比如下面这个问题：

例 7.11　编写一个程序，根据用户输入的期末考试成绩，输出相应的成绩评定信息。

　　　　成绩大于等于 90 分输出"优"；

　　　　成绩大于等于 80 分小于 90 分输出"良"；

　　　　成绩大于等于 60 分小于 80 分输出"中"；

　　　　成绩小于 60 分输出"差"。

这个问题将成绩分成了好几个区间，显然使用单个 If 语句无法解决这个问题，那么要要如何解决这个问题呢？我们还是先来"翻译"一下：

人类思维语言	VB 语言

如果　考试成绩>=90 分　那么
　　显示"优"
否则如果　考试成绩>=80
　　　　并且 考试成绩<90　那么
　　显示"良"
否则如果　考试成绩>=60
　　并且 考试成绩<80　那么
　　显示"中"
否则
　　显示"差"
结束
	If　考试成绩>=90　Then
	　　　　MsgBox "优"
	ElseIf　考试成绩>=80
	　　　　　And　考试成绩<90　Then
	　　　　MsgBox "良"
	ElseIf　考试成绩>=60
	　　　　　And　考试成绩<80　Then
	　　　　MsgBox "中"
	Else
	　　　　MsgBox "差"
	End if

像这种语法结构的 If 语句我们把它称为多分支结构，其一般形式为：

```
If   条件表达式 1      Then
    语句组 1
ElseIf   条件表达式 2       Then
    语句组 2
ElseIf  条件表达式 3       Then
    语句组 3
......
[Else
    语句组 n]
End If
```

执行过程：从上到下对 If 后面的条件表达式依次进行判断，如果某个条件表达式为"True"则执行该表达式后面的语句组，并且跳过下面其他的条件判断而结束 If 语句。比如，如果我的成绩为 87 分，先判断是否符合"考试成绩>=90"这一条件，这一条件不符合，再继续判断是否符合"考试成绩>=80 and 考试成绩 <90"这一条件，符合这一条件，就执行该条件后面的语句组"MsgBox "良""，执行完成后，该语句后面的其他条件，不管是否成立都不需要再进行判断了，因为结论已经得出。该例题完整的代码为：

```
Sub sl()
    Dim grade As Single
    grade = InputBox("请输入学生成绩")
    If grade>=90   then
        MsgBox "优"
    ElseIf grade>=80 and grade<90 then
        MsgBox "良"
    ElseIf grade>=60 and grade<80 then
        MsgBox "中"
    Else
        MsgBox "差"
    End If
End sub
```

（4）Select Case-End Select 语句

我们现在再来看这样一个问题：

例 7.12　要求用户输入一个字符值并检查它是否为元音字母。

例题解析：

元音字母大家都清楚，即英文字母的"a、e、i、o、u"，也就是说我们输入一个字符，如果该字符是"a、e、i、o、u"中的任意一个，我们就输出"您输入的是元音字母"，否则就输出"您输入的不是元音字母"。对于这个问题大家很容易想到可以使用"多分支结构"来解决，的确，使用"多分支结构"完全可以解决该问题。

代码如下所示：

```
Sub yuanyin()
    Dim ch As String
    ch = InputBox("请输入一个小写字母：")
```

```
        If ch = "a" Then
            MsgBox "您输入的是元音字母"
        ElseIf ch = "e" Then
            MsgBox "您输入的是元音字母"
        ElseIf ch = "i" Then
            MsgBox "您输入的是元音字母"
        ElseIf ch = "o" Then
            MsgBox "您输入的是元音字母"
        ElseIf ch = "u" Then
            MsgBox "您输入的是元音字母"
        Else
            MsgBox "您输入的不是元音字母"
        End If
    End Sub
```

由于该题目的条件选项比较多，导致程序看上去比较啰嗦，因为要使用 If-End If 控制结构就必须依靠多重嵌套，而在 VBA 中对条件结构的嵌套数目和深度是有限制的，所以在解决这种条件选项比较多的问题时，我们可以采用另外一种 Select Case-End Select 语句来解决。其一般形式为：

```
    Select Case   表达式
        Case 表达式 1
            语句组 1
        Case 表达式 2
            语句组 2
        ......
        Case Else
            语句组 N
    End Select
```

Select Case 结构运行时，首先计算"表达式"的值，它可以是字符串或者数值变量或表达式。然后会依次计算测试每个 Case 后面"表达式"的值，如果 Select Case 后的表达式和某一个 Case 后的表达式相同，程序就会转入相应的 Case 结构内执行语句，当都不匹配时，则执行关键字 Case Else 之后的表达式。Case 表达式可以是下列数据之一：

① 单一数值或一行并列的数值；

② 表示某个范围，范围的初始值和终值由关键字 To 分隔开，初始值比终值要小，否则没有符合条件的情况；

③ 关键字 Is 接关系运算符，如<>、<、<=、=、>=或>，后面再接变量或精确的值。

运用 Select Case 后，该例题代码如下：

```
    Sub yuanyin()
    Dim ch As String
    ch = InputBox("请输入一个小写字母：")
    Select   Case ch
            Case "a": MsgBox "您输入的是元音字母  a"
            Case "e": MsgBox "您输入的是元音字母  e"
            Case "i": MsgBox "您输入的是元音字母  i"
```

```
            Case "o": MsgBox "您输入的是元音字母 o"
            Case "u": MsgBox "您输入的是元音字母 u"
        Case Else
            MsgBox "您输入的不是元音字母"
    End Select
    End Sub
```

这种做法和使用 If-End If 控制结构比起来是不是结构上清晰一些了呢？有的同学可能要问了，If-End If 结构和 Select Case 都可以用来实现多路分支，那什么时候我们使用 If-End If？什么时候又使用 Select Case 呢？

一般来说当我们要实现三路以下分支的时候 If-End If 结构使用比较方便，而 Select Case 结构实现三路以上分支比较方便。

（5）条件函数

除了 If-End If 结构和 Select Case 外，VBA 还提供有 3 个函数来完成相应的选择操作。

① IIf 函数：IIf(条件式,表达式 1,表达式 2)

原理上类似于 If-Then-Else 语句，当"条件式"值为"真"，函数返回"表达式 1"的值；"条件式"为"假"，函数返回"表达式 2"的值。

例 7.13

```
    b = IIf(3 > 2, True, False)
```

因为 3 > 2 为"真"，所以 b 的值为 true。

② Switch 函数：Switch(条件式 1,表达式 1[,条件式 2,表达式 2[,条件式 n,表达式 n]])

该函数原理上类似于 If-Then-ElseIf 语句。每一个条件式后都有一个表达式。函数由左至右对条件式进行计算判断，表达式会返回第一个为真的条件式后的表达式的值。如果其中有部分不成对，则会产生一个运行错误。

例 7.14

```
    b=Switch(6 < 5, 6, 6 > 5, 5)
```

因为"6 < 5"不为真，而"6 > 5"为真，所以 b 的值为 5。

③ Choose 函数：Choose(索引式,选项 1[,选项 2,...[,选项 n]])

该函数原理上类似于 Select Case 语句。首先计算"索引式"的值，"索引式"的值为 n，函数就返回"选项 n"，当"索引式"的值小于 1 或大于列出的选项数目时，函数则返回无效值（Null）。

例 7.15

```
    b=choose(1+2,4,3,2,1)
```

因为"1+2"值为 3，所以 b 的值为第三个选项 2。

3. 循环语句

假如我们现在要期末考试，老师会根据班里面学生的人数来打印试卷，比如一个班有 30 个学生，那么老师就要打印 30 份卷子，于是老师来到打印机旁，将打印机"打印份数"一项设为 30，之后打印机就会按照老师设定的次数，重复地打印同一试卷 30 次。这个打印机重复打印试卷的动作就是循环。而循环语句是用来实现重复执行某一操作的程序代码。

所有的循环都有这样的特点：首先，循环不是无休止的，当满足一定条件时（比如试卷打印不到 30 份时）循环才会继续，我们称之为"循环条件"，当循环条件不满足时（试卷已经打印到 30 份了），循环退出。其次，循环是反复执行相同的一系列操作（打印同一份试卷），称为"循环操作"。

VBA 支持以下循环语句结构：For-Next、Do-Loop 和 While-Wend。

（1）For-Next 语句

For-Next 语句能够重复执行程序代码区域特定次数，使用格式如下，其中 Step 为 1 时可省略。

```
For 循环变量=初值 To 终值 [Step 步长]
    循环体
    [条件语句序列
    Exit For
    结束条件语句序列]
Next [循环变量]
```

执行步骤：

① 为循环变量赋初值。

② 分步长为>0、=0、<0 三种情况考虑：

ⅰ 步长>0 时，如果循环变量<=终值，执行循环体一次，如果循环变量>终值，循环结束，退出循环。

ⅱ 步长=0 时，若循环变量值<=终值，死循环；若循环变量值>终值，一次也不执行循环。

ⅲ 步长<0 时，若循环变量值>=终值，执行循环体一次；若循环变量值<终值，循环结束，退出循环。

③循环变量值增加步长的个数（循环变量=循环变量+步长），程序跳转到步骤②。

在编写打印 30 份试卷的例子前，我们先来看一个简单的例子。

例 7.16　编程计算 1+2+3+4+5+6+7+8+9+10。

```
Sub qiuhe()
    Dim sum As Integer
    Dim i As Integer
    sum=0
      For i = 1 To 10 Step 1
        sum=sum+i
      Next i
End Sub
```

现在我们再将刚才打印 30 份试卷的例子通过 For-Next 语句写出来，展示给大家：

```
Sub printShijuan()
    Dim x As Integer
    Dim i As Integer
    x = InputBox("请输入要打印的试卷份数")
    For i = 1 To x Step 1
        Debug.Print "打印一份试卷"
    Next i
End Sub
```

（2）Do While-Loop 语句

使用格式如下：

```
Do While <条件式>
循环体
```

[条件语句序列

Exit Do

结束条件语句序列]

Loop

这个循环结构是在条件式结果为真时，执行循环体，并持续到条件式结果为假或执行到选择性 Exit Do 语句而退出循环。该循环是先判断后执行，所以，如果条件为假，则循环体一次也不会被执行。

例 7.17　通过 Do While-Loop 语句输出从 1 到 10 乘以 10 的结果。

代码如下：

```
Sub test()
Dim num As Integer
Dim result As Integer
num = 1
Do While num <= 10
    result = num * 10
    Debug.Print num & "×10=" & result
    num = num + 1
Loop
End Sub
```

注意：Debug.Print 是将结果显示在"立即窗口"，所以我们在运行代码前必须将"立即窗口"显示出来，可在 VBE 界面写完代码后→单击"视图"→"立即窗口"即可设置其显示，运行结果如图 7-13 所示。

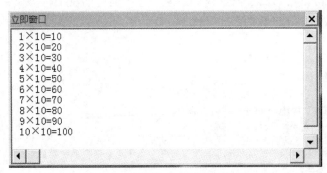

图 7-13　立即窗口中的显示结果

（3）Do-Loop Until 语句

使用格式如下：

Do

循环体

[条件语句序列

Exit Do

结束条件语句序列]

Loop Until 条件式

Do-Loop Until 语句是先执行循环体一次，然后进行判断，如果条件为真就退出循环，如果条件为"假"就继续循环。所以，这种循环即使开始条件为假，循环体也至少会被执行一次。

例 7.18　编程实现猜数游戏，猜一个介于 1～10 之间的数，当所猜的数大于被猜的数时，显示"多了"，当所猜的数小于被猜的数时，显示"少了"，否则，显示"恭喜你猜对了！"。

```
Sub test()
Dim Number As Integer
Dim guess As Integer
Number = 5
MsgBox "猜一个介于 1 与 10 之间的数:"
    Do
        guess = Val(InputBox("请输入您猜测的数"))
        If guess > Number Then
            MsgBox "大了"
        ElseIf guess < Number Then
            MsgBox "小了"
        Else
            MsgBox "恭喜您猜中了！ 答案为" & Number
        End If
    Loop Until guess = Number
End Sub
```

另外还有两种循环：

（4）Do Until-Loop 语句

与 Do While-Loop 结构相对应，该结构是条件式值为假时，重复执行循环，直到条件式值为真，结束循环。使用格式如下：

```
Do Until <条件式>
循环体
[条件语句序列
Exit Do
结束条件语句序列]
Loop
```

（5）Do-Loop While

与 Do-Loop Until 结构相对应，该结构是条件式值为假时，重复执行循环，直到条件式值为真，结束循环。使用格式如下：

```
Do <条件式>
循环体
[条件语句序列
Exit Do
结束条件语句序列]
Loop While   条件式
```

（6）While-Wend 结构相对应

与 Do While-Loop 结构相似，主要为了兼容 QBasic 和 QuickBasic 而提供，一般不常用，读者只需了解即可：

```
While<条件式>
循环体
Wend
```

7.3.5　常用内部函数

函数可以把相对独立的某个功能抽象出来，使之成为程序中的一个独立实体，可以在同一个程序或其他程序中多次重复使用。Access 为我们提供了非常多的标准函数供我们使用，正确和灵活地使用这些标准函数可以大大加快我们的编程速度和提高我们的工作效率。标准函数常用于表达式中，有的能和语句一样使用。其使用形式如下：

　　　　FunctionName([参数 1],[参数 2],[…],[参数 n])

其中，函数名是符合函数命名规则的任何名称，函数的参数放在函数名之后的圆括号中。参数可以是常量、变量或表达式，参数可以有也可以没有。如果该函数被调用，那么该函数将会返回一个值。

1. 算术函数（见表 7-5）

表 7-5　算术函数

函数名	函数功能	例子
绝对值函数：Abs(<表达式>)	返回数值表达式的绝对值	Abs(-1)=1
向下取整函数：Int(<数值表达式>)	返回数值表达式的向下取整的结果，参数为负值时返回小于等于参数值的第一个负	Int(4.3)=4 Int(-4.3)=-5
取整函数：Fix(<数值表达式>)	返回数值表达式的整数部分，参数为负值时返回大于等于参数值的第一个负数。 说明：Int 和 Fix 函数参数为正值时，结果相同；当参数为负时，结果可能不同。Int 返回小于等于参数值的第一个负数，而 Fix 返回大于等于参数值的第一个负数	Fix(4.3)=4 Fix(-4.3)=-4
四舍五入函数：Round(<数值表达式>[,<表达式>])	按照指定的小数位数进行四舍五入运算。[,<表达式>]是进行四舍五入运算小数点右边应保留的位数	Round(4.3)=4 Round(4.6)=5
开平方函数：Sqr(<数值表达式>)	计算数值表达式的平方根	Sqr(4)=2
产生随机数函数：Rnd(<数值表达式>)	产生一个 0～1 之间的随机数，为单精度类型	比如：Rnd（5）=0.7055475

2. 字符串函数（见表 7-6）

表 7-6　字符串函数

函数名	函数功能	例子
字符串检索函数：InStr([Start,]<Str1>,<Str2>[,Compare])	检索字符串 Str2 在字符串 Str1 中最早出现的位置，返回一整型数。Start 为可选参数，为数值式，设置检索的起始位置。如省略，则从第一个字符开始检索；如包含 Null 值，就会发生错误。Compare 也为可选参数，指定字符串比较的方法。值可以为 1、2 和 0（缺省）。指定 0 做二进制比较，指定 1 做不区分大小写的文本比较，指定 2 做基于数据库中包含信息的比较。如值为 Null，则会发生错误。如指定了 Compare 参数，则一定要有 Start 参数	InStr("hello", "l")=3

续表

函数名	函数功能	例子
字符串长度检测函数：Len(<字符串表达式>或<变量名>)	返回字符串所含字符数。注意：定长字符串，其长度是定义时的长度，和字符串的实际值无关	Len("hello")=5
字符串截函数：Left(<字符串表达式>,<N>)	从字符串左边起截取 N 个字符	Left("hello world", 5)="hello"
Right(<字符串表达式>,<N>)	从字符串右边起截取 N 个字符	Right("hello world", 5)="world"
Mid(<字符串表达式>,<N1>,[N2])	从字符串左边第 N1 个字符起截取 N2 个字符。注意：对于 Left 函数和 Right 函数，如果 N 值为 0，则返回零长度字符串；如果大于等于字符串的字符数，则返回整个字符串。对于 Mid 函数，如果 N1 值大于字符串的字符数，则返回零长度字符串；如果省略 N2，则返回字符串中左边起 N1 个字符开始的所有字符	Mid("hello world , 7, 5) "world"
生成空格字符函数：Space(<数值表达式>)	返回数值表达式的值指定的空格字符数	
大小写转换函数：Ucase(<字符串表达式>)	将字符串中的小写字母转换成大写字母	UCase("hello")="HELLO"
Lcase(<字符串表达式>)	将字符串中的大写字母转换成小写字母	LCase("HELLO")= "hello"
删除空格函数：LTrim(<字符串表达式>)	删除字符串的开始空格	LTrim(" hello")="hello"
RTrim(<字符串表达式>)	删除字符串的尾部空格	RTrim("hello ")= "hello"
Trim(<字符串表达式>)	删除字符串的开始和尾部空格	Trim(" hello ")="hello"

3. 类型转换函数（见表 7-7）

表 7-7　类型转换函数

函数名	函数功能	例子
字符串转换成字符代码函数：Asc(<字符串表达式>)	返回字符串首字符的 ASCII 值	Asc("cat")=99
字符代码转换字符函数：Chr(<字符代码>)	返回与字符代码相关的字符	Chr(99)= c
数字转换成字符串函数：Str(<数值表达式>)	将数字转换成字符串函数	Str(88)= "88"
字符串转换成数字函数：Val(<字符串表达式>)	将数字字符串转换成数值型数字	Val("88")=88
字符串转换日期函数：DateValue(<字符串表达式>)	将字符串转换为日期值	DateValue("February 11,2011")=#2011-2-11#

4. 日期/时间函数

（1）返回系统时间函数（见表 7-8）

表 7-8　返回系统时间函数

函数名	函数功能	例子
Date()	返回当前系统日期	返回当前日期，如 2011-6-16
Time()	返回当前系统时间	返回系统时间，如 8：20：00
Now()	返回当前系统日期和时间	返回系统日期和时间，如 2011-6-16 8：20：00

（2）返回包含指定年月日的日期函数（见表 7-9）

表 7-9　返回指定年月日的日期函数

函数名	函数功能	例子
DateSerial(表达式 1，表达式 2，表达式 3)	返回表达式 1 值为年、表达式 2 值为月、表达式 3 值为日而组成的日期值	DateSerial(2011,6,18)，返回#2011-6-18#

（3）截取日期分量函数（见表 7-10）

表 7-10　截取日期分量函数

函数名	函数功能	例子
Year(表达式)	返回年份	返回 2011
Month(表达式)	返回月份	返回 6
Day(表达式)	返回日期	返回 16
Weekday(表达式)	返回星期几	返回 5（2011-6-16 是星期四），星期从"周日到周一"的编号是从"1～7"

（说明：表达式=#2011-6-16#）

（4）截取时间分量函数（见表 7-11）

表 7-11　截取时间分量函数

函数名	函数功能	例子
Hour(表达式)	返回小时数(0～23)	返回 11
Minute(表达式)	返回分钟数(0～58)	返回 50
Second(表达式)	返回描述（0～58）	返回 10

（说明：表达式=#11-50-10#）

7.4　VBA 过程调用与参数传递

在本章的开始，我们已经讲过过程的定义，其后又讲解了 VBA 编程的细节，包括 VBA 的数据类型、常量与变量、表达式、流程控制以及各种标准函数等知识，运用这些知识能够实现过程。那么，过程实现了如何被调用呢？如果是带参数的过程，参数如何传递呢？

7.4.1　过程调用

1．子过程的定义和调用

可以用 Sub 语句声明一个新的子过程，Public 关键字用来说明该过程可以适用于所有模块中的其他过程，而 Private 关键字用来说明该过程只能够适用于同一模块中的其他过程。定义格式如下：

```
[Public|Private][Static] Sub  子过程名([<形参>])
[<子过程语句>]
[Exit Sub]
[<子过程语句>]
End Sub
```

子过程的调用形式有两种：

（1）Call 子过程名([<实参>])

（2）子过程名[<实参>]

例 7.19

```
Sub TEST()
    Static x As Integer
    x = x + 1
    MsgBox x
End Sub
Sub useTest()
    Call TEST
    TEST
End Sub
```

解析：该程序中有一个名为 TEST 的过程，在其中定义了一个 static 类型的变量 x，然后将该变量加 1 输出；还有一个名为 useTest 的过程，在其中通过"Call TEST"和"TEST"两种方式调用 TEST 过程，也就是 TEST 过程被调用了两次。每调用一次 TEST 过程，变量 x 就加 1。又因为 x 是 Static 类型的，所以 x 的值会累加，输出两次 x 的值分别为 1 和 2。

思考：如果将"Static x As Integer"改为"Dim x As Integer"那么输出的结果又是多少？

2．函数过程的定义和调用

可以使用 Function 语句定义一个函数过程。定义格式如下：

```
[Public|Private][Static] Function  函数过程名([<形参>])[As  数据类型]
[<函数过程语句>]
[函数过程名=<表达式>]
[Exit Funtion]
[<函数过程语句>]
[函数过程名=<表达式>]
End Function
```

说明：Public 关键字用来说明该函数可以适用于所有模块中的其他过程，而 Private 关键字用来说明该函数只能够适用于同一模块中的其他过程。

函数过程的调用形式只有一种：函数过程名([<实参>])。

可以同时将该函数过程的返回值作为赋值成分赋予某个变量，格式为：

变量=函数过程名([<实参>])

例 7.20

```
Public Sub MyFun 1( )
        Dim Var As Integer
        var=MyFun2()
        MsgBox var
End Sub
Function MyFun2( ) as Integer
        MyFun2=4*7
Function Sub
```

解析：这段代码中包含一个名为 MyFun1 的 Sub 过程和一个名为 MyFun2 的 Function 函数过程，在 MyFun2()中进行了一个简单的乘法运算（4*7），然后将乘积 28 赋给 MyFun2。在 MyFun1()中调用 MyFun2()，将 MyFun2()返回的乘积 28 存储在变量 var 中，最后将 var 的值通过"消息框"输出。

7.4.2 参数传递

首先我们来看例 7-21，对参数有一个基本的了解。

例 7.21

```
Sub a()
        Dim m As Integer
        Dim n As Integer
        m = 2
        n = 3
        Call b(m, n)
        MsgBox m
End Sub
Sub b(ByRef i As Integer, ByRef j As Integer)
        i = i + j
End Sub
```

从上面的例子可以看出，形参出现在函数定义中，在整个函数体内都可以使用，离开该函数则不能使用。实参出现在主调函数中，进入被调函数后，实参变量也不能使用。形参和实参的功能是传送数据。发生函数调用时，主调函数把实参的值传送给被调函数的形参从而实现主调函数向被调函数的数据传送。

主调函数中的参数是"实实在在"的数，所以称为"实参"。

函数定义中的参数只是变量的声明，没有实际的数据，所以称为"形参"。

注意：实参可以是常量、变量或表达式。实参数目和类型应该与形参数目和类型相匹配。

1. 传值调用

例 7.22

```
Sub a()
        Dim m As Integer
        Dim n As Integer
        m = 2
        n = 3
```

```
        Call b(m, n)
        MsgBox "m=" & m
End Sub
Sub b(ByVal i As Integer, ByVal j As Integer)
        i = i + j
        MsgBox "i=" & i
End Sub
```

输出结果为：m=2，i=5

被 **ByVal** 所修饰的形参表示该参数"按传值调用"的方式传递参数。"传值调用"在参数的传递过程中是"单向传递"，即过程调用只是将相应位置的实参值"单向"传递给形参，所有的变化只在被调用过程中进行（所以 i=5），主调函数不发生任何变化（所以 m=2）。传值调用过程如图 7-14 所示。

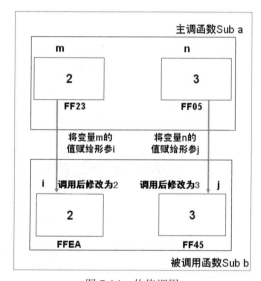

图 7-14　传值调用

2. 传址调用

例 7.23

```
Sub a()
        Dim m As Integer
        Dim n As Integer
        m = 2
        n = 3
        Call b(m, n)
        MsgBox "m=" & m
End Sub
Sub b(ByRef i As Integer, ByRef j As Integer)
        i = i + j
        MsgBox "i=" & i
End Sub
```

输出结果为：m=5，i=5

被 **ByRef** 所修饰的形参表示该参数"按传址调用"的方式传递参数。"传址调用"在参数的传递过程中是"双向传递"，即过程调用将相应位置的实参的地址传递给形参处理，而被调用过程内部对于形参的任何操作所引起的形参质的变化又会反向影响到实参的值，所以，所有的变化在被调用过程和主调函数中都会体现出来（故 i 和 m 都等于 5）。传址调用过程如图 7-15 所示。

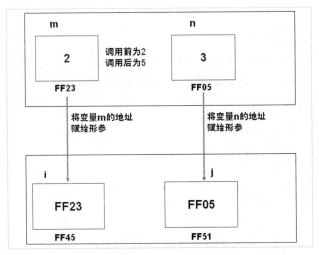

图 7-15   传址调用

7.5   VBA 程序的调试与错误处理

在编写 VBA 程序代码的过程中，通常很难一次编写就完全正确，出现错误是不可避免的。特别是编写的程序比较复杂，代码量比较大时，更容易出现错误。这就需要借助于调试工具，掌握正确的程序调试方法，可以帮助我们快速定位错误，并不断修改和完善我们的程序。

7.5.1   VBA 调试工具

在 VBE 的"视图"菜单栏下找到"工具栏"项，单击其级联菜单中的"调试"菜单项，如图 7-16 所示，即可打开如图 7-17 所示的调试工具栏。

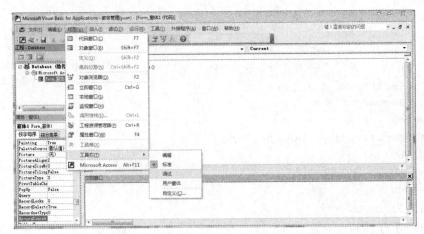

图 7-16   "视图"菜单下的"工具栏"菜单

图 7-17　"调试"工具栏

其中，各个图标的功能如表 7-12 所示。

表 7-12　"调试"功能按钮

图标	名称	功能
▶	"运行"按钮	运行或继续运行中段的程序
ⅠⅠ	"中断"按钮	用于暂时中断程序运行，进行分析。在程序中断位置会产生一个"黄色"亮框
 ■	"终止"按钮	用于终止调试，返回编辑状态
 🖑	"设置断点"按钮	对光标所在的行设置或取消断点。调试时，程序运行到这一行就会停住，可以看各个变量当前的值，若出错，将会显示错误并停下
 🔚	"逐语句"按钮	即单步调试，使用该按钮可以一步一步地执行程序。通过单击"逐语句"按钮可以看到程序中每一行的执行过程和整个程序的执行逻辑
🔚	"逐过程"按钮	在调试过程中，当遇到过程语句时，进入到该过程中逐步执行其中的语句
 🔚	"跳出"按钮	在调试过程中，当遇到过程语句时，不会进入到该过程中逐步执行其中的语句，而是直接输出调用过程中的结果
▦	"本地窗口"工具钮	用于打开"本地窗口"窗口，其内部自动显示出所有在当前过程中的变量声明及变量值，从中可以观察各种数据信息。本地窗口打开后，列表中的第一项内容是一个特殊的模块变量。对于类模块，定义为 Me
▦	"立即窗口"按钮	用于打开"立即窗口"窗口，在中断模式下，在立即窗口中可以安排一些调试语句，而这些语句是根据显示在立即窗口区域的内容或范围来执行的。如果输入 Print variablename，则输出的就是局部变量的值
▦	"监视窗口"按钮	用于打开"监视窗口"窗口，通过在监视窗口增添监视表达式的方法，程序可以动态了解一些变量或表达式的值的变化情况，进而对代码的正确与否有清楚的判断
𝟞𝟜	"快速监视"按钮	在中断模式下，先在程序代码区选定某个变量或表达式，然后单击"快速监视"按钮，则可打开"快速监视"窗口，从中可以快速观察到该变量或表达式的当前值，从而达到快速监视的效果
▦	"调用堆栈"按钮	用于呈现当前断点处过程的调用情况，即当前过程被哪些过程调用，按照什么顺序调用

7.5.2　调试 VBA 程序

1. 断点概念

断点是用以中断程序的执行的"点"。我们可以在过程的某个特定语句上设置一个位置点（断点），从而使程序中断执行。可以通过以下 4 种方式设置断点，如图 7-18 所示。

（1）选择一行语句，单击"调试"工具栏中的"切换断点"按钮，可以设置和取消"断点"，如图 7-18（a）所示。

（2）选择一行语句，单击"调试"菜单中的"切换断点"菜单项可以设置和取消"断点"，如图 7-18（b）所示。

（3）选择一行语句，将鼠标光标移至行首单击可以设置和取消"断点"，如图 7-18（c）所示。

（4）选择一行语句，按下键盘上的 F8 键可以设置和取消"断点"。

（a）方式一

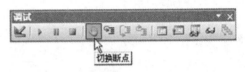

（b）方式二

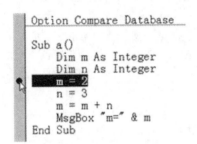

（c）方式三

图 7-18　设置断点的几种方式

2．On Error GoTo 语句

除了上面的方法外，VBA 中还提供有 On Error GoTo 语句来控制当有错误发生时程序的处理。On Error GoTo 指令的一般语法如下：

On Error GoTo　标号

On Error Resume Next

On Error GoTo 0

说明："On Error GoTo　标号"语句在遇到错误发生时，程序会转移到标号所指的代码位置执行。一般标号之后都是进行错误处理的程序。

例 7.24

```
On Error GoTo myerr        '发生错误，跳转至 myerr 位置
...
myerr                      '标号 myerr 位置
Call ErrorProc             '调用错误处理过程 ErrorProc
...
```

在此例中，On Error GoTo 指令会使程序流程转移到 myerr 标号位置。On Error Resume Next 语句在遇到错误发生时不会考虑错误，会继续执行下一条语句。On Error GoTo 0 语句用于关闭错误处理。

如果没有用 On Error GoTo 语句捕捉错误，或者用 On Error GoTo 0 关闭了错误处理，则在错误发生后会出现一个对话框，显示出相应的出错信息。

上机操作

操作内容 1　模块创建和 VBA 基础

打开"实验用数据库"/"第 7 章"/"实验一"/"Samp1.accdb"。

1．创建"模块 1"，并编写代码，实现显示消息框"Hello，我就是 VBA！"

【操作提示】

（1）打开"创建"选项卡→单击"宏和模块"组中"模块"按钮，如图 7-19 所示。

图 7-19　"创建"选项卡"宏与代码"组

（2）在 VBA 界面的编辑区中输入如下代码：

```
Sub test1()
        MsgBox " Hello，我就是 VBA！ "
End Sub
```

如图 7-20 所示。

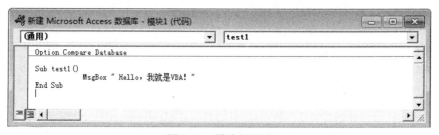

图 7-20　模块代码区

（3）保存设置，并单击工具栏上的"运行"命令 ▶，查看运行结果。

2．在窗体 1 的窗体页脚区有两个命令按钮"打开"和"关闭"，现编程实现单击"打开"按钮时，打开"学生"窗体；单击"关闭"按钮时，关闭当前的"窗体 1"。

【操作提示】

（1）打开"窗体 1"的设计视图。

（2）调出"打开"按钮的"属性表"→选择"事件"选项卡下的"单击"命令，单击其后的 **…** 按钮→调出"选择生成器"对话框。

（3）在"选择生成器"对话框中选择"代码生成器"→进入 VBE 界面，代码窗口出现如下代码：

```
Private Sub Command0_Click()
    '********请在下面添加一条语句************'


    '*****************************************'
End Sub
```

（4）在两行注释语句中间添加代码：

```
DoCmd.OpenForm "学生"
```

结果如下：

```
Private Sub Command0_Click()
    '********请在下面添加一条语句************'
    DoCmd.OpenForm "学生"
    '*****************************************'
End Sub
```

（5）以同样的方式，在"关闭"按钮的单击事件中补全代码，补全结果如下：

```
Private Sub Command1_Click()
    '********请在下面添加一条语句************'
        DoCmd.Close
    '*****************************************'
End Sub
```

（6）保存设置。在"窗体 1"的窗体视图中单击"打开"和"关闭"按钮，查看能否实现要求的功能。

操作内容 2　程序练习

1．当条件为 5<x<10 时，x＝x+1，以下语句正确的是（　　　）。

    A．if 5<x<10 then x=x+1

    B．if 5<x or x<10 then x=x+1

    C．if 5<x and x<10 then x=x+1

    D．if 5<x xor x<10 then x=x+1

2．窗体中有命令按钮 Command1，事件过程如下：

```
Public Function f(x As Integer) As Integer
    Dim y As Integer
    x = 20
    y = 2
    f = x * y
End Function
Private Sub Command1_Click()
    Dim y As Integer
    Static x As Integer
    x = 10
    y = 5
    y = f(x)
    Debug.Print x; y
End Sub
```

运行程序，单击命令按钮，则立即窗口中显示的内容是（　　）。

    A．10　5　　　　　B．10　40　　　　　C．20　5　　　　　　D．20　40

3．若有如下 Sub 过程：

```
Sub sfun(x As Single, y As Single )
    t = x
    x = t / y
    y = t Mod y
End Sub
```

在窗体中添加一个命令按钮 Command33，对应的事件过程如下：

```
Private Sub Command33_Click()
    Dim a As Single
    Dim b As Single
    a = 5 : b = 4
    sfun a, b
    MsgBox a & chr(10)+ chr(13)& b
End Sub
```

打开窗体运行后，单击命令按钮，消息框中有两行输出，内容分别为（　　）。

    A．1 和 1　　　　B．1.25 和 1　　　C．1.25 和 4　　　D．5 和 4

4．窗体中有命令按钮 run34，对应的事件代码如下：

```
Private Sub run34_Enter()
    Dim num As Integer, a As Integer, b As Integer, i As Integer
    For   i = 1 To 10
        num = InputBox("请输入数据:","输入")
        If Int(num/2)= num/2   Then
        a = a + 1
        Else
        b = b + 1
        End If
    Next i
    MsgBox("运行结果:a=" & Str(a)& ",b=" & Str(b))
End Sub
```

运行以上事件过程，所完成的功能是（　　）。

    A．对输入的 10 个数据求累加和

    B．对输入的 10 个数据求各自的余数，然后再进行累加

    C．对输入的 10 个数据分别统计奇数和偶数的个数

    D．对输入的 10 个数据分别统计整数和非整数的个数

5．窗体中有命令按钮 Command1 和文本框 Text1，事件过程如下：

```
Function result(ByVal x As Integer)As Boolean
    If x Mod 2 = 0 Then
        result = True
    Else
        result = False
    End If
End Function
Private Sub Command1_Click()
```

```
        x = Val(InputBox("请输入一个整数"))
        If 【          】 Then
            Text1 = Str(x)& "是偶数。"
        Else
            Text1 = Str(x)& "是奇数。"
        End If
    End Sub
```

运行程序，单击命令按钮，输入 19，在 Text1 中会显示"19 是奇数"。那么在程序的括号内应填写（   ）。

    A．NOT result(x)　　　　　　　　B．result(x)

    C．result(x)="奇数"　　　　　　　D．result(x)="偶数"

6．下列程序的功能是返回当前窗体的记录集

```
    Sub GetRecNum()
        Dim rs As Object
        Set rs=(        )
        MsgBox rs.RecordCount
    End Sub
```

为保证程序输出记录集（窗体记录源）的记录数，空白处应填入的语句是（   ）。

    A．Recordset　　　　　　　　　　B．Me.Recordset

    C．RecordSource　　　　　　　　　D．Me.RecordSource

7．下列程序的功能是计算 sum=1+(1+3)+(1+3+5)+…+(1+3+5+…+39)

```
    Private Sub Command34_Click()
        t=0
        m=1
        sum=0
        Do
            t=t+m
            sum=sum+t
            m=_____
        Loop While m<=39
        MsgBox "Sum="&sum
    End Sub
```

为保证程序正确完成上述功能，空白处应填入的语句是（   ）。

    A．m+1　　　　　　B．m+2　　　　　　C．t+1　　　　　　D．t+2

8．现有一个数据库文件，其中存在已经设计好的表对象"tEmployee"和宏对象"m1"，同时还有窗体对象"fEmployee"，按下面要求填充代码：

（1）单击命令按钮 bList，要求运行宏对象 m1；单击事件代码已经提供，请补充完整。

```
    Private Sub bList_Click()
        '设置代码执行宏
    '*************** 请在下面添加一条语句 ***************'


    '********************************************************'
    End Sub
```

（2）窗体加载时，将添加标签标题设置为系统当前日期。窗体加载事件已提供，请补充完整。

```
Private Sub Form_Load()
    '设置标签标题为系统日期
    '*************** 请在下面添加一条语句 ***************'


    '***************************************************'
End Sub
```

注意：程序只能在"*****请在下面添加一条语句*****"与"***************"之间的空行内补充一行语句，不允许增删和修改其他位置的代码。

9. 在窗体对象"fEdit"中有"修改"和"保存"两个命令按钮，名称分别为"CmdEdit"和"CmdSave"，其中"保存"按钮在初始状态为不可用，当单击"修改"按钮后，应使"保存"按钮变为"可用"，现已编写了部分 VBA 代码，请按照 VBA 代码中的指示将代码补充完整。

```
Private Sub CmdEdit_Click()
    用户名_1.Enabled = True
    Me!Lremark.Visible = True
    Me!口令_1.Visible = True
    Me!备注_1.Visible = True
    Me!tEnter.Visible = True
    '*************** 请在下面添加一条语句 ***************'


    '***************************************************'
End Sub
```

注意：程序只能在"*****请在下面添加一条语句*****"与"***************"之间的空行内补充一行语句，不允许增删和修改其他位置的代码。

10. 运行下列程序段，结果是（　　）。
```
For m=10 to 1 step 0
k=k+3
Next m
```
　A. 形成死循环　　　　　　　　　　B. 循环体不执行即结束循环
　C. 出现语法错误　　　　　　　　　　D. 循环体执行一次后结束循环

11. 下列表达式中，能正确表示条件"x 和 y 都是奇数"的是（　　）。
　A. x Mod 2=0 And y Mod 2=0　　　　B. x Mod 2=0 Or y Mod 2=0
　C. x Mod 2=1 And y Mod 2=1　　　　D. x Mod 2=1 Or y Mod 2=1

12. 执行语句：MsgBox "AAAA",vbOKCancel+vbQuestion,"BBBB"之后，弹出的信息框（　　）。
　A. 标题为"BBBB"、框内提示符为"惊叹号"、提示内容为"AAAA"
　B. 标题为"AAAA"、框内提示符为"惊叹号"、提示内容为"BBBB"
　C. 标题为"BBBB"、框内提示符为"问号"、提示内容为"AAAA"
　D. 标题为"AAAA"、框内提示符为"问号"、提示内容为"BBBB"

13. 窗体中有 3 个命令按钮，分别命名为 Command1、Command2 和 Command3。当单击 Command1 按钮时，Command2 按钮变为可用，Command3 按钮变为不可见。下列 Command1 的单击事件过程中，正确的是（　　）。
　A. Private Sub Command1_Click()

```
        Command2.Visible=True

        Command3.Visible=FalSe

    End Sub

B．Private Sub Command1_Click()

        Command2.Enabled=True

        Command3.Enabled=False

    End Sub

C．Private Sub Command1_Click()

        Command2.Enabled=True

        Command3.Visible=False

    End Sub

D．Private Sub Command1_Click()

        Command2.Visible=True

        Command3.Enabled=False

    End Sub
```

14. 在窗体中有一个命令按钮（名称为 run34），对应的事件代码如下：

```
Private Sub run34_Click( )
    sum=0
    For i=10 To 1 Step -2
      sum=sum+i
    Next i
    MsgBox sum
End Sub
```

运行以上事件，程序的输出结果是（　　）。

　A．10　　　　　　　　B．30　　　　　　　C．55　　　　　　　D．其他结果

15. 运行下列程序，输入数据 8，9，3，0 后，窗体中显示的结果是（　　）。

```
Private Sub Form _click()
    Dim sum As Integer,m As Integer
    sum=0
    Do
        m=InputBox("输入 m")
        sum=sum+m
    Loop Until m=0
    MsgBox sum
End Sub
```

　A．0　　　　　　　　B．17　　　　　　　C．20　　　　　　　D．21

16. 有如下事件程序，运行该程序后输出结果是（　　）。

```
Private Sub Command33_Click()
    Dim x As Integer, y As Integer
    x = 1：y = 0
    Do Until y <= 25
        y = y + x * x
        x = x + 1
```

```
        Loop
        MsgBox "x=" & x & ", y=" & y
    End Sub
```

  A．x=1，y=0   B．x=4，y=25

  C．x=5，y=30   D．输出其他结果

17．下列程序段运行结束后，变量 c 的值是（   ）。

```
a=24
b=328
select case b\10
    case 0
        c=a*10+b
    case 1 to 9
        c=a*100+b
    case 10 to 99
        c=a*1000+b
end select
```

  A．537   B．2427   C．24328   D．240328

18．在窗体中有一个命令按钮 Command1 和一个文本框 Text1，编写事件代码如下：

```
Private Sub Command1_Click()
    For i = 1 To 4
        x = 3
        For j = 1 To 3
            For k = 1 To 2
                x = x + 3
            Next k
        Next j
    Next i
    Text1.value = Str(x)
End Sub
```

打开窗体运行后，单击命令按钮，文本框 Text1 输出的结果是（   ）。

  A．6   B．12   C．18   D．21

19．当窗体加载时，在文本框控件"tAge"中显示当前时间，窗体加载事件代码已经提供，请补充完整。

```
Private Sub Form_Load()
'*************** 请在下面添加一条语句 ***************'


'**************************************************'
End Sub
```

20．在窗体中有一个命令按钮（名称为 bList），单击该按钮后，将"tStudent"表中的全部记录显示在"fDetail"子窗体中，"bList"控件的单击事件代码已经提供，请补充完整。

```
Private Sub bList_Click()
'*************** 请在下面添加一条语句 ***************'


'**************************************************'
End Sub
```

21. 根据以下窗体功能要求，对已经给出的命令按钮事件过程进行补充和完善。在"fEmp"窗体上单击"输出"命令按钮（名称为"btnP"），弹出一个输入对话框，其提示文本为"请输入大于 0 的整数值"。

- 输入 1 时，相关代码关闭窗体（或程序）。
- 输入 2 时，相关代码实现预览输出报表对象"rEmp"。
- 输入>=3 时，相关代码调用宏对象"mEmp"，以打开数据表"tEmp"。

```
Private Sub btnP_Click()
    Dim k As String
    '*************** 请在下面添加一条语句 ***************'


    '****************************************************'
    If k = "" Then Exit Sub
    Select Case Val(k)
        Case Is >= 3
            DoCmd.RunMacro "mEmp"
        Case 2
        '*************** 请在下面添加一条语句 ***************'


        '****************************************************'
        Case 1
            DoCmd.Close
    End Select
End Sub
```

课后练习

一、选择题

1. 在 VBA 中要打开名为"学生信息录入"的窗体，应使用的语句是（   ）。

    A．DoCmd.OpenForm "学生信息录入"

    B．OpenForm "学生信息录入"

    C．DoCmd.OpenWindow "学生信息录入"

    D．OpenWindow "学生信息录入"

2. Dim b1, b2 As Boolean 语句显式声明变量（   ）。

    A．b1 和 b2 都为布尔型变量

    B．b1 是整型，b2 是布尔型

    C．b1 是变体型（可变型），b2 是布尔型

    D．b1 和 b2 都是变体型（可变型）

3. VBA 中定义符号常量使用的关键字是（   ）。

    A．Const   B．Dim   C．Public   D．Static

4. 关闭窗体"学生"使用的语句是（   ）。

    A．DoCmd. Close acForm "学生"

    B．CloseForm "学生"

C. DoCmd. CloseWindow "学生"

D. CloseWindow "学生"

5. 某命令按钮的标题为"打开",名称为"C1",其单击事件函数表示为（ ）。

A. 打开_Click() B. C1_Click()

C. 打开_DblClick D. C1_DblClick

6. 在下列关于宏和模块的叙述中,正确的是（ ）。

A. 模块是能够被程序调用的函数

B. 通过定义宏可以选择或更新数据

C. 宏或模块都不能是窗体或报表上的事件代码

D. 宏可以是独立的数据库对象,可以提供独立的操作动作

7. VBA 中构成对象的三要素是（ ）。

A. 属性、事件、方法 B. 控件、属性、事件

C. 窗体、控件、过程 D. 窗体、控件、模块

8. 在 VBA 中要打开名为"学生信息录入"的窗体,应使用的语句是（ ）。

A. DoCmd.OpenForm "学生信息录入"

B. OpenForm "学生信息录入"

C. DoCmd.OpenWindow "学生信息录入"

D. OpenWindow "学生信息录入"

9. 下列表达式计算结果为数值类型的是（ ）。

A. #5/5/2010# - #5/1/2010# B. "102" > "11"

C. 102 = 98 + 4 D. #5/1/2010# + 5

10. 下列给出的选项中,非法的变量名是（ ）。

A. Sum B. Integer_2 C. Rem D. Form1

11. 窗体中有命令按钮 Command1,事件过程如下:

```
Public Function f(x As Integer) As Integer
    Dim y As Integer
    x = 20
    y = 2
    f = x * y
End Function
Private Sub Command1_Click()
    Dim y As Integer
    Static x As Integer
    x = 10
    y = 5
    y = f(x)
    Debug.Print x; y
End Sub
```

运行程序,单击命令按钮,则立即窗口中显示的内容是（ ）。

A. 10 5 B. 10 40 C. 20 5 D. 20 40

12. 在 Access 中,如果变量定义在模块的过程内部,当过程代码执行时才可见,这种变量的作用域为（ ）。

A．程序范围　　　B．全局范围　　　C．模块范围　　　D．局部范围

13．运行下列程序，显示的结果是（　　）。

```
a=instr(5, "Hello!Beijing.", "e")
b=sgn(3>2)
c=a+b
MsgBox c
```

A．1　　　　　　　B．3　　　　　　　C．7　　　　　　　D．9

14．在模块的声明部分使用"Option Base 1"语句，然后定义二维数组 A(2 to 5,5)，则该数组的元素个数为（　　）。

A．20　　　　　　B．24　　　　　　C．25　　　　　　D．36

15．当条件为 5<x<10 时，x＝x＋1，以下语句正确的是（　　）。

A．if 5<x<10 then x＝x＋1　　　　　B．if 5<x or x<10 then x＝x＋1

C．if 5<x and x<10 then x＝x＋1　　　D．if 5<x xor x<10 then x＝x＋1

16．Msgbox 函数返回值的类型是（　　）。

A．数值　　　　　　　　　　　　B．变体

C．字符串　　　　　　　　　　　D．数值或字符串（视输入情况而定）

17．若有如下 Sub 过程：

```
Sub sfun(x As Single, y As Single )
    t = x
    x = t / y
    y = t Mod y
End    Sub
```

在窗体中添加一个命令按钮 Command33，对应的事件过程如下：

```
Private Sub Command33_Click()
    Dim a As Single
    Dim b As Single
    a = 5 : b = 4
    sfun a, b
    MsgBox a & chr(10)+ chr(13)& b
End Sub
```

打开窗体运行后，单击命令按钮，消息框中有两行输出，内容分别为（　　）。

A．1 和 1　　　B．1.25 和 1　　　C．1.25 和 4　　　D．5 和 4

18．InputBox 函数的返回值类型是（　　）。

A．视输入的数据而定　　　　　B．字符串

C．变体　　　　　　　　　　　D．数值

19．能够实现从指定记录集里检索特定字段值的函数是（　　）。

A．Nz　　　　　B．Find　　　　　C．Lookup　　　　　D．Dlookup

20．下列表达式计算结果为日期类型的是（　　）。

A．#2012-1-23# - #2011-2-3#

B．year(#2011-2-3#)

C．DateValue("2011-2-3")

D．Len("2011-2-3")

21. 要将"选课成绩"表中学生的"成绩"取整，可以使用的函数是（　　）。

    A．Abs([成绩])　　B．Int([成绩])　　　C．Sqr([成绩])　　　D．Sgn([成绩])

22. 在窗体上有一个命令按钮 Command1 和一个文本框 Text1，编写事件代码如下：

```
Private Sub Command1_Click()
    Dim i,j,x
    For i = 1 To 20 step 2
      x = 0
      For j = i To 20 step 3
        x = x + 1
      Next j
    Next i
    Text1.Value = Str(x)
  End Sub
```

打开窗体运行后，单击命令按钮，文本框中显示的结果是（　　）。

    A．1　　　　　　　B．7　　　　　　　C．17　　　　　　D．400

23.
```
Private Sub Command1_Click()
    For i = 1 To 4
      x = 3
      For j = 1 To 3
        For k = 1 To 2
          x = x + 3
        Next k
      Next j
    Next i
    Text1.Value = Str(x)
  End Sub
```

运行以上事件过程，文本框中的输出是（　　）。

    A．6　　　　　　　B．12　　　　　　C．18　　　　　　D．21

24. VBA 程序流程控制的方式是（　　）。

    A．顺序控制和分支控制　　　　　　　B．顺序控制和循环控制

    C．循环控制和分支控制　　　　　　　D．顺序、分支和循环控制

25. 下列四个选项中，不是VBA的条件函数的是（　　）。

    A．Choose　　　　B．If　　　　　　C．IIf　　　　　　D．Switch

26. 由"For i＝1 To 9 Step -3"决定的循环结构，其循环体将被执行（　　）。

    A．0 次　　　　　B．1 次　　　　　C．4 次　　　　　D．5 次

27. 有如下事件程序，运行该程序后输出结果是（　　）。

```
Private Sub Command33_Click()
    Dim x As Integer, y As Integer
    x = 1: y = 0
    Do Until y <= 25
      y = y + x * x
      x = x + 1
    Loop
    MsgBox "x=" & x & ", y=" & y
  End Sub
```

A．x＝1，y＝0　　　　　　　　B．x＝4，y＝25

C．x＝5，y＝30　　　　　　　　D．输出其他结果

28．若有以下窗体单击事件过程：

```
Private Sub Form_Click()
    result = 1
    For i = 1 To 6 step 3
        result = result * i
    Next i
    MsgBox result
End Sub
```

打开窗体运行后，单击窗体，则消息框的输出内容是（　　　）。

A．1　　　　　　　B．4　　　　　　　C．15　　　　　　　D．120

29．有以下程序段：

```
k=5
For I=1 to 10 step 0
    k=k+2
Next I
```

执行该程序段后，结果是（　　　）。

A．语法错误　　　　　　　　　B．形成无限循环

C．循环体不执行直接结束循环　　D．循环体执行一次后结束循环

30．在 VBA 中，下列关于过程的描述中正确的是（　　　）。

A．过程的定义可以嵌套，但过程的调用不能嵌套

B．过程的定义不可以嵌套，但过程的调用可以嵌套

C．过程的定义和过程的调用均可以嵌套

D．过程的定义和过程的调用均不能嵌套

31．如果在被调用的过程中改变了形参变量的值，但又不影响实参变量本身，这种参数传递方式称为（　　　）。

A．按值传递　　　B．按地址传递　　C．ByRef 传递　　　D．按形参传递

32．假定有以下两个过程：

```
Sub s1(ByVal x As Integer,ByVal y As Integer)
    Dim t As Integer
    t=x
    x=y
    y=t
End Sub
Sub S2(x As Integer,y As Integer)
    Dim t As Integer
    t=x:x=y:y=t
End Sub
```

下列说法正确的是（　　　）。

A．用过程 S1 可以实现交换两个变量的值的操作，S2 不能实现

B．用过程 S2 可以实现交换两个变量的值的操作，S1 不能实现

C．用过程 S1 和 S2 都可以实现交换两个变量的值的操作

D．用过程 S1 和 S2 都不可以实现交换两个变量的值的操作

模拟题

第一套题

一、选择题

1. 程序流程图中带有箭头的线段表示的是（　　）。
   A. 图元关系　　　B. 数据流　　　C. 控制流　　　D. 调用关系

2. 结构化程序设计的基本原则不包括（　　）。
   A. 多态性　　　B. 自顶向下　　　C. 模块化　　　D. 逐步求精

3. 软件设计中模块划分应遵循的准则是（　　）。
   A. 低内聚低耦合
   B. 高内聚低耦合
   C. 低内聚高耦合
   D. 高内聚高耦合

4. 在软件开发中，需求分析阶段产生的主要文档是（　　）。
   A. 可行性分析报告
   B. 软件需求规格说明书
   C. 概要设计说明书
   D. 集成测试计划

5. 算法的有穷性是指（　　）。
   A. 算法程序的运行时间是有限的　　　B. 算法程序所处理的数据量是有限的
   C. 算法程序的长度是有限的　　　D. 算法只能被有限的用户使用

6. 对长度为 n 的线性表排序，在最坏情况下，比较次数不是 n(n-1)/2 的排序方法是（　　）。
   A. 快速排序　　　B. 冒泡排序　　　C. 直接插入排序　　　D. 堆排序

7. 下列关于栈的叙述正确的是（　　）。
   A. 栈按"先进先出"组织数据　　　B. 栈按"先进后出"组织数据
   C. 只能在栈底插入数据　　　D. 不能删除数据

8. 在数据库设计中，将 E-R 图转换成关系数据模型的过程属于（　　）。
   A. 需求分析阶段
   B. 概念设计阶段
   C. 逻辑设计阶段
   D. 物理设计阶段

9. 有三个关系 R、S 和 T 如下：

R

B	C	D
a	0	k1
b	1	n1

S

B	C	D
f	3	h2
a	0	k1
n	2	x1

T

B	C	D
a	0	k1

由关系 R 和 S 通过运算得到关系 T，则所使用的运算为（　　）。
   A. 并　　　B. 自然连接　　　C. 笛卡尔积　　　D. 交

10．设有表示学生选课的三张表，学生 S（学号，姓名，性别，年龄，身份证号），课程 C（课号，课名），选课 SC（学号，课号，成绩），则表 SC 的关键字（键或码）为（　　）。

  A．课号，成绩   B．学号，成绩

  C．学号，课号   D．学号，姓名，成绩

11．按数据的组织形式，数据库的数据模型可分为三种，它们是（　　）。

  A．小型、中型和大型   B．网状、环状和链状

  C．层次、网状和关系   D．独享、共享和实时

12．在书写查询条件时，日期型数据应该使用适当的分隔符括起来，正确的分隔符是（　　）。

  A．*   B．%   C．&   D．#

13．如果在创建表时建立字段"性别"，并要求用汉字表示，其数据类型应当是（　　）。

  A．是/否   B．数字   C．文本   D．备注

14．下列关于字段属性的叙述中，正确的是（　　）。

  A．可对任意类型的字段设置"默认值"属性

  B．设置字段默认值就是规定该字段值不允许为空

  C．只有"文本"型数据能够使用"输入掩码向导"

  D．"有效性规则"属性只允许定义一个条件表达式

15．在 Access 中，如果不想显示数据表中的某些字段，可以使用的命令是（　　）。

  A．隐藏   B．删除   C．冻结   D．筛选

16．如果在数据库中已有同名的表，要通过查询覆盖原来的表，应该使用的查询类型是（　　）。

  A．删除   B．追加   C．生成表   D．更新

17．在 SQL 查询中"GROUP　BY"的含义是（　　）。

  A．选择行条件   B．对查询进行排序

  C．选择列字段   D．对查询进行分组

18．下列关于 SQL 语句的说法中，错误的是（　　）。

  A．INSERT 语句可以向数据表中追加新的数据记录

  B．UPDATE 语句用来修改数据表中已经存在的数据记录

  C．DELETE 语句用来删除数据表中的记录

  D．CREATE 语句用来建立表结构并追加新的记录

19．若查询的设计如下，则查询的功能是（　　）。

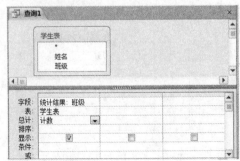

  A．设计尚未完成，无法进行统计

   B．统计"班级"信息仅含 Null（空）值的记录个数

   C．统计"班级"信息不包括 Null（空）值的记录个数

   D．统计"班级"信息包括 Null（空）值全部记录个数

20．查询"书名"字段中包含"等级考试"字样的记录，应该使用的条件是（　　）。

   A．Like　"等级考试"　　　　　　B．Like　"*等级考试"

   C．Like　"等级考试*"　　　　　　D．Like　"*等级考试*"

21．在教师信息输入窗体中，为职称字段提供"教授""副教授""讲师"等选项供用户直接选择，最合适的控件是（　　）。

   A．标签　　　　　B．复选框　　　　C．文本框　　　　D．组合框

22．若在窗体设计过程中，命令按钮 Command0 的事件属性设置如下图所示，则含义是（　　）。

   A．只能为"进入"事件和"单击"事件编写事件过程

   B．不能为"进入"事件和"单击"事件编写事件过程

   C．"进入"事件和"单击"事件执行的是同一事件过程

   D．已经为"进入"事件和"单击"事件编写了事件过程

23．发生在控件接收焦点之前的事件是（　　）。

   A．Enter　　　　　B．Exit　　　　　C．GotFocus　　　D．LostFocus

24．下列关于报表的叙述中，正确的是（　　）。

   A．报表只能输入数据　　　　　　B．报表只能输出数据

   C．报表可以输入和输出数据　　　D．报表不能输入和输出数据

25．在报表设计过程中，不适合添加的控件是（　　）。

   A．标签控件　　　B．图形控件　　　C．文本框控件　　D．选项组控件

26．在宏的参数中，要引用窗体 F1 上的 Text1 文本框的值，应该使用的表达式是（　　）。

   A．[Forms]![F1]![Text1]　　　　　B．Text1

   C．[F1].[Text1]　　　　　　　　　D．[Forms]_[F1]_[Text1]

27．在运行宏的过程中，宏不能修改的是（　　）。

   A．窗体　　　　　B．宏本身　　　　C．表　　　　　　D．数据库

28．为窗体或报表的控件设置属性值的正确宏操作命令是（　　）。

   A．Set　　　　　　B．SetData　　　　C．SetValue　　　D．SetWarnings

29．下列给出的选项中，非法的变量名是（　　）。

　　　　A．Sum　　　　　　B．Integer_2　　　　C．Rem　　　　　　D．Form1

30．在模块的声明部分使用 "Option Base 1" 语句，然后定义二维数组 A(2 to 5,5)，则该数组的元素个数为（　　　）。

　　　　A．20　　　　　　B．24　　　　　　C．25　　　　　　D．36

31．在 VBA 中，能自动检查出来的错误是（　　　）。

　　　　A．语法错误　　　B．逻辑错误　　　C．运行错误　　　　D．注释错误

32．如果在被调用的过程中改变了形参变量的值，但又不影响实参变量本身，这种参数传递方式称为（　　　）。

　　　　A．按值传递　　　B．按地址传递　　C．ByRef 传递　　　D．按形参传递

33．表达式 "B = INT(A+0.5)" 的功能是（　　　）。

　　　　A．将变量 A 保留小数点后 1 位

　　　　B．将变量 A 四舍五入取整

　　　　C．将变量 A 保留小数点后 5 位

　　　　D．舍去变量 A 的小数部分

34．运行下列程序段，结果是（　　　）。

```
For m = 10 to 1 step 0
   k = k + 3
Next m
```

　　　　A．形成死循环　　　　　　　　　B．循环体不执行即结束循环

　　　　C．出现语法错误　　　　　　　　D．循环体执行一次后结束循环

35．下列四个选项中，不是 VBA 的条件函数的是（　　　）。

　　　　A．Choose　　　　B．If　　　　　C．IIf　　　　　　D．Switch

36．运行下列程序，结果是（　　　）。

```
Private Sub Command32_Click()
   f0 = 1 : f1 = 1 : k = 1
   Do While k <= 5
      f = f0 + f1
      f0 = f1
      f1 = f
      k = k + 1
   Loop
   MsgBox "f = " & f
End Sub
```

　　　　A．f = 5　　　　　B．f = 7　　　　C．f = 8　　　　　D．f = 13

37．在窗体中添加一个名称为 Command1 的命令按钮，然后编写如下事件代码：

```
Private Sub Command1_Click()
   MsgBox f(24,18)
End Sub
Public Function f(m As Integer,n As Integer)As Integer
   Do While m<>n
      Do While  m>n
       m = m-n
      Loop
```

```
        Do While   m<n
            n = n-m
        Loop
    Loop
    f = m
End Function
```

窗体打开运行后，单击命令按钮，则消息框的输出结果是（   ）。

A. 2 　　　　　　 B. 4 　　　　　　 C. 6 　　　　　　 D. 8

38. 在窗体上有一个命令按钮 Command1，编写事件代码如下：

```
Private Sub Command1_Click()
    Dim d1 As Date
    Dim d2 As Date
    d1 = #12/25/2009#
    d2 = #1/5/2010#
    MsgBox DateDiff("ww", d1, d2)
End Sub
```

打开窗体运行后，单击命令按钮，消息框中输出的结果是（   ）。

A. 1 　　　　　　 B. 2 　　　　　　 C. 10 　　　　　　 D. 11

39. 能够实现从指定记录集里检索特定字段值的函数是（   ）。

A. Nz 　　　　　 B. Find 　　　　 C. Lookup 　　　　 D. DLookup

40. 下列程序的功能是返回当前窗体的记录集：

```
Sub GetRecNum()
    Dim rs As Object
    Set rs =  【 】
    MsgBox    rs.RecordCount
End Sub
```

为保证程序输出记录集（窗体记录源）的记录数，括号内应填入的语句是（   ）。

A. Me.Recordset 　　　　　　　　　 B. Me.RecordLocks

C. Me.RecordSource 　　　　　　　 D. Me.RecordSelectors

二、基本操作题

在考生文件夹下有一个数据库文件"samp1.accdb"。在数据库文件中已经建立了一个表对象"学生基本情况"。根据以下操作要求，完成各种操作：

（1）将"学生基本情况"表名称改为"tStud"。

（2）设置"身份 ID"字段为主键；并设置"身份 ID"字段的相应属性，使该字段在数据表视图中的显示标题为"身份证"。

（3）将"姓名"字段设置为"有重复索引"。

（4）在"家长身份证号"和"语文"两字段间增加一个字段，名称为"电话"，类型为文本型，大小为 12。

（5）将新增"电话"字段的输入掩码设置为"010－********"的形式。其中，"010－"部分自动输出，后八位为 0～9 的数字显示。

（6）在数据表视图中将隐藏的"编号"字段重新显示出来。

三、简单应用题

考生文件夹下存在一个数据库文件"samp2.accdb",里面已经设计好表对象"tCourse" "tScore""tStud",试按以下要求完成设计:

（1）创建一个查询,查找党员记录,并显示"姓名""性别""入校时间"三列信息,所建查询命名为"qT1"。

（2）创建一个查询,当运行该查询时,屏幕上显示提示信息:"请输入要比较的分数:",输入要比较的分数后,该查询查找学生选课成绩的平均分大于输入值的学生信息,并显示"学号"和"平均分"两列信息,所建查询命名为"qT2"。

（3）创建一个交叉表查询,统计并显示各班每门课程的平均成绩,统计显示结果如下图所示（要求:直接用查询设计视图建立交叉表查询,不允许用其他查询做数据源）,所建查询命名为"qT3"。

班级编号	高等数学	计算机原理	专业英语
19991021	68	73	81
20001022	73	73	75
20011023	74	76	74
20041021			72
20051021			71
20061021			67

记录: 14 ◄ 1 ► ►I ►* 共有记录数: 6

（4）创建一个查询,运行该查询后生成一个新表,表名为"tNew",表结构包括"学号" "姓名""性别""课程名""成绩"等五个字段,表内容为 90 分以上（包括 90 分）或不及格的所有学生记录,并按课程名降序排序,所建查询命名为"qT4"。要求创建此查询后,运行该查询,并查看运行结果。

四、综合应用题

考生文件夹下有一个数据库文件"samp3.accdb",其中存在设计好的表对象"tStud"和查询对象"qStud",同时还设计出以"qStud"为数据源的报表对象"rStud"。请在此基础上按照以下要求补充报表设计:

（1）在报表的报表页眉节区添加一个标签控件,名称为"bTitle",标题为"97 年入学学生信息表"。

（2）在报表的主体节添加一个文本框控件,显示"姓名"字段值。该控件放置在距上边 0.1 厘米、距左边 3.2 厘米的位置,并命名为"tName"。

（3）在报表的页面页脚节区添加一个计算控件,显示系统年月,显示格式为:××××年××月（注意,不允许使用格式属性）。计算控件放置在距上边 0.3 厘米、距左边 10.5 厘米的位置,并命名为"tDa"。

（4）按"编号"字段的前 4 位分组统计每组记录的平均年龄,并将统计结果显示在组页脚节。计算控件命名为"tAvg"。

注意:不能修改数据库中的表对象"tStud"和查询对象"qStud",同时也不允许修改报表对象"rStud"中已有的控件和属性。

第二套题

一、选择题

1. 一个栈的初始状态为空。现将元素 1、2、3、4、5、A、B、C、D、E 依次入栈，然后再依次出栈，则元素出栈的顺序是（   ）。

    A. 12345ABCDE
            B. EDCBA54321

    C. ABCDE12345
            D. 54321EDCBA

2. 下列叙述中正确的是（   ）。

    A. 循环队列有队头和队尾两个指针，因此，循环队列是非线性结构

    B. 在循环队列中，只需要队头指针就能反映队列中元素的动态变化情况

    C. 在循环队列中，只需要队尾指针就能反映队列中元素的动态变化情况

    D. 循环队列中元素的个数由队头指针和队尾指针共同决定

3. 在长度为 n 的有序线性表中进行二分查找，最坏情况下需要比较的次数是（   ）。

    A. $O(n)$
    B. $O(n^2)$
    C. $O(\log_2 n)$
    D. $O(n\log_2 n)$

4. 下列叙述中正确的是（   ）。

    A. 顺序存储结构的存储一定是连续的，链式存储结构的存储不一定是连续的

    B. 顺序存储结构只针对线性结构，链式存储结构只针对非线性结构

    C. 顺序存储结构能存储有序表，链式存储结构不能存储有序表

    D. 链式存储结构比顺序存储结构节省存储空间

5. 数据流图中带有箭头的线段表示的是（   ）。

    A. 控制流
    B. 事件驱动
    C. 模块调用
    D. 数据流

6. 在软件开发中，需求分析阶段可以使用的工具是（   ）。

    A. N-S 图
    B. DFD 图
    C. PAD 图
    D. 程序流程图

7. 在面向对象方法中，不属于"对象"基本特点的是（   ）。

    A. 一致性
    B. 分类性
    C. 多态性
    D. 标识唯一性

8. 一间宿舍可住多个学生，则实体宿舍和学生之间的联系是（   ）。

    A. 一对一
    B. 一对多
    C. 多对一
    D. 多对多

9. 在数据管理技术发展的三个阶段中，数据共享最好的是（   ）。

    A. 人工管理阶段
            B. 文件系统阶段

    C. 数据库系统阶段
            D. 三个阶段相同

10. 有三个关系 R、S 和 T 如下：

R			S			T		
A	B		B	C		A	B	C
m	1		1	3		m	1	3
n	2		3	5				

由关系 R 和 S 通过运算得到关系 T，则所使用的运算为（   ）。

    A. 笛卡尔积
    B. 交
    C. 并
    D. 自然连接

11. 在学生表中要查找所有年龄大于 30 岁姓王的男同学,应该采用的关系运算是(　　)。

    A. 选择　　　　　　B. 投影　　　　　　C. 联接　　　　　　D. 自然联接

12. 在 Access 数据库对象中,体现数据库设计目的的对象是(　　)。

    A. 报表　　　　　　B. 模块　　　　　　C. 查询　　　　　　D. 表

13. 若要求在文本框中输入文本时达到密码"*"的显示效果,则应该设置的属性是(　　)。

    A. 默认值　　　　　B. 有效性文本　　　C. 输入掩码　　　　D. 密码

14. 下列关于关系数据库中数据表的描述,正确的是(　　)。

    A. 数据表相互之间存在联系,但用独立的文件名保存

    B. 数据表相互之间存在联系,是用表名表示相互间的联系

    C. 数据表相互之间不存在联系,完全独立

    D. 数据表既相对独立,又相互联系

15. 输入掩码字符"&"的含义是(　　)。

    A. 必须输入字母或数字

    B. 可以选择输入字母或数字

    C. 必须输入一个任意的字符或一个空格

    D. 可以选择输入任意的字符或一个空格

16. 下列 SQL 查询语句中,与下面查询设计视图所示的查询结果等价的是(　　)。

    A. SELECT 姓名,性别,所属院系,简历 FROM tStud WHERE 性别="女" AND 所属院系 IN("03","04")

    B. SELECT 姓名,简历 FROM tStud WHERE 性别="女" AND 所属院系 IN("03","04")

    C. SELECT 姓名,性别,所属院系,简历 FROM tStud WHERE 性别="女" AND 所属院系 ="03" OR 所属院系 = "04"

    D. SELECT 姓名,简历 FROM tStud WHERE 性别="女" AND 所属院系 ="03" OR 所属院系 = "04"

17. 假设"公司"表中有编号、名称、法人等字段,查找公司名称中有"网络"二字的公司信息,正确的命令是(　　)。

    A. SELECT * FROM 公司 FOR 名称 = "*网络*"

    B. SELECT * FROM 公司 FOR 名称 LIKE "*网络*"

C．SELECT * FROM 公司 WHERE 名称 ="*网络*"

D．SELECT * FROM 公司 WHERE 名称 LIKE "*网络*"

18．利用对话框提示用户输入查询条件，这样的查询属于（　　）。

  A．选择查询 B．参数查询 C．操作查询 D．SQL 查询

19．要从数据库中删除一个表，应该使用的 SQL 语句是（　　）。

  A．ALTER TABLE   B．KILL TABLE

  C．DELETE TABLE   D．DROP TABLE

20．若要将"产品"表中所有供货商是"ABC"的产品单价下调 50，则正确的 SQL 语句是（　　）。

  A．UPDATE 产品 SET 单价=50 WHERE 供货商="ABC"

  B．UPDATE 产品 SET 单价=单价-50 WHERE 供货商="ABC"

  C．UPDATE FROM 产品 SET 单价=50 WHERE 供货商="ABC"

  D．UPDATE FROM 产品 SET 单价=单价-50 WHERE 供货商="ABC"

21．在学生表中使用"照片"字段存放相片，当使用向导为该表创建窗体时，照片字段使用的默认控件是（　　）。

  A．图形   B．图像

  C．绑定对象框   D．未绑定对象框

22．下列关于对象"更新前"事件的叙述中，正确的是（　　）。

  A．在控件或记录的数据变化后发生的事件

  B．在控件或记录的数据变化前发生的事件

  C．当窗体或控件接收到焦点时发生的事件

  D．当窗体或控件失去了焦点时发生的事件

23．若窗体 Frm1 中有一个命令按钮 Cmd1，则窗体和命令按钮的 Click 事件过程名分别为（　　）。

  A．Form_Click()和 Command1_Click()

  B．Frm1_Click()和 Command1_Click()

  C．Form_Click()和 Cmd1_Click()

  D．Frm1_Click()和 Cmd1_Click()

24．要实现报表按某字段分组统计输出，需要设置的是（　　）。

  A．报表页脚   B．该字段的组页脚

  C．主体   D．页面页脚

25．在报表中要显示格式为"共 N 页，第 N 页"的页码，正确的页码格式设置是（　　）。

  A．="共" + Pages + "页，第" + Page + "页"

  B．="共" + [Pages] + "页，第" + [Page] + "页"

  C．="共" & Pages & "页，第" & Page & "页"

  D．="共" & [Pages] & "页，第" & [Page] & "页"

26．在数据访问页的工具箱中，为了插入一段滚动的文字应该选择的图标是（　　）。

  A．   B．   C．   D．

27．在设计条件宏时，对于连续重复的条件，要代替重复条件表达式可以使用符号（　　）。

  A．…   B．:   C．!   D．=

28. 下列属于通知或警告用户的命令是（　　　）。

    A. PrintOut   B. OutputTo   C. MsgBox   D. RunWarnings

29. 在 VBA 中要打开名为"学生信息录入"的窗体，应使用的语句是（　　　）。

    A. DoCmd.OpenForm "学生信息录入"

    B. OpenForm "学生信息录入"

    C. DoCmd.OpenWindow "学生信息录入"

    D. OpenWindow "学生信息录入"

30. VBA 语句"Dim NewArray(10)as Integer"的含义是（　　　）。

    A. 定义 10 个整型数构成的数组 NewArray

    B. 定义 11 个整型数构成的数组 NewArray

    C. 定义 1 个值为整型数的变量 NewArray

    D. 定义 1 个值为 10 的变量 NewArray

31. 要显示当前过程中的所有变量及对象的取值，可以利用的调试窗口是（　　　）。

    A. 监视窗口   B. 调用堆栈   C. 立即窗口   D. 本地窗口

32. 在 VBA 中，下列关于过程的描述中正确的是（　　　）。

    A. 过程的定义可以嵌套，但过程的调用不能嵌套

    B. 过程的定义不可以嵌套，但过程的调用可以嵌套

    C. 过程的定义和过程的调用均可以嵌套

    D. 过程的定义和过程的调用均不能嵌套

33. 下列表达式计算结果为日期类型的是（　　　）。

    A. #2012-1-23# - #2011-2-3#

    B. year(#2011-2-3#)

    C. DateValue("2011-2-3")

    D. Len("2011-2-3")

34. 由"For i=1 To 9 Step -3"决定的循环结构，其循环体将被执行（　　　）。

    A. 0 次   B. 1 次   C. 4 次   D. 5 次

35. 如果 X 是一个正的实数，保留两位小数、将千分位四舍五入的表达式是（　　　）。

    A. 0.01*Int(X+0.05)   B. 0.01*Int(100*(X+0.005))

    C. 0.01*Int(X+0.005)   D. 0.01*Int(100*(X+0.05))

36. 有如下事件程序，运行该程序后输出结果是（　　　）。

```
Private Sub Command33_Click()
    Dim x As Integer, y As Integer
    x = 1: y = 0
    Do Until y <= 25
        y = y + x * x
        x = x + 1
    Loop
    MsgBox "x=" & x & ", y=" & y
End Sub
```

    A. x=1，y=0   B. x=4，y=25

    C. x=5，y=30   D. 输出其他结果

37. 在窗体上有一个命令按钮 Command1，编写事件代码如下：

```
Private Sub Command1_Click()
    Dim x As Integer, y As Integer
    x = 12: y = 32
    Call Proc(x, y)
    Debug.Print x; y
End Sub
Public Sub Proc(n As Integer, ByVal m As Integer)
    n = n Mod 10
    m = m Mod 10
End Sub
```

打开窗体运行后，单击命令按钮，立即窗口上输出的结果是（   ）。

    A. 2 32   B. 12 3   C. 2 2   D. 12 32

38. 在窗体上有一个命令按钮 Command1 和一个文本框 Text1，编写事件代码如下：

```
Private Sub Command1_Click()
    Dim i,j,x
    For i = 1 To 20 step 2
        x = 0
        For j = i To 20 step 3
            x = x + 1
        Next j
    Next i
    Text1.Value = Str(x)
End Sub
```

打开窗体运行后，单击命令按钮，文本框中显示的结果是（   ）。

    A. 1   B. 7   C. 17   D. 400

39. 能够实现从指定记录集里检索特定字段值的函数是（   ）。

    A. DCount   B. DLookup   C. DMax   D. DSum

40. 在已建窗体中有一个命令按钮（名为 Command1），该按钮的单击事件对应的 VBA 代码为：

```
Private Sub Command1_Click()
    subT.Form.RecordSource = "select * from  雇员"
End Sub
```

单击该按钮实现的功能是（   ）。

    A. 使用 select 命令查找 "雇员" 表中的所有记录

    B. 使用 select 命令查找并显示 "雇员" 表中的所有记录

    C. 将 subT 窗体的数据来源设置为一个字符串

    D. 将 subT 窗体的数据来源设置为 "雇员" 表

二、基本操作题

在考生文件夹下有数据库文件 "samp1.accdb" 和 Excel 文件 "Stab.xls"，"samp1.accdb" 中已建立表对象 "student" 和 "grade"，请按以下要求，完成表的各种操作：

（1）将考生文件夹下的 Excel 文件 "Stab.xls" 导入到 "student" 表中。

（2）将 "student" 表中 1975～1980 年之间（包括 1975 年和 1980 年）出生的学生记录删除。

（3）将"student"表中"性别"字段的默认值设置为"男"。

（4）将"student"表拆分为两个新表，表名分别为"tStud"和"tOffice"。其中"tStud"表结构为：学号，姓名，性别，出生日期，院系，籍贯，主键为学号；"tOffice"表结构为：院系，院长，院办电话，主键为院系。

要求：保留"student"表。

（5）建立"student"和"grade"两表之间的关系。

三、简单应用题

考生文件夹下有一个数据库文件"samp2.accdb"，其中存在已经设计好的一个表对象"tTeacher"。请按以下要求完成设计：

（1）创建一个查询，计算并输出教师最大年龄与最小年龄的差值，显示标题为"m_age"，将查询命名为"qT1"。

（2）创建一个查询，查找并显示具有研究生学历的教师的"编号""姓名""性别""系别"4个字段内容，将查询命名为"qT2"。

（3）创建一个查询，查找并显示年龄小于等于38岁、职称为副教授或教授的教师的"编号""姓名""年龄""学历""职称"5个字段，将查询命名为"qT3"。

（4）创建一个查询，查找并统计在职教师按照职称进行分类的平均年龄，然后显示出标题为"职称"和"平均年龄"的两个字段内容，将查询命名为"qT4"。

四、综合应用题

考生文件夹下有一个数据库文件"samp3.accdb"，其中存在已经设计好的表对象"tEmployee"和"tGroup"及查询对象"qEmployee"，同时还设计出以"qEmployee"为数据源的报表对象"rEmployee"。请在此基础上按照以下要求补充报表设计：

（1）在报表的报表页眉节添加一个标签控件，名称为"bTitle"，标题为"职工基本信息表"。

（2）在"性别"字段标题对应的报表主体节距上边0.1厘米、距左侧5.2厘米的位置添加一个文本框，用于显示"性别"字段值，并命名为"tSex"。

（3）设置报表主体节内文本框"tDept"的控件来源为计算控件。要求该控件可以根据报表数据源里的"所属部门"字段值，从非数据源表对象"tGroup"中检索出对应的部门名称并显示输出（提示：考虑DLookup函数的使用）。

注意：不能修改数据库中的表对象"tEmployee"和"tGroup"及查询对象"qEmployee"；不能修改报表对象"qEmployee"中未涉及的控件和属性。

第三套题

一、选择题

1. 下列叙述中正确的是（　　）。
   A. 栈是"先进先出"的线性表
   B. 队列是"先进后出"的线性表
   C. 循环队列是非线性结构
   D. 有序线性表既可以采用顺序存储结构，也可以采用链式存储结构

2. 支持子程序调用的数据结构是（　　）。
   A. 栈　　　　　　B. 树　　　　　　C. 队列　　　　　　D. 二叉树

3. 某二叉树有 5 个度为 2 的结点，则该二叉树中的叶子结点数是（　　）。
   A. 10　　　　　B. 8　　　　　C. 6　　　　　D. 4

4. 下列排序方法中，最坏情况下比较次数最少的是（　　）。
   A. 冒泡排序　　　　　　　　B. 简单选择排序
   C. 直接插入排序　　　　　　D. 堆排序

5. 软件按功能可以分为：应用软件、系统软件和支撑软件（或工具软件）。下面属于应用软件的是（　　）。
   A. 编译程序　　　B. 操作系统　　　C. 教务管理系统　　　D. 汇编程序

6. 下面叙述中错误的是（　　）。
   A. 软件测试的目的是发现错误并改正错误
   B. 对被调试的程序进行"错误定位"是程序调试的必要步骤
   C. 程序调试通常也称为 Debug
   D. 软件测试应严格执行测试计划，排除测试的随意性

7. 耦合性和内聚性是对模块独立性度量的两个标准。下列叙述中正确的是（　　）。
   A. 提高耦合性降低内聚性有利于提高模块的独立性
   B. 降低耦合性提高内聚性有利于提高模块的独立性
   C. 耦合性是指一个模块内部各个元素间彼此结合的紧密程度
   D. 内聚性是指模块间互相连接的紧密程度

8. 数据库应用系统中的核心问题是（　　）。
   A. 数据库设计　　　　　　　B. 数据库系统设计
   C. 数据库维护　　　　　　　D. 数据库管理员培训

9. 有两个关系 R，S 如下：

	R				S	
A	B	C		A	B	C
a	1	2		b	2	1
b	2	1				
c	3	1				

由关系 R 通过运算得到关系 S，则所使用的运算为（　　　）。

    A．选择　　　　　　　B．投影　　　　　　　C．插入　　　　　　　D．连接

10．将 E-R 图转换为关系模式时，实体和联系都可以表示为（　　　）。

    A．属性　　　　　　　B．键　　　　　　　　C．关系　　　　　　　D．域

11．在 Access 中要显示"教师表"中姓名和职称的信息，应采用的关系运算是（　　　）。

    A．选择　　　　　　　B．投影　　　　　　　C．连接　　　　　　　D．关联

12．在 Access 中，可用于设计输入界面的对象是（　　　）。

    A．窗体　　　　　　　B．报表　　　　　　　C．查询　　　　　　　D．表

13．在数据表视图中，不能进行的操作是（　　　）。

    A．删除一条记录　　　　　　　　　　B．修改字段的类型

    C．删除一个字段　　　　　　　　　　D．修改字段的名称

14．下列关于货币数据类型的叙述中，错误的是（　　　）。

    A．货币型字段在数据表中占 8 个字节的存储空间

    B．货币型字段可以与数字型数据混合计算，结果为货币型

    C．向货币型字段输入数据时，系统自动将其设置为 4 位小数

    D．向货币型字段输入数据时，不必输入人民币符号和千位分隔符

15．在设计表时，若输入掩码属性设置为"LLLL"，则能够接收的输入是（　　　）。

    A．abcd　　　　B．1234　　　　C．AB+C　　　　D．ABa9

16．在 SQL 语言的 SELECT 语句中，用于指明检索结果排序的子句是（　　　）。

    A．FROM　　　　B．WHILE　　　　C．GROUP BY　　　　D．ORDER BY

17．有商品表内容如下：

部门号	商品号	商品名称	单价	数量	产地
40	0101	A 牌电风扇	200.00	10	广东
40	0104	A 牌微波炉	350.00	10	广东
40	0105	A 牌微波炉	600.00	10	广东
20	1032	C 牌传真机	1000.00	20	上海
40	0107	D 牌微波炉_A	420.00	10	北京
20	0110	A 牌电话机	200.00	50	广东
20	0112	B 牌手机	2000.00	10	广东
40	0202	A 牌电冰箱	3000.00	2	广东
30	1041	B 牌计算机	6000.00	10	广东
30	0204	C 牌计算机	10000.00	10	上海

执行 SQL 命令：

    SELECT 部门号，MAX(单价*数量)FROM 商品表　GROUP BY 部门号；

查询结果的记录数是（　　　）。

    A．1　　　　　　　B．3　　　　　　　C．4　　　　　　　D．10

18．已知"借阅"表中有"借阅编号""学号""借阅图书编号"等字段，每名学生每借阅一本书生成一条记录，要求按学号统计出每名学生的借阅次数，下列 SQL 语句中，正确的

是（　　）。

  A．SELECT 学号,COUNT(学号) FROM 借阅

  B．SELECT 学号,COUNT(学号) FROM 借阅 GROUP BY 学号

  C．SELECT 学号,SUM(学号) FROM 借阅

  D．SELECT 学号,SUM(学号) FROM 借阅 ORDER BY 学号

19．创建参数查询时，在查询设计视图条件行中应将参数提示文本放置在（　　）。

  A．{}中   B．()中   C．[]中   D．<>中

20．如果在查询条件中使用通配符"[]"，其含义是（　　）。

  A．错误的使用方法   B．通配任意长度的字符

  C．通配不在括号内的任意字符 D．通配方括号内任一单个字符

21．因修改文本框中的数据而触发的事件是（　　）。

  A．Change B．Edit C．Getfocus D．LostFocus

22．启动窗体时，系统首先执行的事件过程是（　　）。

  A．Load B．Click C．Unload D．GotFocus

23．下列属性中，属于窗体的"数据"类属性的是（　　）。

  A．记录源 B．自动居中 C．获得焦点 D．记录选择器

24．在 Access 中为窗体上的控件设置 Tab 键的顺序，应选择"属性表"对话框的（　　）。

  A．"格式"选项卡   B．"数据"选项卡

  C．"事件"选项卡   D．"其他"选项卡

25．若在"销售总数"窗体中有"订货总数"文本框控件，能够正确引用控件值的是（　　）。

  A．Forms.[销售总数].[订货总数] B．Forms！[销售总数].[订货总数]

  C．Forms.[销售总数]！[订货总数] D．Forms！[销售总数]！[订货总数]

26．下图所示的是报表设计视图，由此可判断该报表的分组字段是（　　）。

  A．课程名称 B．学分 C．成绩 D．姓名

27．下列操作中，适宜使用宏的是（　　）。

  A．修改数据表结构   B．创建自定义过程

  C．打开或关闭报表对象   D．处理报表中错误

28．某学生成绩管理系统的"主窗体"如下图左侧所示，单击"退出系统"按钮会弹出下图右侧"请确认"提示框；如果继续单击"是"按钮，才会关闭主窗体退出系统，如果单击"否"按钮，则会返回"主窗体"继续运行系统。

为了达到这样的运行效果，在设计主窗体时为"退出系统"按钮的"单击"事件设置了一个"退出系统"宏。正确的宏设计是（　　）。

A.

B.

C.

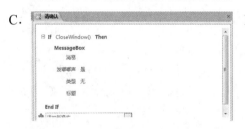

D.

29. 下列变量名中，合法的是（　　）。

A. 4A   B. A-1   C. ABC_1   D. private

30. 下列能够交换变量 X 和 Y 值的程序段是（　　）。

A. Y=X:X=Y   B. Z=X:Y=Z:X=Y

C. Z=X:X=Y:Y=Z   D. Z=X:W=Y:Y=Z:X=Y

31. 要将一个数字字符串转换成对应的数值，应使用的函数是（　　）。

A. Val   B. Single   C. Asc   D. Space

32. 下列不属于 VBA 函数的是（　　）。

A. Choose   B. If   C. IIf   D. Switch

33. InputBox 函数的返回值类型是（　　）。

A. 数值   B. 字符串   C. 变体   D. 视输入的数据而定

34. 若变量 i 的初值为 8，则下列循环语句中循环体的执行次数为（　　）。

```
Do While i <= 17
    i = i + 2
Loop
```

A. 3 次   B. 4 次   C. 5 次   D. 6 次

35. 在窗体中有一个文本框 Text1，编写事件代码如下：

```
Private Sub Form_Click()
    X = val(Inputbox("输入 x 的值"))
    Y = 1
    If  X<>0  Then Y = 2
    Text1.Value = Y
End Sub
```

打开窗体运行后，在输入框中输入整数 12，文本框 Text1 中输出的结果是（　　）。

    A．1　　　　　　　B．2　　　　　　　C．3　　　　　　　D．4

36．窗体中有命令按钮 run34，对应的事件代码如下：

```
Private Sub run34_Enter()
    Dim num As Integer, a As Integer, b As Integer, i As Integer
    For    i = 1 To 10
        num = InputBox("请输入数据:","输入")
        If Int(num/2)= num/2    Then
        a = a + 1
        Else
        b = b + 1
        End If
    Next i
    MsgBox("运行结果:a=" & Str(a)& ",b=" & Str(b))
End Sub
```

运行以上事件过程，所完成的功能是（　　）。

    A．对输入的 10 个数据求累加和

    B．对输入的 10 个数据求各自的余数，然后再进行累加

    C．对输入的 10 个数据分别统计奇数和偶数的个数

    D．对输入的 10 个数据分别统计整数和非整数的个数

37．若有以下窗体单击事件过程：

```
Private Sub Form_Click()
    result = 1
    For i = 1 To 6 step 3
        result = result * i
    Next i
    MsgBox result
End Sub
```

打开窗体运行后，单击窗体，则消息框的输出内容是（　　）。

    A．1　　　　　　　B．4　　　　　　　C．15　　　　　　　D．120

38．在窗体中有一个命令按钮 Command1 和一个文本框 Text1，编写事件代码如下：

```
Private Sub Command1_Click()
    For i = 1 To 4
        x = 3
        For j = 1 To 3
            For k = 1 To 2
                x = x + 3
            Next k
        Next j
    Next i
    Text1.value = Str(x)
End Sub
```

打开窗体运行后，单击命令按钮，文本框 Text1 输出的结果是（　　）。

    A．6　　　　　　　B．12　　　　　　　C．18　　　　　　　D．21

39．窗体中有命令按钮 Command1，事件过程如下：

```
Public Function f(x As Integer) As Integer
    Dim y As Integer
    x = 20
    y = 2
    f = x * y
End Function
Private Sub Command1_Click()
    Dim y As Integer
    Static x As Integer
    x = 10
    y = 5
    y = f(x)
    Debug.Print x; y
End Sub
```

运行程序，单击命令按钮，则立即窗口中显示的内容是（　　）。

    A．10　5　　　　　B．10　40　　　　C．20　5　　　　　　D．20　40

40．下列程序段的功能是实现"学生"表中"年龄"字段值加1：

```
Dim Str As String
Str="【              】"
Docmd.RunSQL Str
```

括号内应填入的程序代码是（　　）。

    A．年龄=年龄+1　　　　　　　　　　B．Update 学生 Set 年龄=年龄+1

    C．Set 年龄=年龄+1　　　　　　　　D．Edit 学生 Set 年龄=年龄+1

二、基本操作题

（1）在考生文件夹下的"samp1.accdb"数据库中建立表"tTeacher"，表结构如下：

字段名称	数据类型	字段大小	格式
编号	文本	5	
姓名	文本	4	
性别	文本	1	
年龄	数字	整型	
工作时间	日期/时间	短日期	
学历	文本	5	
职称	文本	5	
邮箱密码	文本	6	
联系电话	文本	8	
在职否	是/否		是/否

（2）根据"tTeacher"表的结构，判断并设置主键。

（3）设置"工作时间"字段的有效性规则为：只能输入上一年度五月一日以前（含）的日期（规定：本年度年号必须用函数获取）。

（4）将"在职否"字段的默认值设置为真值，设置"邮箱密码"字段的输入掩码为将输入的密码显示为6位星号（密码），设置"联系电话"字段的输入掩码，要求前4位为"010-"，后8位为数字。

（5）将"性别"字段值的输入设置为"男""女"列表选择。

（6）在"tTeacher"表中输入以下两条记录：

编号	姓名	性别	年龄	工作时间	学历	职称	邮箱密码	联系电话	在职否
77012	郝海波	男	67	1992-9-3	大本	教授	621208	2760794	
92016	李丽	女	32	2000-10-5	研究生	讲师	920903	2768144	√

三、简单应用题

考生文件夹下有一个数据库文件"samp2.accdb"，其中存在已经设计好的两个表对象"tEmployee"和"tGroup"。请按以下要求完成设计：

（1）创建一个查询，查找并显示没有运动爱好的职工的"编号""姓名""性别""年龄""职务"5个字段内容，将查询命名为"qT1"。

（2）建立"tGroup"和"tEmployee"两表之间的一对多关系，并实施参照完整性。

（3）创建一个查询，查找并显示聘期超过5年（使用函数）的开发部职工的"编号""姓名""职务""聘用时间"4个字段内容，将查询命名为"qT2"。

（4）创建一个查询，检索职务为经理的职工的"编号"和"姓名"信息，然后将两列信息合二为一输出（比如，编号为"000011"、姓名为"吴大伟"的数据输出形式为"000011 吴大伟"），并命名字段标题为"管理人员"，将查询命名为"qT3"。

四、综合应用题

考生文件夹下有一个数据库文件"samp3.accdb"，其中存在已经设计好的窗体对象"fTest"及宏对象"ml"。请在此基础上按照以下要求补充窗体设计：

（1）在窗体的窗体页眉节添加一个标签控件，名称为"bTitle"，标题为"窗体测试样例"。

（2）在窗体主体节添加两个复选框控件，复选框选项按钮分别命名为"opt1"和"opt2"，对应的复选框标签显示内容分别为"类型a"和"类型b"，标签名称分别为"bopt1"和"bopt2"。

（3）分别设置复选框选项按钮opt1和opt2的"默认值"属性为假值。

（4）在窗体页脚节添加一个命令按钮，命名为"bTest"，按钮标题为"测试"。

（5）设置命令按钮bTest的单击事件属性为给定的宏对象ml。

（6）将窗体标题设置为"测试窗体"。

注意：不能修改窗体对象fTest中未涉及的属性；不能修改宏对象ml。

第四套题

一、选择题

1. 下列数据结构中，属于非线性结构的是（　　）。

A．循环队列　　　　B．带链队列　　　C．二叉树　　　　　　D．带链栈

2. 下列数据结构中，能够按照"先进后出"原则存取数据的是（　　）。

A．循环队列　　　　B．栈　　　　　　C．队列　　　　　　　D．二叉树

3. 对于循环队列，下列叙述中正确的是（　　）。

A．队头指针是固定不变的

B．队头指针一定大于队尾指针

C．队头指针一定小于队尾指针

D．队头指针可以大于队尾指针，也可以小于队尾指针

4. 算法的空间复杂度是指（　　）。

A．算法在执行过程中所需要的计算机存储空间

B．算法所处理的数据量

C．算法程序中的语句或指令条数

D．算法在执行过程中所需要的临时工作单元数

5. 软件设计中划分模块的一个准则是（　　）。

A．低内聚低耦合　　　　　　　　　B．高内聚低耦合

C．低内聚高耦合　　　　　　　　　D．高内聚高耦合

6. 下列选项中不属于结构化程序设计原则的是（　　）。

A．可封装　　　　B．自顶向下　　　C．模块化　　　　D．逐步求精

7. 软件详细设计生产的图如下：

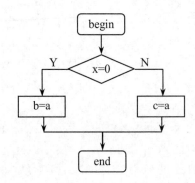

该图是（　　）

A．N-S 图　　　　B．PAD 图　　　　C．程序流程图

8. 数据库管理系统是（　　）。

A．操作系统的一部分　　　　　　　B．在操作系统支持下的系统软件

C．一种编译系统　　　　　　　　　D．一种操作系统

9. 在 E-R 图中，用来表示实体联系的图形是（　　）。

A．椭圆形　　　　　B．矩形　　　　　C．菱形　　　　　D．三角形

10．有三个关系 R、S 和 T 如下：

R		
A	B	C
a	1	2
b	2	1
c	3	1

S		
A	B	C
d	3	2

T		
A	B	C
a	1	2
b	2	1
c	3	1
d	3	2

关系 T 是由关系 R 和 S 通过某种操作得到，该操作为（　　　）。

A．选择　　　　　B．投影　　　　　C．交　　　　　D．并

11．在学生表中要查找所有年龄小于 20 岁且姓王的男生，应采用的关系运算是（　　　）。

A．选择　　　　　B．投影　　　　　C．联接　　　　　D．比较

12．Access 数据库最基础的对象是（　　　）。

A．表　　　　　B．宏　　　　　C．报表　　　　　D．查询

13．在关系窗口中，双击两个表之间的连接线，会出现（　　　）。

A．数据表分析向导　　　　　　　B．数据关系图窗口

C．连接线粗细变化　　　　　　　D．"编辑关系"对话框

14．下列关于 OLE 对象的叙述中，正确的是（　　　）。

A．用于输入文本数据　　　　　　B．用于处理超链接数据

C．用于生成自动编号数据　　　　D．用于链接或内嵌 Windows 支持的对象

15．若在查询条件中使用了通配符"!"，它的含义是（　　　）。

A．通配任意长度的字符

B．通配不在括号内的任意字符

C．通配方括号内列出的任一单个字符

D．错误的使用方法

16．"学生表"中有"学号""姓名""性别"和"入学成绩"等字段。执行如下 SQL 命令后的结果是（　　　）。

Select avg(入学成绩) From 学生表 Group by 性别

A．计算并显示所有学生的平均入学成绩

B．计算并显示所有学生的性别和平均入学成绩

C．按性别顺序计算并显示所有学生的平均入学成绩

D．按性别分组计算并显示不同性别学生的平均入学成绩

17．在 SQL 语言的 SELECT 语句中，用于实现选择运算的子句是（　　　）

A．FOR　　　　　B．IF　　　　　C．WHILE　　　　　D．WHERE

18．在 Access 数据库中使用向导创建查询，其数据可以来自（　　　）。

A．多个表　　　　　　　　　　　B．一个表

C．一个表的一部分　　　　　　　D．表或查询

19．在学生借书数据库中，已有"学生"表和"借阅"表，其中"学生"表含有"学号""姓名"等信息，"借阅"表含有"借阅编号""学号"等信息。若要找出没有借过书的学生记

录，并显示其"学号"和"姓名"，则正确的查询设计是（　　　）。

A.

B.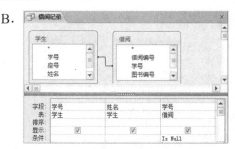

C.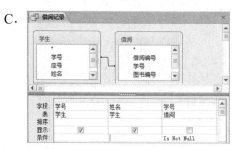

D.

20. 在成绩中要查找成绩≥80 且成绩≤90 的学生，正确的条件表达式是（　　　）。

    A. 成绩 Between 80 And 90　　　B. 成绩 Between 80 To 90

    C. 成绩 Between 79 And 91　　　D. 成绩 Between 79 To 91

21. 在报表中，要计算"数学"字段的最低分，应将控件的"控件来源"属性设置为（　　　）。

    A. = Min([数学])　　　　　　　　B. = Min(数学)

    C. = Min[数学]　　　　　　　　　D. = Min(数学)

22. 在打开窗体时，依次发生的事件是（　　　）。

    A. 打开（Open）→加载（Load）→调整大小（Resize）→激活（Activate）

    B. 打开（Open）→激活（Activate）→加载（Load）→调整大小（Resize）

    C. 打开（Open）→调整大小（Resize）→加载（Load）→激活（Activate）

    D. 打开（Open）→激活（Activate）→调整大小（Resize）→加载（Load）

23. 如果在文本框内输入数据后，按 Enter 键或按 Tab 键，输入焦点可立即移至下一指定文本框，应设置（　　　）。

    A. "制表位"属性　　　　　　　　B. "Tab 键索引"属性

    C. "自动 Tab 键"属性　　　　　　D. "Enter 键行为"属性

24. 窗体 Caption 属性的作用是（　　　）。

    A. 确定窗体的标题　　　　　　　B. 确定窗体的名称

    C. 确定窗体的边界类型　　　　　D. 确定窗体的字体

25. 窗体中有 3 个命令按钮，分别命名为 Command1、Command2 和 Command3。当点击 Command1 按钮时，Command2 按钮变为可用，Command3 按钮变为不可见。下列 Command1 的单击事件过程中，正确的是（　　　）。

    A. Private Sub Command1_Click()　　　B. Private Sub Command1_Click()

        Command2.Visible = True　　　　　　　Command2.Enabled = True

        Command3.Visible = False　　　　　　　Command3.Enabled = False

        End Sub　　　　　　　　　　　　　　End Sub

C. Private Sub Command1_Click()
　　Command2.Enabled = True
　　Command3.Visible = False
　End Sub

D. Private Sub Command1_Click()
　　Command2.Visible = True
　　Command3.Enabled = False
　End Sub

26. 在设计报表的过程中，如果要进行强制分页，应使用的工具图标是（　　）。
　　A. ▦　　　　　B. ▤　　　　　C. ▥　　　　　D. ▦

27. 下列叙述中，错误的是（　　）。
　　A. 宏能够一次完成多个操作　　　　B. 可以将多个宏组成一个宏组
　　C. 可以用编程的方法来实现宏　　　D. 宏命令一般由动作名和操作参数组成

28. 在宏表达式中要引用 Form1 窗体中的 txt1 控件的值，正确的引用方法是（　　）。
　　A. Form1!txt1　　　　　　　　　　B. txt1
　　C. Forms!Form1!txt1　　　　　　　D. Forms!txt1

29. VBA 中定义符号常量使用的关键字是（　　）。
　　A. Const　　　B. Dim　　　C. Public　　　D. Static

30. 下列表达式计算结果为数值类型的是（　　）。
　　A. #5/5/2010# - #5/1/2010#　　　B. "102" > "11"
　　C. 102 = 98 + 4　　　　　　　　　D. #5/1/2010# + 5

31. 要将"选课成绩"表中学生的"成绩"取整，可以使用的函数是（　　）。
　　A. Abs([成绩])　　　　　　　　　B. Int([成绩])
　　C. Sqr([成绩])　　　　　　　　　D. Sgn([成绩])

32. 将一个数转换成相应字符串的函数是（　　）。
　　A. Str　　　B. String　　　C. Asc　　　D. Chr

33. 可以用 InputBox 函数产生"输入对话框"。执行语句：
　　st = InputBox("请输入字符串","字符串对话框","aaaa")
　当用户输入字符串"bbbb"，单击 OK 按钮后，变量 st 的内容是（　　）。
　　A. aaaa　　　　　　　　　　　　B. 请输入字符串
　　C. 字符串对话框　　　　　　　　D. bbbb

34. 由"For i = 1 To 16 Step 3"决定的循环结构被执行（　　）。
　　A. 4 次　　　B. 5 次　　　C. 6 次　　　D. 7 次

35. 运行下列程序，输入数据 8、9、3、0 后，窗体中显示结果是（　　）。
```
Private Sub Form_click()
    Dim sum As Integer, m As Integer
    sum = 0
    Do
        m = InputBox("输入 m")
        sum = sum + m
    Loop Until m = 0
    MsgBox sum
End Sub
```
　　A. 0　　　　　B. 17　　　　　C. 20　　　　　D. 21

36. 窗体中有命令按钮 Command1 和文本框 Text1，事件过程如下：
　　Function result(ByVal x As Integer)As Boolean

```
        If x Mod 2 = 0 Then
            result = True
        Else
            result = False
        End If
    End Function
    Private Sub Command1_Click()
        x = Val(InputBox("请输入一个整数"))
        If 【        】 Then
            Text1 = Str(x)& "是偶数."
        Else
            Text1 = Str(x)& "是奇数."
        End If
    End Sub
```

运行程序，单击命令按钮，输入 19，在 Text1 中会显示"19 是奇数"。那么在程序的括号内应填写（   ）。

A．NOT result(x)　　　　　　　B．result(x)

C．result(x)="奇数"　　　　　　D．result(x)="偶数"

37．若有如下 Sub 过程：

```
    Sub sfun(x As Single, y As Single )
        t = x
        x = t / y
        y = t Mod y
    End Sub
```

在窗体中添加一个命令按钮 Command33，对应的事件过程如下：

```
    Private Sub Command33_Click()
        Dim a As Single
        Dim b As Single
        a = 5 : b = 4
        sfun a, b
        MsgBox a & chr(10)+ chr(13)& b
    End Sub
```

打开窗体运行后，单击命令按钮，消息框中有两行输出，内容分别为（   ）。

A．1 和 1　　　　B．1.25 和 1　　　　C．1.25 和 4　　　　D．5 和 4

38．窗体有命令按钮 Command1 和文本框 Text1，对应的事件代码如下：

```
    Private Sub Command1_Click()
        For i = 1 To 4
            x = 3
            For j = 1 To 3
                For k = 1 To 2
                    x = x + 3
                Next k
            Next j
        Next i
        Text1.Value = Str(x)
    End Sub
```

运行以上事件过程，文本框中的输出是（　　　）。

  A. 6   B. 12   C. 18   D. 21

39. 在窗体中有一个命令按钮 Command1，编写事件代码如下：

```
Private Sub Command1_Click()
    Dim s As Integer
    s = P(1)+ P(2)+ P(3)+ P(4)
    debug.Print s
End Sub
Public Function P(N As Integer)
    Dim Sum As Integer
    Sum = 0
    For i = 1 Io N
        Sum = Sum + i
    Next i
    P = Sum
End Function
```

打开窗体运行后，单击命令按钮，输出结果是（　　　）。

  A. 15   B. 20   C. 25   D. 35

40. 下列过程的功能是：通过对象变量返回当前窗体的 Recordset 属性记录集引用，消息框中输出记录集的记录（即窗体记录源）个数。

```
Sub GetRecNum()
    Dim rs As Object
    Set rs = Me.Recordset
    MsgBox 【              】
End Sub
```

程序括号内应填写的是（　　　）。

  A. Count   B. rs.Count   C. RecordCount   D. rs.RecordCount

二、基本操作题

考生文件夹下有一个数据库文件"samp1.accdb"，其中存在已经设计好的表对象"tStud"。请按照以下要求，完成对表的修改：

（1）设置数据表显示的字体大小为14、行高为18。

（2）设置"简历"字段的设计说明为"自上大学起的简历信息"。

（3）将"年龄"字段的数据类型改为"整型"字段大小的数字型。

（4）将学号为"20011001"学生的照片信息改成考生文件夹下的"photo.bmp"图像文件。

（5）将隐藏的"党员否"字段重新显示出来。

（6）完成上述操作后，将"备注"字段删除。

三、简单应用题

考生文件夹下有一个数据库文件"samp2.accdb"，其中存在已经设计好的 3 个关联表对象"tStud""tCourse""tScore"及表对象"tTemp"。请按以下要求完成设计：

（1）创建一个查询，查找并显示学生的"姓名""课程名""成绩"3 个字段内容，将查询命名为"qT1"。

（2）创建一个查询，查找并显示有摄影爱好的学生的"学号""姓名""性别""年龄""入校时间" 5 个字段内容，将查询命名为"qT2"。

（3）创建一个查询，查找学生的成绩信息，并显示"学号"和"平均成绩"两列内容。其中"平均成绩"一列数据由统计计算得到，将查询命名为"qT3"。

（4）创建一个查询，将"tStud"表中女学生的信息追加到"tTemp"表对应的字段中，将查询命名为"qT4"。

四、综合应用题

考生文件夹下有一个数据库文件"samp3.accdb"，其中存在已经设计好的表对象"tEmployee"和宏对象"m1"，同时还有以"tEmployee"为数据源的窗体对象"fEmployee"。请在此基础上按照以下要求补充窗体设计：

（1）在窗体的窗体页眉节添加一个标签控件，名称为"bTitle"，初始化标题显示为"雇员基本信息"，字体名称为"黑体"，字号大小为18。

（2）将命令按钮 bList 的标题设置为"显示雇员情况"。

（3）单击命令按钮 bList，要求运行宏对象 m1；单击事件代码已提供，请补充完整。

```
'*****Add*****


'*****Add*****
```

（4）取消窗体的水平滚动条和垂直滚动条；取消窗体的最大化和最小化按钮。

（5）在窗体页眉中距左边 0.5 厘米，上边 0.3 厘米处添加一个标签控件，控件名称为"Tda"，标题为"系统日期"。窗体加载时，将添加标签标题设置为系统当前日期。窗体"加载"事件已提供，请补充完整。

```
'*****Add*****


'*****Add*****
```

注意：不能修改窗体对象"fEmployee"中未涉及的控件和属性；不能修改表对象"tEmployee"和宏对象"m1"。

程序代码只允许在"*****Add*****"与"*****Add*****"之间的空行内补充一行语句、完成设计，不允许增删和修改其他位置已存在的语句。

第五套题

一、选择题

1. 下列关于栈的叙述中正确的是（　　）。
   A. 栈顶元素最先能被删除　　　　B. 栈底元素最后才能被删除
   C. 栈底元素永远不能被删除　　　　D. 栈底元素最先被删除

2. 下列叙述中正确的是（　　）。
   A. 在栈中，栈中元素随栈底指针与栈顶指针的变化而动态变化
   B. 在栈中，栈顶指针不变，栈中元素随栈底指针的变化而动态变化
   C. 在栈中，栈底指针不变，栈中元素随栈顶指针的变化而变化
   D. 以上说法均不对

3. 某二叉树共有 7 个节点，其中叶子节点有 1 个，则该二叉树的深度为（假设根结点在第 1 层）（　　）。
   A. 3　　　　　　　B. 4　　　　　　　C. 6　　　　　　　D. 7

4. 软件功能可以分为应用软件、系统软件和支撑软件（或工具软件）。下面属于应用软件的是（　　）。
   A. 学生成绩管理系统　　　　B. C 语言编译程序
   C. UNIX 操作系统　　　　D. 数据库管理系统

5. 结构化程序所要求的基本结构不包括（　　）。
   A. 顺序结构　　　　B. GOTO 跳转
   C. 选择（分支）结构　　　　D. 重复（循环）结构

6. 面向对象方法中，继承是指（　　）。
   A. 一组对象所具有的相似性质　　　　B. 一个对象具有另一个对象的性质
   C. 各对象之间的共同性质　　　　D. 类之间共享属性和操作的机制

7. 层次型、网状型和关系型数据库划分原则是（　　）。
   A. 记录长度　　　　B. 文件的大小
   C. 联系的复杂程度　　　　D. 数据之间的联系方式

8. 一个工作人员可以使用多台计算机，而一台计算机可被多个人使用，则实体工作人员与实体计算机之间的联系是（　　）。
   A. 一对一　　　　B. 一对多　　　　C. 多对多　　　　D. 多对一

9. 数据库设计中反映用户对数据要求的模式是（　　）。
   A. 内模式　　　　B. 概念模式　　　　C. 外模式　　　　D. 设计模式

10. 有三个关系 R、S 和 T 如下：

	R				S				T	
A	B	C		A	B	C		A	B	C
a	1	2		a	1	2		C	3	1
b	2	1		b	2	1				
c	3	1								

则由关系 R 和 S 得到关系 T 的操作是（　　　）。

  A. 自然连接 B. 差   C. 交   D. 并

11. 数据库的基本特点是（　　　）。

  A. 数据可以共享，数据冗余大，数据独立性高，统一管理和控制

  B. 数据可以共享，数据冗余小，数据独立性高，统一管理和控制

  C. 数据可以共享，数据冗余小，数据独立性低，统一管理和控制

  D. 数据可以共享，数据冗余大，数据独立性低，统一管理和控制

12. 在数据表的"查找"操作中，通配符"[!]"的使用方法是（　　　）。

  A. 通配任意一个数字字符

  B. 通配任意一个文本字符

  C. 通配不在方括号内的任意一个字符

  D. 通配位于方括号内的任意一个字符

13. 定位到同一字段最后一条记录中的快捷键是（　　　）。

  A. End   B. Ctrl+End

  C. Ctrl+↓   D. Ctrl+Home

14. 下列关于货币数据类型的叙述中，错误的是（　　　）。

  A. 货币型字段的长度为 8 个字节

  B. 货币型数据等价于具有单精度属性的数字型数据

  C. 向货币型字段输入数据时，不需要输入货币符号

  D. 货币型数据与数字型数据混合运算后的结果为货币型

15. 能够检查字段中的输入值是否合法的属性是（　　　）。

  A. 格式   B. 默认值

  C. 有效性规则   D. 有效性文本

16. 在 Access 中已经建立了"学生"表，若查找"学号"是"S00001"或"S00002"的记录，应在查询设计视图的"条件"行中输入（　　　）。

  A. "S00001" and "S00002"

  B. not("S00001" and "S00002")

  C. in("S00001","S00002")

  D. not in("S00001","S00002")

17. 下列关于操作查询的叙述中，错误的是（　　　）。

  A. 在更新查询中可以使用计算功能

  B. 删除查询可删除符合条件的记录

  C. 生成表查询生成的新表是原表的子集

  D. 追加查询要求两个表的结构必须一致

18. 下列关于 SQL 命令的叙述中，正确的是（　　　）。

  A. DELETE 命令不能与 GROUP BY 关键字一起使用

  B. SELECT 命令不能与 GROUP BY 关键字一起使用

  C. INSERT 命令与 GROUP BY 关键字一起使用可以按分组将新记录插入到表中

  D. UPDATE 命令与 GROUP BY 关键字一起使用可以按分组更新表中原有的记录

19. 数据库中有"商品"表如下：

部门号	商品号	商品名称	单价	数量	产地
40	0101	A 牌电风扇	200.00	10	广东
40	0104	A 牌微波炉	350.00	10	广东
40	0105	A 牌微波炉	600.00	10	广东
20	1032	C 牌传真机	1000.00	20	上海
40	0107	D 牌微波炉_A	420.00	10	北京
20	0110	A 牌电话机	200.00	50	广东
20	0112	B 牌手机	2000.00	10	广东
40	0202	A 牌电冰箱	3000.00	2	广东
30	1041	B 牌计算机	6000.00	10	广东
30	0204	C 牌计算机	10000.00	10	上海

执行 SQL 命令：

SELECT*FROM 商品 WHERE 单价 BETWEEN 3000 AND 10000;

查询结果的记录数是（　　）。

A. 1 　　　　　　B. 2 　　　　　　C. 3 　　　　　　D. 10

20. 数据库中有"商品"表如下：

部门号	商品号	商品名称	单价	数量	产地
40	0101	A 牌电风扇	200.00	10	广东
40	0104	A 牌微波炉	350.00	10	广东
40	0105	A 牌微波炉	600.00	10	广东
20	1032	C 牌传真机	1000.00	20	上海
40	0107	D 牌微波炉_A	420.00	10	北京
20	0110	A 牌电话机	200.00	50	广东
20	0112	B 牌手机	2000.00	10	广东
40	0202	A 牌电冰箱	3000.00	2	广东
30	1041	B 牌计算机	6000.00	10	广东
30	0204	C 牌计算机	10000.00	10	上海

正确的 SQL 命令是（　　）。

A. SELECT * FROM 商品 WHERE 单价>"0112";

B. SELECT * FROM 商品 WHERE EXISTS 单价="0112";

C. SELECT * FROM 商品 WHERE 单价>(SELECT * FROM 商品 WHERE 商品号 ="0112");

D. SELECT * FROM 商品 WHERE 单价>(SELECT 单价 FROM 商品 WHERE 商品号="0112");

21. 在代码中引用一个窗体控件时，应使用的控件属性是（　　）。

A. Caption 　　　　B. Name 　　　　C. Text 　　　　D. Index

22. 确定一个窗体大小的属性是（　　）。

A．Width 和 Height　　　　　　　B．Width 和 Top

C．Top 和 Left　　　　　　　　　　D．Top 和 Height

23．对话框在关闭前，不能继续执行应用程序的其他部分，这种对话框称为（　　　）。

A．输入对话框　　　　　　　　　B．输出对话框

C．模态对话框　　　　　　　　　D．非模态对话框

24．Access 的 "切换面板" 归属的对象是（　　　）。

A．表　　　　　　B．查询　　　　　　C．窗体　　　　　　D．页

25．报表的作用不包括（　　　）。

A．分组数据　　　　　　　　　　B．汇总数据

C．格式化数据　　　　　　　　　D．输入数据

26．假定窗体的名称为 fTest，将窗体的标题设置为 "Sample" 的语句是（　　　）。

A．Me = "Sample"

B．Me.Caption = "Sample"

C．Me.Text = "Sample"

D．Me.Name = "Sample"

27．表达式 4+5 \6 * 7 / 8 Mod 9 的值是（　　　）。

A．4　　　　　　B．5　　　　　　C．6　　　　　　D．7

28．对象可以识别和响应的行为称为（　　　）。

A．属性　　　　　　B．方法　　　　　　C．继承　　　　　　D．事件

29．MsgBox 函数使用的正确语法是（　　　）。

A．MsgBox(提示信息[,标题] [,按钮类型])

B．MsgBox(标题 [,按钮类型] [,提示信息])

C．MsgBox(标题 [,提示信息] [,按钮类型])

D．MsgBox(提示信息 [,按钮类型] [,标题])

30．在定义过程时，系统将形式参数类型默认为（　　　）。

A．值参　　　　　　B．变参　　　　　　C．数组　　　　　　D．无参

31．在一行上写多条语句时，应使用的分隔符是（　　　）。

A．分号　　　　　　B．逗号　　　　　　C．冒号　　　　　　D．空格

32．如果 A 为 Boolean 型数据，则下列赋值语句正确的是（　　　）。

A．A="true"　　　B．A=.true　　　C．A=#TURE#　　　D．A=3<4

33．编写如下窗体事件过程：

```
Private Sub Form_MouseDown(Button As Integer ,Shift As Integer,X As Single,Y As Single)
    If Shift=6 And Button=2 Then
        MsgBox "Hello"
    End If
End Sub
```

程序运行后，为了在窗体上消息框中输出 "Hello" 信息，在窗体上应执行的操作是（　　　）。

A．同时按下 Shift 键和鼠标左键

B．同时按下 Shift 键和鼠标右键

C．同时按下 Ctrl、Alt 键和鼠标左键

D．同时按下 Ctrl、Alt 键和鼠标右键

34．Dim b1,b2 As Boolean 语句显式声明变量（　　　）。

　　A．b1 和 b2 都为布尔型变量

　　B．b1 是整型，b2 是布尔型

　　C．b1 是变体型（可变型），b2 是布尔型

　　D．b1 和 b2 都是变体型（可变型）

35．Rnd 函数不可能产生的值是（　　　）。

　　A．0　　　　　　　B．1　　　　　　　C．0.1234　　　　　　D．0.00005

36．运行下列程序，显示的结果是（　　　）。

```
a=instr(5, "Hello!Beijing.", "e")
b=sgn(3>2)
c=a+b
MsgBox c
```

　　A．1　　　　　　　B．3　　　　　　　C．7　　　　　　　D．9

37．假定有以下两个过程：

```
Sub s1(ByVal x As Integer,ByVal y As Integer)
   Dim t As Integer
   t=x
   x=y
   y=t
End Sub
Sub S2(x As Integer,y As Integer)
   Dim t As Integer
   t=x:x=y:y=t
End Sub
```

下列说法正确的是（　　　）。

　　A．用过程 S1 可以实现交换两个变量的值的操作，S2 不能实现

　　B．用过程 S2 可以实现交换两个变量的值的操作，S1 不能实现

　　C．用过程 S1 和 S2 都可以实现交换两个变量的值的操作

　　D．用过程 S1 和 S2 都不可以实现交换两个变量的值的操作

38．如果在 C 盘当前文件夹下已存在名为 StuData.dat 的顺序文件,那么执行语句 Open "C: StuData.dat" For Append As #1 之后将（　　　）。

　　A．删除文件中原有内容

　　B．保留文件中原有内容，可在文件尾添加新内容

　　C．保留文件中原有内容，在文件头开始添加新内容

　　D．保留文件中原有内容，在文件中间开始添加新内容

39．ADO 对象模型中可以打开并返回 RecordSet 对象的是（　　　）。

　　A．只能是 Connection 对象

　　B．只能是 Command 对象

　　C．可以是 Connection 对象和 Command 对象

　　D．不存在

40．数据库中有"Emp"表，包括"Eno""Ename""Eage""Esex""Edate""Eparty"等字段。下面程序段的功能是：在窗体文本框"tValue"内输入年龄条件，单击"删除"按钮完

成对该年龄职工记录信息的删除操作。

```
Private Sub btnDelete_Click()              '单击"删除"按钮
    Dim strSQL    As String                '定义变量
    strSQL = "delete from Emp"              '赋值 SQL 基本操作字符串
    '判断窗体年龄条件值无效(空值或非数值)处理
    If   IsNull(Me!tValue)= True Or IsNumeric(Me!tValue)= False    Then
        MsgBox "年龄值为空或非有效数值!", vbCritical, "Error"
        '窗体输入焦点移回年龄输入的文本框"tValue"控件内
        Me!tValue.SetFocus
    Else
        '构造条件删除查询表达式
        strSQL = strSQL & " where Eage=" & Me!tValue
        '消息框提示"确认删除?(Yes/No)",选择"Yes"实施删除操作
        If   MsgBox("确认删除?(Yes/No)", vbQuestion + vbYesNo, "确认")= vbYes Then
            '执行删除查询
            DoCmd._____    strSQL
            MsgBox "completed!", vbInformation, "Msg"
        End If
    End If
End Sub
```

按照功能要求，下划线处应填写的是（　　　）。

　A．Execute　　　　B．RunSQL　　　　C．Run　　　　D．SQL

二、基本操作题

在考生文件夹下的"samp1.accdb"数据库文件中已建立表对象"tVisitor"，同时在考生文件夹下还有"exam.accdb"数据库文件。请按以下操作要求，完成表对象"tVisitor"的编辑和表对象"tLine"的导入：

（1）设置"游客ID"字段为主键。

（2）设置"姓名"字段为"必填"字段。

（3）设置"年龄"字段的"有效性规则"为：大于等于10且小于等于60。

（4）设置"年龄"字段的"有效性文本"为："输入的年龄应在10岁到60岁之间，请重新输入。"

（5）在编辑完的表中输入如下一条新记录，其中"照片"字段数据设置为考生文件夹下的"照片1.bmp"图像文件。

游客 ID	姓名	性别	年龄	电话	照片
001	李霞	女	20	123456	

（6）将"exam.accdb"数据库文件中的表对象"tLine"导入到"samp1.accdb"数据库文件内，表名不变。

三、简单应用题

考生文件夹下有一个数据库文件"samp2.accdb"，其中存在已经设计好的两个表对象"tTeacher1"和"tTeacher2"及一个宏对象"mTest"。请按以下要求完成设计：

（1）创建一个查询，查找并显示教师的"编号""姓名""性别""年龄""职称"5 个字段内容，将查询命名为"qT1"。

（2）创建一个查询，查找并显示没有在职的教师的"编号""姓名""联系电话"3 个字段内容，将查询命名为"qT2"。

（3）创建一个查询，将"tTeacher1"表中年龄小于等于 45 的党员教授或年龄小于等于 35 的党员副教授记录追加到"tTeacher2"表的相应字段中，将查询命名为"qT3"。

（4）创建一个窗体，命名为"fTest"。将窗体"标题"属性设为"测试窗体"；在窗体的主体节添加一个命令按钮，命名为"btnR"，标题为"测试"；设置该命令按钮的单击事件属性为给定的宏对象"mTest"。

四、综合应用题

考生文件夹下有一个数据库文件"samp3.accdb"，其中存在已经设计好的表对象"tBand"和"tLine"，同时还有以"tBand"和"tLine"为数据源的报表对象"rBand"。请在此基础上按照以下要求补充报表设计：

（1）在报表的报表页眉节添加一个标签控件，名称为"bTitle"，标题显示为"团队旅游信息表，字体为"宋体"，字号为 22，字体粗细为"加粗"，倾斜字体为"是"。

（2）在"导游姓名"字段标题对应的报表主体区添加一个控件，显示出"导游姓名"字段值，并命名为"tName"。

（3）在报表的报表页脚区添加一个计算控件，要求依据"团队 ID"来计算并显示团队的个数。计算控件放置在"团队数："标签的右侧，计算控件命名为"bCount"。

（4）将报表标题设置为"团队旅游信息表"。

注意：不能改动数据库文件中的表对象"tBand"和"tLine"；不能修改报表对象"rBand"中已有的控件和属性。

模拟题答案

第一套题

一、选择题

1-5：CABBA	6-10：DBCDC	11-15：CDCDA	16-20：CDDCD
21-25：DDABD	26-30：ABCCA	31-35：AABBB	36-40：DCBDA

二、基本操作题

【考点分析】本题考点：表名更改；字段属性中的主键、标题、索引和输入掩码的设置；设置隐藏列等。

【解题思路】第 1 小题表名更改可以直接用鼠标右键单击表名进行重命名；第 2、3、4、5 小题字段属性在设计视图中进行设置；第 6 小题使隐藏列显示在数据表视图中进行设置。

（1）【操作步骤】

打开考生文件夹下的数据库文件 samp1.accdb，单击"表"对象，在"学生基本情况"表上右击，在弹出的快捷菜单中选择"重命名"命令，然后输入"tStud"。

（2）【操作步骤】

选中表"tStud"，右击，选择"设计视图"命令进入设计视图，在"身份 ID"字段上右击，然后选择"主键"命令，将"身份 ID"设置为主键，在下面"标题"栏中输入"身份证"。

（3）【操作步骤】

选择"姓名"字段，在"索引"栏后的下拉列表中选择"有（有重复）"。

（4）【操作步骤】

选择"语文"字段，右击，在弹出的快捷菜单中选择"插入行"命令，输入"电话"字段，在后面的"数据类型"中选择"文本"，在下面的"字段大小"中输入 12。

（5）【操作步骤】

选择"电话"字段，在"字段属性"下的"输入掩码"行输入""010－"00000000"，单击快速访问工具栏中的"保存"按钮，关闭设计视图界面

（6）【操作步骤】

双击表"tStud"打开数据表视图，单击"开始"选项卡下"记录"组中的"其他"按钮，在弹出的菜单中选择"取消隐藏字段"命令，打开"取消隐藏列"对话框，勾选列表中的"编号"复选框，单击"关闭"按钮。单击快速访问工具栏中的"保存"按钮，关闭数据表视图。

【易错提示】设置"电话"字段的输入掩码时，要求输入的是数字，因此输入掩码要设置成"00000000"格式。

三、简单应用题

【考点分析】本题考点：创建条件查询、交叉表查询、参数查询和生成表查询。

（1）【操作步骤】

步骤 1：单击"创建"选项卡，在"查询"组单击"查询设计"按钮，在打开的"显示表"对话框中双击"tStud"，关闭"显示表"对话框，然后分别双击"姓名""性别""入校时间""政治面貌"字段。

步骤 2：在"政治面貌"字段的"条件"中输入"党员"，并取消该字段的"显示"复选框的勾选。

步骤 3：单击快速访问工具栏中的"保存"按钮，将查询保存为"qT1"。运行并退出查询。

（2）【操作步骤】

步骤 1：单击"创建"选项卡，在"查询"组单击"查询设计"按钮，在打开的"显示表"对话框中双击"tScore"，关闭"显示表"对话框，然后分别双击"学号"和"成绩"字段。

步骤 2：将"成绩"字段改为"平均分：成绩"，选择"显示/隐藏"组中的"汇总"命令，在"总计"行中选择该字段的"平均值"，在"条件"行输入">[请输入要比较的分数：]"。

步骤 3：单击快速访问工具栏中的"保存"按钮，将查询保存为"qT2"，运行并退出查询。

（3）【操作步骤】

步骤 1：单击"创建"选项卡，在"查询"组单击"查询设计"按钮，在打开的"显示表"对话框中分别双击"tScore"和"tCourse"，关闭"显示表"对话框。

步骤 2：单击"查询类型"组的"交叉表"按钮。然后分别双击"学号""课程名""成绩"字段。

步骤 3：修改字段"学号"为"班级编号:left([tScore]![学号],8)"；将"成绩"字段改为"round(avg([成绩]))"，并在"总计"中选择"Expression"。分别在"学号""课程名""成绩"字段的"交叉表"行中选择"行标题""列标题""值"。

步骤 4：单击快速访问工具栏中的"保存"按钮，将查询保存为"qT3"，运行并退出查询。

（4）【操作步骤】

步骤 1：单击"创建"选项卡，在"查询"组单击"查询设计"按钮，在打开的"显示表"对话框中分别双击"tScore""tStud""tCourse"，关闭"显示表"对话框。

步骤 2：单击"查询类型"组中的"生成表"按钮，在弹出的对话框中输入新生成表的名字"tNew"。

步骤 3：分别双击"学号""姓名""性别""课程名""成绩"字段，在"课程名"字段的"排序"行中选择"降序"，在"成绩"字段的"条件"行中输入">=90 or <60"。

步骤 4：单击快速访问工具栏中的"保存"按钮，将查询保存为"qT4"，运行查询。

四、综合应用题

【考点分析】本题考点：在报表中添加标签、文本框、计算控件及其属性的设置。

【解题思路】在报表的设计视图中添加控件，并右击该控件属性，对控件属性进行设置。

（1）【操作步骤】

步骤 1：选择"报表"对象，在报表"rStud"上右击，在弹出的快捷菜单中选择"设计视图"。单击"控件"组中"标签"按钮 Aa，单击报表页眉处，然后输入"97 年入学学生信息表"。

步骤 2：选中并右击添加的标签，选择"属性"，在弹出的对话框中的"全部"选项卡的"名称"行输入"bTitle"，"标题"行输入"97 年入学学生信息表"，然后保存并关闭对话框。

（2）【操作步骤】

单击"设计"选项卡的"控件"组中的"文本框"控件，单击报表主体节任一点，出现"Text"标签和"未绑定"文本框，选中"Text"标签，按 Del 键将其删除。右击"未绑定"文本框，选择"属性"，在弹出的控件"属性表"中"全部"选项卡下的"名称"行输入"tName"，在"控件来源"行选择"姓名"，在"左边距"行输入"3.2cm"，在"上边距"行输入"0.1cm"。关闭"属性表"。单击快速访问工具栏中的"保存"按钮。

（3）【操作步骤】

单击"报表设计工具－设计"选项卡"控件"组中的"文本框"控件，在报表页面页脚节单击，选中"Text"标签，按 Del 键将其删除，右击"未绑定"文本框，在弹出的快捷菜单中选择"属性"，在"全部"选项卡下的"名称"行输入"tDa"，在"控件来源"行输入"=CStr(Year(Date()))+"年"+CStr(Month(Date()))+"月""，在"左边距"行输入"10.5cm"，在"上边距"行输入"0.3cm"。方法同上。

（4）【操作步骤】

步骤 1：在报表设计视图中单击右键，选择"排序与分组"或在"分组和汇总"组单击"分组与排序"按钮，弹出"分组、排序、汇总"窗口，单击"添加组"按钮，在"分组形式"下拉列表框中，选择"编号"，单击"更多"按钮，在"按整个值"下拉列表框中选择"自定义"，然后在下面的文本框中输入"4"。

步骤 2：在"页眉""页脚"下拉列表框中分别设置"有页眉节"和"有页脚节"，在"不将组放在同一页上"下拉列表框中选择"将整个组放在同一页上"。报表出现相应的编号页脚。

步骤 3：选中报表主体节"编号"文本框拖动到编号页眉节，右击"编号"文本框选择"属性"，在弹出的"属性表"中选中"全部"选项卡，在"控件来源"行输入"=left([编号],4)"，关闭对话框。

步骤 4：选择"报表设计工具－设计"选项卡"控件"组中的"文本框"控件，单击报表编号页脚节适当位置，出现"Text"标签和"未绑定"文本框，右击"Text"标签选择"属性"，弹出"属性表"。选中"全部"选项卡，在"标题"行输入"平均年龄"，然后关闭对话框。

步骤 5：右击"未绑定"文本框选择"属性"，弹出"属性表"。选中"全部"选项卡，在"名称"行输入"tAvg"，在"控件来源"行输入"=Avg(年龄)"，然后关闭对话框。单击快速访问工具栏中的"保存"按钮，关闭设计视图。

【易错提示】在对报表控件属性进行设置时要细心，特别是添加计算控件时，要注意选对所需要的函数。

第二套题

一、选择题

1-5：BDCAD	6-10：BABCD	11-15：ACCDC	16-20：BDBDB
21-25：CBCBD	26-30：BACAB	31-35：DBCAB	36-40：AAABD

二、基本操作题

【考点分析】本题考点：表的导入；删除记录；字段属性、默认值的设置；表的拆分等。

【解题思路】第 1 小题单击"外部数据"选项卡下的"导入并连接"下相应的选项；第 2 小题通过创建删除查询来删除记录；第 3 小题在设计视图中设置默认值；第 4 小题通过创建生成表查询来拆分表。

（1）【操作步骤】

步骤 1：打开考生文件夹下的数据库文件"samp1.accdb"，单击"外部数据"选项卡下的"导入并链接"组的 Excel 按钮，在"考生文件夹"内找到 Stab.xls 文件并选中，单击"打开"按钮。选择"向表中追加一份记录的副本"单选按钮，在其后的下拉列表中选择表"student"，然后单击"确定"按钮。

步骤 2：连续单击"下一步"按钮，导入到表"student"中，单击"完成"按钮，最后单击"关闭"按钮。

（2）【操作步骤】

步骤 1：新建查询设计视图，添加表"student"，关闭"显示表"对话框。

步骤 2：双击"出生日期"字段添加到字段列表，在"条件"行输入">=#1975-1# and <=#1980-12-31#"，单击"查询工具－设计"选项卡下"查询类型"组中的"删除"按钮，单击工具栏中"运行"按钮，在弹出对话框中单击"是"按钮，关闭设计视图，不保存查询。

（3）【操作步骤】

选中表"student"，右击，选择"设计视图"命令，进入设计视图窗口，在"性别"字段"默认值"行输入"男"，单击快速访问工具栏中的"保存"按钮，关闭设计视图。

（4）【操作步骤】

步骤 1：新建查询设计视图，添加表"student"，关闭"显示表"对话框。

步骤 2：双击"学号""姓名""性别""出生日期""院系""籍贯"字段，单击"查询工具－设计"选项卡中"查询类型"组的"生成表"按钮，在弹出的对话框中输入表名"tStud"，单击"确定"按钮。单击工具栏"运行"按钮，在弹出对话框中单击"是"按钮，关闭视图，不保存"查询"。

步骤 3：单击"表"对象，右击表"tStud"，选择"设计视图"命令，选中"学号"字段，单击工具栏中的"主键"按钮，单击快速访问工具栏中的"保存"按钮，关闭设计视图。

步骤 4：新建查询设计视图，添加表"student"，然后双击添加"院系""院长""院办电话"字段，单击"查询工具－设计"选项卡中"显示/隐藏"组的"汇总"按钮，单击"查询类型"组中的"生成表"按钮，输入表名"tOffice"，单击"确定"按钮。

步骤 5：运行查询，生成表。关闭视图，不保存查询。

步骤 6：单击 "表" 对象，选择 "tOffice" 表，打开设计视图，右击 "院系" 字段，选择 "主键"，保存并关闭视图。

（5）【操作步骤】

步骤 1：单击 "数据库工具" 选项卡中 "关系" 组的 "关系" 按钮，单击 "显示表" 按钮，在弹出的对话框中添加表 "student" 和 "grade"。

步骤 2：选中表 "student" 中 "学号" 字段，然后拖动鼠标到表 "grade" 中 "学号" 字段，放开鼠标，弹出 "编辑关系" 对话框，单击 "创建" 按钮，单击 "保存" 按钮，关闭设计视图。

【易错提示】导入表时要注意所选文件类型；设置字段属性时要注意正确设置属性条件；建立表关系时要注意正确选择连接表间关系字段。

三、简单应用题

【考点分析】本题考点：创建条件查询及分组总计查询。

【解题思路】第 1、2、3、4 小题在查询设计视图中创建不同的查询，按题目要求添加字段和条件表达式。

（1）【操作步骤】

步骤 1：新建查询，在 "显示表" 对话框中添加表 "tTeache"，关闭 "显示表" 对话框。

步骤 2：在字段行输入："m_age:Max([tTeacher]![年龄])-Min([tTeacher]![年龄])"。单击 "保存" 按钮🔲，另存为 "qT1"，关闭设计视图。

（2）【操作步骤】

步骤 1：在设计视图中新建查询，添加表 "tTeacher"，关闭 "显示表" 对话框。

步骤 2：双击 "编号" "姓名" "性别" "系别" "学历" 字段，在 "学历" 字段的条件行输入 "研究生"，取消 "学历" 字段的显示的勾选。单击快速访问工具栏中的 "保存" 按钮🔲，另存为 "qT2"，关闭设计视图。

（3）【操作步骤】

步骤 1：在设计视图中新建查询，添加表 "tTeacher"，关闭 "显示表" 对话框。

步骤 2：双击 "编号" "姓名" "年龄" "学历" "职称" 字段，在 "年龄" 字段的条件行输入 "<=38"，在 "职称" 的条件行输入 ""教授"or"副教授""。单击快速访问工具栏中的 "保存" 按钮🔲，另存为 "qT3"，关闭设计视图。

（4）【操作步骤】

步骤 1：在设计视图中新建查询，添加表 "tTeacher"，关闭 "显示表" 对话框。

步骤 2：双击 "职称" "年龄" "在职否" 字段，在 "查询工具－设计" 选项卡单击 "显示/隐藏" 组中的 "汇总" 按钮，在 "年龄" 字段的 "总计" 行选择 "平均值"，在 "年龄" 字段前添加 "平均年龄:" 字样。单击快速访问工具栏中的 "保存" 按钮🔲，另存为 "qT4"，关闭设计视图。

【易错提示】创建查询 "qT3" 时，在 "条件" 行 "副教授" 和 "教授" 中间一定要添加 "or" 字样，添加新字段时要在相应字段之前添加 ":" 字样。

四、综合应用题

【考点分析】本题考点：在报表中添加标签、文本框控件及其属性的设置。

【解题思路】第 1、2 小题在报表的设计视图中添加控件，并右键单击该控件选择 "属性"，对控件属性进行设置；第 3 小题直接右击控件选择"属性"，对控件进行设置。

（1）【操作步骤】

步骤 1：选择"报表"对象，右击报表"rEmployee"，在弹出的快捷菜单中选择"设计"，打开报表设计视图。

步骤 2：在"报表设计工具－设计"选项卡"控件"组中选择"标签"控件按钮 Aa，单击报表页眉处，然后输入"职工基本信息表"，单击设计视图任意处，右击该标签选择"属性"，在"名称"行输入"bTitle"，关闭"属性表"。

（2）【操作步骤】

步骤 1：在"报表设计工具－设计"选项卡"控件"组中单击"文本框"控件 abl，单击报表主体节任一点，出现"Text"标签和"未绑定"文本框，选中"Text"标签，按 Del 键将"Text"标签删除。

步骤 2：右击"未绑定"文本框，选择"属性"，在"名称"行输入"tSex"，分别在"上边距"和"左边距"输入"0.1cm"和"5.2cm"。在"控件来源"行列表选中"性别"字段，关闭"属性表"。单击快速访问工具栏中的"保存"按钮。

（3）【操作步骤】

步骤 1：在报表设计视图中，右击"部门名称"下的文本框"tDept"，选择"属性"。

步骤 2：在弹出的"属性表"的"控件来源"行输入"=DLookUp("名称","tGroup","所属部门=部门编号")"。关闭"属性表"，保存并关闭设计视图。

【易错提示】DLookUp 函数参数设置。

第三套题

一、选择题

| 1-5：DACDC | 6-10：ABABC | 11-15：AABCA | 16-20：DBBCD |
| 21-25：AAADD | 26-30：DCACC | 31-35：ABBCB | 36-40：CBDDB |

二、基本操作题

【考点分析】本题考点：新建表；字段属性中主键、有效性规则、默认值、输入掩码设置；添加记录等。

【解题思路】第 1、2、3、4、5 小题在设计视图中建立新表和设置字段属性；第 6 小题在数据表中直接输入数据。

（1）【操作步骤】

在设计视图中新建表，按题干中的表建立新字段。在第一行"字段名称"列输入"编号"，单击"数据类型"，在"字段大小"行输入"5"。按上述操作设置其他字段。单击快速访问工具栏中的"保存"按钮，将表另存为"tTeacher"。

（2）【操作步骤】

在表"tTeacher"设计视图中右击"编号"字段行，在弹出的快捷菜单中选择"主键"。

（3）【操作步骤】

在表"tTeacher"设计视图中单击"工作时间"字段行任一处，在"有效性规则"行输入

"<=DateSerial(Year(Date())-1,5,1)"。

（4）【操作步骤】

步骤 1：在表"tTeacher"设计视图中单击"在职否"字段行任一处，在"默认值"行输入"True"，单击快速访问工具栏中的"保存"按钮▣。

步骤 2：单击"邮箱密码"字段行任一处，单击"输入掩码"行的右侧生成器按钮▣，弹出"输入掩码向导"对话框，在列表选中"密码"行，单击"完成"按钮。

步骤 3：单击"联系电话"字段行任一处，在"输入掩码"行输入""010-"00000000"。

（5）【操作步骤】

在"性别"字段"数据类型"列表选中"查阅向导"，弹出"查阅向导"对话框，选中"自行键入所需的值"复选框，单击"下一步"按钮，在光标处输入"男"，在下一行输入"女"，单击"完成"按钮。单击快速访问工具栏中的"保存"按钮▣，关闭设计视图。

（6）【操作步骤】

双击表"tTeacher"，按照题干表添加数据。单击快速访问工具栏中的"保存"按钮▣，关闭数据表。

【易错提示】设置工作时间的有效性规则时要选择正确的函数，设置联系电话时应根据要求输入正确的格式。

三、简单应用题

【考点分析】本题考点：创建条件查询；建立表间关系等。

【解题思路】第 1、3、4 小题在查询设计视图中创建条件查询，在"条件"行按题目要求填写条件表达式；第 2 小题在关系界面中建立表间关系。

（1）【操作步骤】

步骤 1：在设计视图中新建查询，从"显示表"对话框添加表"tEmployee"，关闭"显示表"对话框。

步骤 2：双击"编号""姓名""性别""年龄""职务""简历"字段，取消"简历"字段的显示，在下面的条件行中输入"Not Like"*运动*""。单击快速访问工具栏中的"保存"按钮▣，将查询另存为"qT1"，关闭设计视图。

（2）【操作步骤】

步骤 1：单击"数据库工具"选项卡下"关系"组中的"关系"按钮，然后单击"显示表"，分别添加表"tGroup"和"tEmployee"，关闭"显示表"对话框。

步骤 2：选中表"tGroup"中的"部门编号"字段，拖动到表"tEmployee"的"所属部门"字段，放开鼠标，单击"实施参照完整性"选项，然后单击"创建"按钮。单击快速访问工具栏中的"保存"按钮▣，关闭"关系"界面。

（3）【操作步骤】

步骤 1：在设计视图中新建查询，从"显示表"对话框添加表"tGroup"和"tEmployee"到关系界面，关闭"显示表"对话框。

步骤 2：双击"编号""姓名""职务""名称""聘用时间"字段，在"名称"字段条件行输入"开发部"，添加新字段"Year(Date())-Year([聘用时间])"，在条件行中输入">5"，取消该字段和"名称"字段的显示。单击快速访问工具栏中的"保存"按钮▣，将查询另存为"qT2"，关闭设计视图。

（4）【操作步骤】

步骤 1：在设计视图中新建查询，在"显示表"对话框添加表"tEmployee"，关闭"显示表"对话框。

步骤 2：添加新字段"管理人员：[编号]+[姓名]"，双击添加"职务"字段。

步骤 3：在"职务"字段"条件"行输入"经理"，取消"职务"字段的显示。单击快速访问工具栏中的"保存"按钮▣，将查询另存为"qT3"，关闭设计视图。

【易错提示】创建"qT2"时，要正确设置聘期大于 5 年的格式；创建"qT3"时要注意添加"管理人员"字段。

四、综合应用题

【考点分析】本题考点：窗体中添加标签、命令按钮、复选框控件及其属性的设置。

【解题思路】第 1、2、3 小题在窗体的设计视图中添加控件，并右击该控件属性，对控件属性进行设置；第 6 小题直接右击窗体选择器，选择属性，设置标题。

（1）【操作步骤】

步骤 1：在窗体对象中右击窗体"fTest"，在弹出的快捷菜单中选择"设计视图"。

步骤 2：单击"窗体设计工具－设计"选项卡"控件"组中的"标签"按钮 *Aa*，单击窗体页眉节适当位置，输入"窗体测试样例"。右击"窗体测试样例"标签选择"属性"，在"名称"行输入"bTitle"，关闭"属性表"。

（2）【操作步骤】

步骤 1：选择"窗体设计工具－设计"选项卡"控件"组中的"复选框"按钮☑，单击窗体主体节适当位置。右击"复选框"按钮☑选择"属性"，在"名称"行输入"opt1"，关闭"属性表"。

步骤 2：右击"复选框"标签选择"属性"，在"名称"行输入"bopt1"，在"标题"行输入"类型 a"，关闭"属性表"。按步骤 1、2 创建另一个复选框控件。

（3）【操作步骤】

右击"opt1"复选框标签选择"属性"，在"默认值"行输入"=False"。相同方法设置另一个复选框控件。

（4）【操作步骤】

步骤 1：单击"窗体设计工具－设计"选项卡"控件"组中的"命令按钮"控件▨▨▨▨，单击窗体页脚节适当位置，弹出一个对话框，单击"取消"按钮。

步骤 2：右击刚添加的命令按钮，选择"属性"，在"名称"和"标题"行分别输入"bTest"和"测试"。关闭"属性表"。

（5）【操作步骤】

步骤 1：右击命令按钮"bTest"，选择"属性"。

步骤 2：在"事件"选项卡的"单击"行列表中选中"m1"，关闭"属性表"。

（6）【操作步骤】

步骤 1：右击"窗体选择器"▣，选择"属性"，在"标题"行输入"测试窗体"，关闭"属性表"。

步骤 2：单击快速访问工具栏中的"保存"按钮▣，关闭设计视图。

【易错提示】在新建复选框中设置属性时，不要将名称和标题混淆。

第四套题

一、选择题

1-5：CBDAB	6-10：ACBCD	11-15：AADDB	16-20：DDDAA
21-25：AABAC	26-30：DCCAA	31-35：BADCC	36-40：BBDBD

二、基本操作题

【考点分析】本题考点：字体、行高设置；字段属性中的字段大小设置；更改图片；设置隐藏字段和删除字段等。

【解题思路】第 1、4、5、6 小题在数据表中设置字体、行高，更改图片，隐藏字段和删除字段；第 2、3 小题在设计视图中设置字段属性。

（1）【操作步骤】

步骤 1：选择"表"对象，右击表"tStud"，在弹出的快捷菜单中选择"打开"或双击打开"tStud"表。

步骤 2：单击"开始"选项卡下的"文字格式"组，在"字号"列表选择"14"。

步骤 3：单击"开始"选项卡的"记录"组中的"其他"按钮，从弹出的快捷菜单中选择"行高"，输入"18"，单击"确定"按钮，单击快速访问工具栏中的"保存"按钮。

（2）【操作步骤】

打开表"tStud"的设计视图，在"简历"字段的"说明"列输入"自上大学起的简历信息"。

（3）【操作步骤】

在设计视图中单击"年龄"字段行任一处，在"字段大小"列表选择"整型"。单击快速访问工具栏中的"保存"按钮，关闭设计视图。

（4）【操作步骤】

步骤 1：双击打开表"tStud"，右击学号为"20011001"对应的照片列，从弹出的快捷菜单中选择"插入对象"命令。

步骤 2：选择"由文件创建"单选按钮，单击"浏览"按钮，在"考生文件夹"处找到"photo.bmp"文件。单击"保存"按钮，关闭数据表。

（5）【操作步骤】

在数据表中单击"开始"选项卡中的"记录"组中的"其他"按钮，在弹出的快捷菜单中选择"取消隐藏字段"，勾选"党员否"复选框，然后单击"关闭"按钮。

（6）【操作步骤】

在数据表中右击"备注"列，选择"删除字段"，在弹出的对话框中单击"是"，然后再单击快速访问工具栏中的"保存"按钮，关闭数据表。

【易错提示】更换图片要选择正确的途径和图片来源。

三、简单应用题

【考点分析】本题考点：创建条件查询、总计查询和追加查询。

　　【解题思路】第 1、2、3、4 小题在查询设计视图中创建不同的查询，按题目要求添加字段和条件表达式。

　　（1）【操作步骤】

　　步骤 1　在设计视图中新建查询，从"显示表"对话框中添加表"tStud""tScore""tCourse"，关闭"显示表"对话框。

　　步骤 2：双击添加"姓名""课程名""成绩"字段，单击快速访问工具栏中的"保存"按钮■，另存为"qT1"。关闭设计视图。

　　（2）【操作步骤】

　　步骤 1：在设计视图中新建查询，从"显示表"对话框中添加表"tStud"，关闭"显示表"对话框。

　　步骤 2：双击添加"学号""姓名""性别""年龄""入校时间""简历"字段，在"简历"字段的"条件"行输入"like"*摄影*""，单击"显示"行取消字段显示的勾选，单击快速访问工具栏中的"保存"按钮■，另存为"qT2"。关闭设计视图。

　　（3）【操作步骤】

　　步骤 1：在设计视图中新建查询，从"显示表"对话框中添加表"Score"，关闭"显示表"对话框。

　　步骤 2：双击"学号""成绩"字段，单击"设计"选项卡中"显示/隐藏"组中的"汇总"按钮，在"成绩"字段"总计"行下拉列表中选中"平均值"。在"成绩"字段前添加"平均成绩："字样。单击快速访问工具栏中的"保存"按钮■，另存为"qT3"。关闭设计视图。

　　（4）【操作步骤】

　　步骤 1：在设计视图中新建查询，从"显示表"对话框中添加表"tStud"，关闭"显示表"对话框。

　　步骤 2：在"查询工具"选项卡中的"查询类型"组中单击"追加"按钮，在"表名称"中输入"tTemp"，单击"确定"按钮。

　　步骤 3：双击"学号""姓名""性别""年龄""所属院系""入校时间"字段，在"性别"字段的"条件"行输入"女"。

　　步骤 4：在"查询工具"选项卡"结果"组中单击"运行"按钮，在弹出的对话框中单击"是"按钮。单击快速访问工具栏中的"保存"按钮■，另存为"qT4"。关闭设计视图。

　　【易错提示】设置查询条件时要输入正确的格式，添加新字段时要正确选择对应的字段。

四、综合应用题

　　【考点分析】本题考点：窗体中添加标签控件及属性设置；报表中文本框控件属性的设置。

　　【解题思路】第 1 小题在窗体的设计视图中添加控件并右击选择属性，设置属性；第 2、3 小题在报表的设计视图中直接右击控件选择"属性"，对控件进行设置。

　　（1）【操作步骤】

　　步骤 1：在窗体对象中右击窗体"fEmployee"，在弹出的快捷菜单中选择"设计视图"，打开窗体设计视图。

　　步骤 2：在"窗体设计工具－设计"选项卡中的"控件"组中单击"标签"按钮，然后单击窗体页眉节任一点，输入"雇员基本信息"，单击窗体任一点。右击"雇员基本信息"标签，从弹出的快捷菜单中选择"属性"，在"全部"选项卡的"名称"行输入"bTitle"，在"字体名称"和"字号"行列表中选中"黑体"和"18",关闭"属性表"。

(2)【操作步骤】

在设计视图中右击命令按钮"bList",在弹出的快捷菜单中选择"属性",在"全部"选项卡下的"标题"行输入"显示雇员情况",关闭"属性表"。

(3)【操作步骤】

步骤1:右击命令按钮"bList",从弹出的快捷菜单中选择"事件生成器",在空行内输入代码:

```
'*****Add1*****
DoCmd.RunMacro"m1"
'*****Add1*****
```

关闭界面。

(4)【操作步骤】

在设计视图中右击"窗体选择器" ■,从弹出的快捷菜单中选择"属性",分别在"格式"选项卡的"滚动条"和"最大化最小化按钮"行列表中选中"两者均无"和"无",关闭"属性表"。

(5)【操作步骤】

步骤1:在"窗体设计工具"选项卡中的"控件"组中单击"标签"按钮,单击窗体页眉节任一点,输入"系统日期",然后单击窗体任一点。

步骤2:右击"系统日期"标签,从弹出的快捷菜单中选择"属性",在"全部"选项卡的"名称"行输入"Tda",在"上边距"和"左边距"行分别输入"0.3cm"和"0.5cm",关闭"属性表"。

步骤3:在设计视图中右击"窗体选择器" ■,从弹出的快捷菜单中选择"事件生成器"命令,进入编程环境,在空行内输入代码:

```
'*****Add1*****
Tda.Caption=Date
'*****Add1*****
```

关闭界面。

【易错提示】设置代码时要选择正确的函数。

第五套题

一、选择题

| 1-5: BDDDA | 6-10: DDCCB | 11-15: BCCBC | 16-20: CDACD |
| 21-25: BACCD | 26-30: BBDDB | 31-35: CDDCB | 36-40: CBBCB |

二、基本操作题

【考点分析】本题考点:字段属性中的主键、必填字段、有效性规则、有效性文本设置;添加记录;导入表。

【解题思路】第1、2、3、4小题在设计视图中设置字段属性;第5小题在数据表中输入数据；第 6 小题使用"外部数据"选项卡下的"导入并连接"组中相应的选项。

（1）【操作步骤】

步骤 1：选择"表"对象，右击表"tVisitor"，在弹出的快捷菜单中选择"设计视图"命令。

步骤 2：选择"游客 ID"字段，右击，在弹出的快捷菜单中选择"主键"命令。

（2）【操作步骤】

在设计视图中单击"姓名"字段行任一处，在"必需"行列表选中"是"。

（3）【操作步骤】

在设计视图中单击"年龄"字段行任一处，在"有效性规则"行输入"＞=10 and ＜=60"。

（4）【操作步骤】

在设计视图中单击"年龄"字段行任一处，在"有效性文本"行输入"输入的年龄应在 10 岁到 60 岁之间，请重新输入。"，单击快速访问工具栏中的"保存"按钮■，关闭设计视图。

（5）【操作步骤】

步骤 1：双击打开表"tVisitor"，按照题干中的表输入数据。

步骤 2：右击游客 ID 为"001"的照片列，从弹出的快捷菜单中选择"插入对象"。

步骤 3：选中"由文件创建"单选按钮，单击"浏览"按钮，在"考生文件夹"中找到"照片 1.bmp"图片。单击"保存"按钮■，关闭"位图图像"界面。

（6）【操作步骤】

步骤 1：单击"外部数据"选项卡"导入并链接"组中的"Access"按钮，在考生文件夹中找到"exam.accdb"文件并选中，单击"确定"按钮；选中"tLine"，单击"确定"按钮。

【易错提示】设置年龄字段有效性文本时要用"and"连接。

三、简单应用题

【考点分析】本题考点：创建条件查询、追加查询；窗体命令按钮属性设置。

【解题思路】第 1、2、3 小题在查询设计视图中创建不同的查询，按题目要求添加字段和条件表达式；第 4 小题在窗体设计视图右击控件选择"属性"，设置属性。

（1）【操作步骤】

步骤 1：单击"创建"选项卡"查询"组中的"查询设计"按钮，打开"显示表"对话框。在"显示表"对话框中双击表"tTeacher1"，然后关闭"显示表"对话框。

步骤 2：分别双击"编号""姓名""性别""年龄""职称"字段添加到"字段"行。

步骤 3：单击快速访问工具栏中的"保存"按钮■，将查询保存为"qT1"。关闭设计视图。

（2）【操作步骤】

步骤 1：单击"创建"选项卡"查询"组中的"查询设计"按钮，打开"显示表"对话框。在"显示表"对话框双击表"Teacher1"，关闭"显示表"对话框。

步骤 2：分别双击"编号""姓名""联系电话""在职否"字段。

步骤 3：在"在职否"字段的"条件"行输入"no"，单击"显示"行取消该字段的显示。

步骤 4：单击快速访问工具栏中的"保存"按钮■，将查询保存为"qT2"。关闭设计视图。

（3）【操作步骤】

步骤 1：单击"创建"选项卡下"查询"组中的"查询设计"按钮，打开"显示表"对话框。在"显示表"对话框中双击表"tTeacher1"，关闭"显示表"对话框。

步骤 2：单击"查询工具－设计"选项卡中"查询类型"组中的"追加"按钮，在弹出对话框中输入"tTeacher2"，单击"确定"按钮。

步骤 3：分别双击"编号""姓名""性别""年龄""职称"和"政治面貌"字段。

步骤 4：在"年龄""职称""政治面貌"字段的"条件"行分别输入"<=45""教授""党员"，在"或"行分别输入"<=35""副教授""党员"。

步骤 5：单击"查询工具－设计"选项卡中"结果"组的"运行"按钮，在弹出的对话框中单击"是"按钮。

步骤 6：单击快速访问工具栏中的"保存"按钮，将查询保存为"qT3"。关闭设计视图。

（4）【操作步骤】

步骤 1：单击"创建"选项卡中"窗体"组中的"窗体设计"按钮。

步骤 2：右击"窗体选择器"，从弹出的快捷菜单中选择"属性"，在"标题"行输入"测试窗体"。

步骤 3：选择"窗体设计工具－设计"选项卡中"控件"组中的"按钮"控件，单击窗体主体节适当位置，弹出一对话框，单击"取消"按钮。

步骤 4：右击该命令按钮，从弹出的快捷菜单中选择"属性"，单击"全部"选项卡，在"名称"和"标题"行分别输入"btnR"和"测试"。

步骤 5：单击"事件"选项卡，在"单击"行右侧下拉列表中选中"mTest"。

【易错提示】创建追加查询时要正确设置查询条件。

四、综合应用题

【考点分析】本题考点：报表中添加标签、文本框、计算控件及其属性的设置。

【解题思路】第 1、2、3 小题在报表的设计视图中添加控件，并右击该控件选择"属性"，对控件属性进行设置；第 4 小题直接右击"报表选择器"选择"属性"，设置标题。

（1）【操作步骤】

步骤 1：选择"报表"对象，右击报表"rBand"，在弹出的快捷菜单中选择"设计"命令。

步骤 2：单击"报表设计工具－设计"选项卡"控件"组中的"标签"控件，单击报表页眉节任一点，输入"团队旅游信息表"，然后再单击报表任一点。

步骤 3：右击"团队旅游信息表"标签，从弹出的快捷菜单中选择"属性"，在"名称"行输入"bTitle"，在"字体名称"和"字号"行分别选中下拉列表中的"宋体"和"22"，在"字体粗细"和"倾斜字体"行分别选中"加粗"和"是"，关闭"属性表"。

（2）【操作步骤】

步骤 1：单击"报表设计工具－设计"选项卡"控件"组中的"文本框"按钮，单击报表主体节适当位置，生成"Text"和"未绑定"文本框。选中"Text"，按 Del 键将它删除。

步骤 2：右击"未绑定"文本框，从弹出的快捷菜单中选择"属性"，在"名称"行输入"tName"，在"控件来源"下拉列表中选中"导游姓名"，关闭"属性表"。

（3）【操作步骤】

步骤 1：单击"报表设计工具－设计"选项卡"控件"组中的"文本框"按钮，单击报表页脚节的"团队数"右侧位置，生成"Text"和"未绑定"文本框。选中"Text"，按 Del 键将它删除。

步骤 2：右击"未绑定"文本框，从弹出的快捷菜单中选择"属性"，在"名称"行输入"bCount"，在"控件来源"行输入"=Count(团队 ID)"，关闭"属性表"。

（4）【操作步骤】

在设计视图中右击"报表选择器"，从弹出的快捷菜单中选择"属性"，在"标题"行输入"团队旅游信息表"，关闭"属性表"。单击快速访问工具栏中的"保存"按钮■，关闭设计视图。

【易错提示】添加计算控件时要选择正确的函数，本题要求计算团队总数，因此选择"Count()"函数。

参考文献

[1] 程晓锦等．Access 2010 数据库应用实训教程．北京：清华大学出版社，2013．

[2] 全国计算机等级考试命题研究中心等．全国计算机等级考试上机考试题库二级 Access．北京：电子工业出版社，2013．

[3] 刘卫国．Access 2010 数据库应用技术实验指导与习题选解．北京：人民邮电出版社，2013．

[4] 施兴家等．Access 2010 数据库应用．北京：清华大学出版社，2013．

[5] 全国计算机等级考试命题研究中心等．全国计算机等级考试教程二级 Access．北京：人民邮电出版社，2013．

[6] 高雅娟等．Access 2010 数据库实例教程．北京：北京交通大学出版社，2013．

[7] 姜增如．Access 2010 数据库技术及应用．北京：北京理工大学出版社，2012．

[8] 付兵．数据库基础与应用——Access 2010．北京：科学出版社，2012．

[9] 陈佛敏等．Access 2007 数据库应用教程．北京：人民邮电出版社，2013．

[10] 汪志勇等．Access 2007 数据库实验教程．北京：人民邮电出版社，2013．

[11] 国静萍等．Access 2010 数据库应用案例教程．上海：上海交通大学出版社，2015．